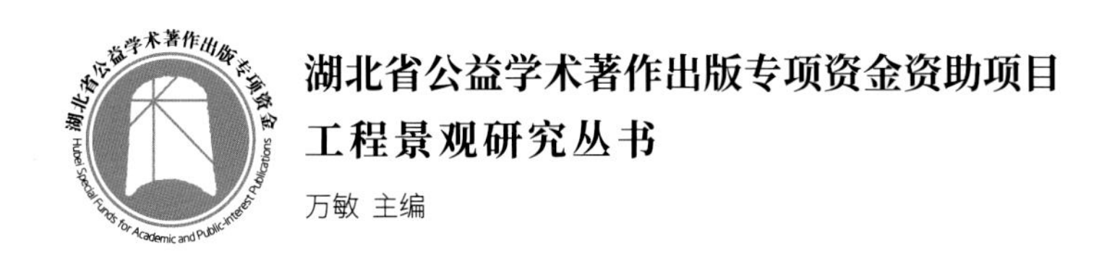

湖北省公益学术著作出版专项资金资助项目

工程景观研究丛书

万敏 主编

城市高架桥下空间利用及景观（修订版）

Space Utilization and Landscape Under Urban Viaduct

殷利华 殷丽清 余 田 著

華中科技大學出版社
http://press.hust.edu.cn
中国·武汉

图书在版编目（CIP）数据

城市高架桥下空间利用及景观 / 殷利华, 殷丽清, 余田著. — 修订版. — 武汉 : 华中科技大学出版社, 2023.10
（工程景观研究丛书）
ISBN 978-7-5772-0226-6

Ⅰ. ①城… Ⅱ. ①殷… ②殷… ③余… Ⅲ. ①城市空间—空间利用—研究—中国 Ⅳ. ①TU984.2

中国国家版本馆CIP数据核字(2023)第226775号

城市高架桥下空间利用及景观（修订版） 殷利华 殷丽清 余田 著
Chengshi Gaojiaqiao xia Kongjian Liyong ji Jingguan（Xiuding Ban）

策划编辑：易彩萍
责任编辑：易彩萍
封面设计：张 靖
责任监印：朱 玢
出版发行：华中科技大学出版社（中国·武汉） 电话：（027）81321913
地 址：武汉市东湖新技术开发区华工科技园 邮编：430223
录 排：华中科技大学惠友文印中心
印 刷：湖北金港彩印有限公司
开 本：787 mm × 1092 mm 1/16
印 张：18
字 数：471千字
版 次：2023年10月第1版 第1次印刷
定 价：198.00 元

投稿邮箱：3325986274@qq.com
本书若有印装质量问题，请向出版社营销中心调换
全国免费服务热线：400-6679-118 竭诚为您服务

作者简介 | About the Authors

殷利华

女，湖南省宁乡市人，城市规划与设计专业博士。现为华中科技大学建筑与城市规划学院景观学系副教授，副系主任。国家自然科学基金通讯评审专家，湖北省城镇化工程技术研究中心研究人员，湖北省风景园林学会女风景园林师分会副秘书长。2018—2019 年美国华盛顿大学（西雅图）访问学者。

主要研究方向为风景园林规划与设计、绿色基础设施及景观、工程景观学、植景营造、景观绩效等。先后主持了 3 项国家自然科学基金项目、2 项湖北省自然科学基金项目、2 项中国博士后科学基金课题，发表论文 30 余篇，已出版专著 3 本，申请实用新型专利 1 项。

在研课题关注城市高架桥下消极空间的积极利用及其景观的生态化处理措施、城市道路雨水的生态化就地处理、道路生态景观营造、雨水花园措施研究及实践等。主要承担本科、硕士研究生“城市生态修复”“风景园林与建筑设计”“植景营造”等专业课程教学工作，并作为课程负责人在中国大学 MOOC（慕课）网成功上线“园林植物”慕课课程。

联系邮箱：yinlihua2012@hust.edu.cn。

殷丽清

湖南省宁乡市人，新余学院艺术学院讲师。研究方向为环境设计、家具设计。发表论文多篇，主持了江西省艺术规划课题“地域文化在城市立交桥下消极空间中的应用研究——以新余市为例”及基础教育课题，参与多项省市级课题研究。同时，申请了家具产品外观专利 4 项。参编教材《立体构成及应用》。

余田

女，湖北省武汉市人，华中科技大学建筑与城市规划学院 2022 级风景园林专业硕士研究生。工程师，全国一级注册建造师（建筑）。主要研究方向为生态修复、景观规划设计。

本书第一版得到以下2个基金项目的支持：

（1）桥阴海绵体空间形态及景观绩效研究（国家自然科学基金面上项目，项目批准号：51678260）；

（2）桥阴海绵体空间形态及景观研究（华中科技大学自主创新研究基金项目，项目批准号：2016YXMS053）。

修订版得到以下2个基金项目的支持：

（1）高铁沿线乡野生境干扰与修复研究——以华中典型区段为例（国家自然科学基金面上项目，项目批准号：52278064）；

（2）露天矿山硬质岩高陡边坡植被建植关键技术研发与集成应用（湖北省自然科学基金黄石联合基金重点项目，项目批准号：2023AFD005）。

修订版序言

修订版在原版的基础上，主要对城市高架桥下空间利用的相关案例、基础理论、最新研究成果进行了完善。本书第一章主要介绍城市高架桥的基本概念及类型、建设发展历程，桥下空间特点解析及形态特点总结。第二章总体分析城市高架桥下空间利用的相关理论，对桥下空间利用相关的研究理论、桥下空间环境特点、主要利用的类型进行梳理。第三章至第八章，分别开展了针对城市高架桥的桥下“交通利用及景观”“绿化利用及景观”“游赏休闲利用及景观”“商业利用及景观”“运动休闲利用及景观”“其他利用及景观”六个主题的分述。第九章对高架桥下未来的空间利用与景观构想进行了解析。这些章节均从基础理论知识梳理，桥下空间对应利用方式的特点、景观特征，可能的问题及解决建议，国内外优秀案例解析的思路进行安排。

本书在进行具体利用方式解析方面，第三章关注城市高架桥下交通利用及景观的问题，分动态交通和静态交通两部分分别进行解析，再结合国内外 8 个案例，对应赏析城市高架桥下交通利用的优秀做法。第四章关注桥阴绿化及其景观的问题，先从桥下绿化立地条件特点进行梳理，结合现场调研解析桥下绿化常见的立体绿化和平面绿化形态，再把桥下绿化景观及遇到的问题进行分析，提出了针对桥阴绿化的指导建议。结合 6 个优秀桥阴绿化案例赏析，为城市高架桥下绿化景观设计提供参考。第五章针对桥下游赏休闲利用的基本条件、游赏空间的基本形式、游赏空间及景观建议，再结合国内外 5 个对应优秀案例解析，明晰桥下游赏利用的景观设计建议。第六章针对桥下商业利用的基本条件、3 种基本形式进行梳理，并对桥下商业利用的景观问题、解决思路及 7 个国内外案例进行分析，提出增加桥阴空间利用附加值的商业利用思考。第七章关注桥下运动休闲利用及景观问题，分别从运动休闲的定义着手，再从桥下开展运动休闲需满足的条件进行分析，探讨桥下适合的运动类型，以及场地人性关怀和景观设施设计，并结合 7 个国内外案例进行阐述。第八章对上述以外的桥下存在但相对较少的主要利用方式及景观（如“桥下居住利用及景观”“桥下办公利用及景观”“桥下文创展示及景观”“桥下服务设施及景观”）进行理论与实践的梳理。最后在第九章中，针对城市高架桥下未来空间利用及景观展开构想，对可能的“未来新技术利用”“桥下空间利用及角色转换思考”进行解析，帮我们打开对未来桥下空间利用的大胆构思，关注城市桥下灰色空间的创新利用，有助于激发设计新理念。

本书可对城市规划、城市设计、城市景观营建、场地设计等提供理论和实践案例的参考，旨在从城市高架桥下空间的视角，为更宜居、和谐的城市空间利用和环境景观建设提供借鉴。

本修订版的形成首先得感谢华中科技大学出版社的推动，万敏老师的牵头，尤其是感谢出版社易彩萍编辑的督促和不断提醒。笔者组织工作室科研团队中已获全国注册一级建造师、工程师执业资格的2022级在读硕士研究生余田一起进行资料补充，同时邀请来自新余学院艺术学院的殷丽清老师加盟材料整理工作。

再次感谢工作室科研团队中为本书做出贡献的华中科技大学建筑与城市规划学院景观学系同学，包括参与之前高架桥调研和专题研究的同学（2016级硕士生秦凡凡，2017级硕士生杨茜、王颖洁、王可、刘志慧，2018级硕士生杨鑫、张雨、彭越，2019级硕士生陈文强，2016级本科生王兆阳等），他们都在城市高架桥研究方面进行了辛勤的外业调研和资料整理工作。还有景观学系风景园林2020级硕士生牛紫涵、2020级本科生林东旭、2021级本科生王议，主要参与了修订版的资料收集，一并感谢！基于作者知识局限，书中难免有错误疏漏之处，敬请读者批评指正。

本书第一章至第五章、第九章主要由殷利华负责编写和全书校对。

第六章、第七章主要由殷丽清编写及校对。

第八章主要由余田负责编写修订，余田还参与了全书的组织修订和校对。

2023年10月6日

序　言

中国的城市高架桥建设一直处于高速发展阶段，构成一道与国外城市建设截然不同的“风景”。在城市建设用地有限、小汽车数量持续增长的今天，高架在已有的城市街道空间或城市陆地上的城市高架桥，被视为解决城市地面交通拥堵问题的一种经济、有效的途径，其庞大、雄伟的身躯似乎在彰显一种“现代、发达、先进”的城市形象，然而这也是一系列城市高架桥大量建设问题产生的根源。

城市高架桥下产生的大量桥下空间及利用问题就是其中凸显的代表性问题。这个空间属于城市公共空间，因其被长长的路桥面覆盖，又具备了特殊的特征：纵向联通，连续，存在阴影、噪声、震动、扬尘、尾气，横向隔离，危险，灰色，干燥，弱光，少雨……为有效管理和利用这个城市公共空间，城市管理部门和市政建设部门、交通部门等都开始对其进行不同功能的设计，但目前我国还没有形成被一致认同的有效做法。笔者在调研中发现，北京已经率先设置了“桥下空间使用管理处”，这有利于桥下公共空间的有效管理和更多功能及景观的注入，有利于提高这个空间的综合利用价值。

城市高架桥引发的相关城市环境与景观问题是城市建设需要面对和着力解决的问题。首先，从城市景观肌理来看，高架桥在城市的空中竖向交织，其大尺度、长且突兀的形象外观，不仅粗暴地隔断了城市景观空间，加剧了城市景观破碎化程度，而且同时也更改了城市自身的地域性景观特性，直接磨灭了城市的固有记忆。其次，从生态环境上看，高架桥的建设给周边地区带来了大量的噪声、空气污染等问题，极大程度地将高架桥周边乃至整个城市的居民生活环境质量边缘化（Jian Hang，et al，2016）。最后，从社会文化角度上看，高架桥给城市带来了大量的半封闭式灰色消极空间，这些空间环境恶劣，且缺少相应的空间利用规划设计，利用率低，浪费了城市宝贵的空间资源，也成了滋生大量社会安全问题的温床。

城市高架桥建设引发环境及景观消极问题，为推进生态城市建设以及健康城市建设，需要及早采取措施进行介入和整治。20世纪中期，欧美国家已开始着手实施拆桥、“反桥”等城市规划措施，20世纪末期，日、韩等亚洲国家亦开始参与其中。对比发达国家，我国近年来才开始有较多学者关注城市中的桥下空间积极利用及多样化景观的问题。

本书梳理国内外交通、绿化、游赏休闲、商业利用、运动休闲以及其他类（居住、办公、文化创意及展示、服务设施）共9种桥下空间利用方式，整理国内外优秀的桥下空间利用案例，给我国今后大量的城市高架桥下空间利用以及对应的桥阴景观营建提供一点参考借鉴，从而使我国城市的桥下空间利用能化消极为积极，更多地纳入城市公共空间积极利用的范畴，使得城市公共空间景观建设更加丰富多彩，从而从具体的城市公共空间利用及景观积极建设的角度反映和提升城市的生态文明建设。

感谢华中科技大学建筑与城市规划学院景观学系万敏教授主持“工程景观研究丛书”的编写，以及硕士研究生王可、秦凡凡、杨茜、杨鑫、王颖洁、张雨、彭越、刘志慧，2013级风景园林系本科生赵天琦、陈梦芸，2016级本科生王兆阳为本书编写进行的实地调研、文献收集与专题整理工作。感谢华中科技大学出版社易彩萍编辑的辛勤工作！感谢家人对我的支持和帮助。

2018年9月30日

目　录

第一章　城市高架桥下空间及形态 001

第一节　城市高架桥的概念及类型 001
第二节　城市高架桥建设历程与阶段 002
第三节　城市高架桥下空间构成 004
第四节　城市高架桥下空间特点 008

第二章　城市高架桥下空间利用方式 013

第一节　国内外城市街道及高架桥空间利用相关研究 013
第二节　高架桥下空间利用的相关理论梳理 017
第三节　桥下空间环境总体特征 027
第四节　城市高架桥下空间利用主要类型及要求 030

第三章　城市高架桥下交通利用及景观 037

第一节　高架桥下动态交通利用及指示景观 037
第二节　桥下静态交通利用及景观 042
第三节　桥下交通利用及景观优秀案例赏析 051

第四章　城市高架桥下绿化利用及景观 078

第一节　桥下绿化利用的条件 078
第二节　桥下绿化利用的基本形式 080
第三节　桥下绿化利用景观的问题及解决方法 081
第四节　桥下绿化利用及景观优秀案例解析 096

第五章　城市高架桥下游赏休闲利用及景观 104

第一节　桥下游赏空间利用的基本条件 104
第二节　桥下游赏空间的基本形式 104
第三节　桥下游赏空间及景观建议 108
第四节　桥下游赏休闲利用及景观优秀案例解析 115

第六章　城市高架桥下商业利用及景观 130
第一节　桥下商业利用的基本条件 130
第二节　桥下商业利用的基本形式 135
第三节　桥下商业利用及景观的问题及解决方式 141
第四节　桥下商业利用及景观优秀案例解析 147

第七章　城市高架桥下运动休闲利用及景观 168
第一节　桥下运动休闲空间利用的条件及要求 168
第二节　桥下运动休闲合适的形式及其所需的空间形态 174
第三节　桥下运动休闲场地的人性关怀及设施景观 180
第四节　桥下运动休闲空间利用案例赏析 189

第八章　城市高架桥下其他利用及景观 198
第一节　桥下居住利用及景观 198
第二节　桥下办公利用及景观 209
第三节　桥下文化创意展示及景观 212
第四节　桥下服务设施及景观 221

第九章　城市高架桥下未来空间利用及景观构想 226
第一节　城市高架桥下未来新技术利用 226
第二节　未来城市高架桥下空间利用及角色转换思考 227
第三节　优秀案例 240

参考文献 267

第一章　城市高架桥下空间及形态

第一节　城市高架桥的概念及类型

一、城市高架桥的概念

城市高架桥（urban viaduct，urban elevated road）是指为了解决城市平面道路交通干扰问题，提高道路通行能力，在陆地上用多段高出地面的连续桥墩，将道路高举、架设到空中的现代交通构筑物。狭义的城市高架桥常指供汽车等机动车通行的高架桥或高架道路，本书中的高架桥为狭义高架桥。

高架桥具有三个显著特点：①架设的目的是缓解地面交通压力；②具有支柱支撑的空间通道设施；③具有三维空间特性，可容纳多层交通干线，以避免多条道路平面交会，包括人行天桥、跨线桥、铁路高架等（刘颂等，2012）。

二、城市高架桥的类型

城市高度发展后，交通拥挤，建筑物密集，而街道又难于拓宽，采用城市高架桥可以疏散交通密度，提高运输效率。

（1）根据高架桥所在的区域划分，高架桥可分为城市高架桥及国土高架桥两类。本书主要聚焦点为城区内的高架桥，即城市高架桥。城市高架桥包括公路高架桥、轻轨高架桥、人行天桥等高架形式，本书的研究对象主要指服务于汽车等机动车通行的狭义城市高架道路桥。

（2）按桥面形态，城市高架桥可分为延伸型高架桥、交会型高架桥两类；按组合关系，可以分为单并列式及分离式的单层、双层、多层高架桥；按构筑原料及构造，可分为钢筋混凝土高架桥、曲线预应力混凝土高架桥、钢构架桥等（筱原修，1982；鞠三，2004）。

（3）依据功能，高架桥包含快速高架路、立交桥、高架轨道三类。快速高架路是指供机动车快速通行的高架道路，立交桥是指两条或多条交叉高架桥的交会处，高架轨道则是城市轨道交通的一部分（图1–1）。

（4）城市高架桥按结构类型可分为梁桥、刚构桥、拱桥、斜拉桥和悬索桥等类型，其中梁桥在城市高架桥中应用最广，其他结构形式除对跨径布置有限制或对景观有要求外，一般在城市高架桥中应用较少。

（a）

（b）

（c）

图 1–1　城市高架桥类型

（a）快速高架路；（b）立交桥；（c）高架轨道

（图片来源：https://image.baidu.com/search）

（5）城市高架桥按材料可分为混凝土桥、钢桥、钢 – 混凝土组合桥，应用均比较广泛。常用的混凝土梁桥分为预制空心板梁桥、预制小箱梁桥、预制 T 梁桥及现浇箱梁桥。随着人们对桥梁景观要求的不断提高，现浇箱梁桥在城市高架桥中应用越来越广。常用的钢桥包括钢箱梁桥、钢板梁桥及钢桁梁桥等。

第二节　城市高架桥建设历程与阶段

一、国外建设历程与阶段

1. 初步发展阶段

早在 20 世纪初，西方国家就开始设想在空中建设道路。1916 年，美国颁布了《联邦公路援助法》，从体制上为大力建设公路交通网提供了保障。同时期，美国小汽车工业得到了快速发展，高架桥作为解决交通拥堵问题，明显提高车速和交通安全的重要设施，成为改善交通状况的重要选择。1921 年，第一座立交桥在美国布朗克斯河风景区干路上建成，是一座设有匝道的不完全互通式立交桥，每天可以通行一万多辆汽车。伴随着高架桥梁兴建技术的发展，其形态开始变得更加简洁，从传统的拱形变成具有现代高架桥特征的柱形桥墩及板式结构桥面（张彦，2014）。

2. 迅猛增长阶段

20 世纪 50 年代，由于汽车工业及制造业的迅猛发展，发达国家普遍出现了交通堵塞的问题，特别是欧美国家和日本。为了解决日益严重的交通问题，各国相继开始修建高架路桥以缓解紧张的交通问题（张丽，2010）。20 世纪 60 年代，美国建成的波士顿中央干道，掀起了建设高架路桥的潮流。紧接着，瑞士、法国、加拿大、日本、英国、荷兰等国家也分别开始大量建设高架路桥。而汽车 + 工业的快速发展，更促进了高架路桥的大规模建设（张彦，2014）。据调查统计显示，世界各大城市均选用高架形式来修建城市快速路，特别是在日本东京，有将近一半的城市快速路采用高架形式。

3. 创新再利用阶段

国外高架桥的建设较早，其对城市的不友好性也较早地暴露出来，如阻隔了城市区域间的发展、破坏城市环境、不利于城市生态自我修复等。由此，一些国家开始探讨将高架桥拆除的可能性，并付诸了具体的行动，如 1982 年美国波士顿启动了“大开挖（big dig）”工程，修建地下隧道以代替被拆除的中央干道高架“绿色怪物”，并在原址上修建露丝·肯尼迪绿道公园，恢复了市区与滨海区之间的联系（李晓颖等，2013）。韩国首尔为了均衡城市南北发展，解决安全隐患，在首尔人民的强烈呼吁下，政府拆除了清溪川高架桥，恢复了原有河流，并在此基础上增加了对城市公共空间的建设（刘轶佳，2008）。

但是拆除高架桥、恢复原有生态的工程不仅工期较长，还可能会产生比修建高架桥更高的费用，这对于多数城市来说，是无法回避的问题及难以承担的代价。20 世纪 80 年代，国外学者在拆桥、反桥的声音中开始将高架桥下空间作为城市公共空间的一部分，关注交通基础设施与城市景观、城市公共空间的协调问题，探索此类公共空间的建设问题。

笔者于 2018—2019 年在美国西雅图访学期间，就亲历了 2019 年 2 月 3 日全市组织的 10 万人徒步“Say Goodbye to I–99 Expressway”活动，西雅图市结合城市桥梁安全、城市滨海景观、城市活力建议等综合评估，拟对建成 45 年的第 99 号公路在城市滨海段的高架桥进行拆除，采用下穿隧道的做法（图 1–2）。组织徒步告别高架桥活动的路线包括穿越隧道及上到待拆毁的双层桥体上进行各种纪念文化活动等（图 1–3）。

（a）

（b）

图 1–2　第 99 号公路

（a）西雅图拟拆除的高架桥；（b）即将开通的下穿隧道

（图片来源：作者拍摄）[1]

1　本书中图表，除标注说明出处和来源的，其他均由作者及所在的课题组拍摄和绘制。

图 1-3　高架桥上相关文化和纪念活动

二、国内建设历程与阶段

1. 初步发展阶段

我国高架桥的建设起步相对较晚，虽然建设历史较短，但建设速度与建设规模却相当可观。20 世纪 60 年代，当快速路穿越香港市区时，桥梁建设多次采用了高架的形式，如九龙的东北走廊和西北走廊，以及过海隧道至香港仔隧的城市道路等，都建成大量的高架桥。1987 年 9 月，人民路高架桥在广州市越秀区闹区建成，它是中国大陆第一座高架桥。建成后，该路段的交通量是原来交通量的三倍，而行车时间却缩减为原来的一半（郭磊，2008）。

2. 迅猛增长阶段

近年来，随着改革开放的不断加快，经济建设得到了迅猛的发展，城市建设大兴土木，国内许多城市如北京、上海、武汉、沈阳、南京等均从城市全局交通考虑出发，对城市快速主干道的建设采用高架桥的修筑形式，以消除其他交通流对快速主干道的干扰，提高道路的通行能力。高架桥的修建在各个城市如火如荼地进行着（张丽，2010）。

3. 创新再利用阶段

在我国，最早对高架桥下空间的利用可以追溯到 20 世纪 90 年代，北京市当时以“有利于经济发展”的原则，对高架桥下空间展开各种利用，这也是由北京市在 20 世纪大量修建高架桥所致。但是后来出于安全考虑，北京市将这些桥下市场进行了统一清除并以停车场利用为主（张丽，2010）。相继，国内其他各大城市也由于修建大量高架桥而开始对高架桥下空间予以重视，加之城市中土地的稀缺，更加促使各个城市对高架桥下空间进行利用，出现了多种利用方式。本书的第三章至第九章将分别具体阐述。

第三节　城市高架桥下空间构成

城市高架桥下空间（本书以下均简称“桥下”或“桥下空间”）是一个典型的道路交通附属空间。

一、高架桥组成结构

在城市高架桥的整体空间组成方面，从纵断面看，包含引桥（引导其他交通部分）、正桥（主体通行部分）、主跨（不同高架横跨部分）三部分（图 1–4）。

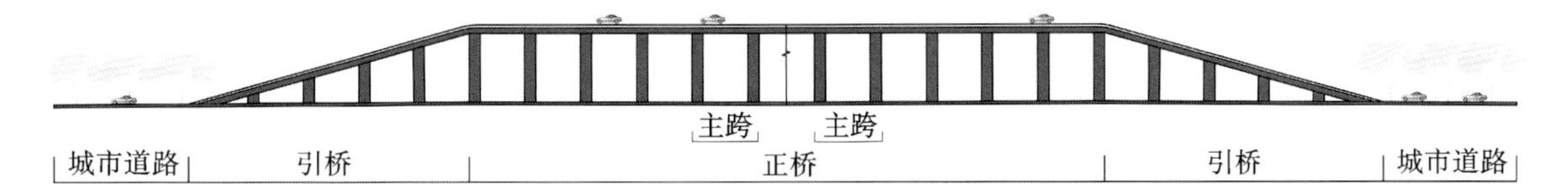

图 1–4　城市高架桥纵断面构成示意图

竖向上，可分为上部、支座、下部、附属设施四大结构：上部包括盖梁和桥面设施，是主要承重结构；支座则是上部与下部的传力结构；下部包括墩柱、墩台及基础三部分，墩柱和墩台负责支撑及传递上部结构荷载至基础部分，基础部分则是最底部的构件，负责承受全部的荷载（图 1–5）。

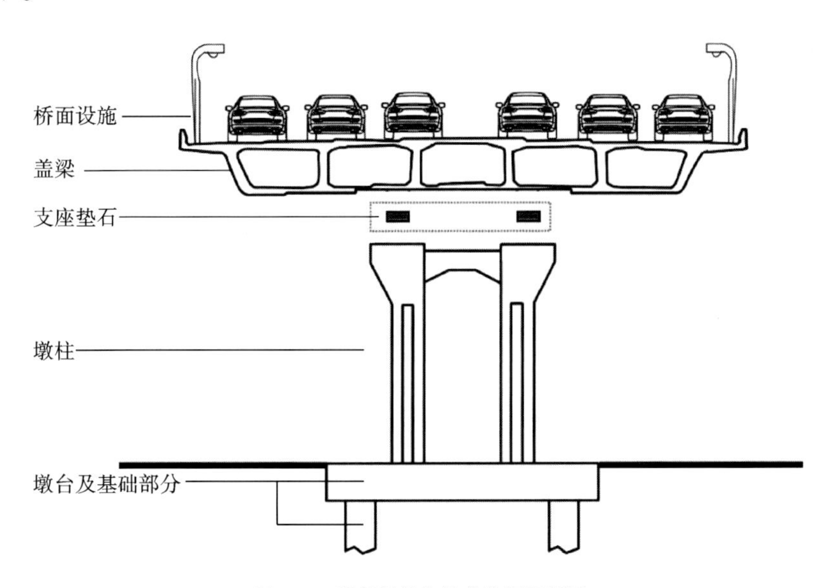

图 1–5　高架桥结构组成分解示意图

二、高架桥下空间横断面特点

高架桥的桥阴空间是高架桥的附属空间，由墩柱、桥板、桥梁以及空间环境四大构成要素组成，是受自然光对桥体投影影响的空间范围，根据常年日照投影影响程度，可以分为投影影响范围 A、垂直投影核心影响范围 a（图 1–6）。

墩柱和高架桥桥面是高架桥可视范围内最重要的组成部分，不同的桥面形态、墩柱形式、桥面桥宽与净高比三方面共同决定了桥阴空间的形态。

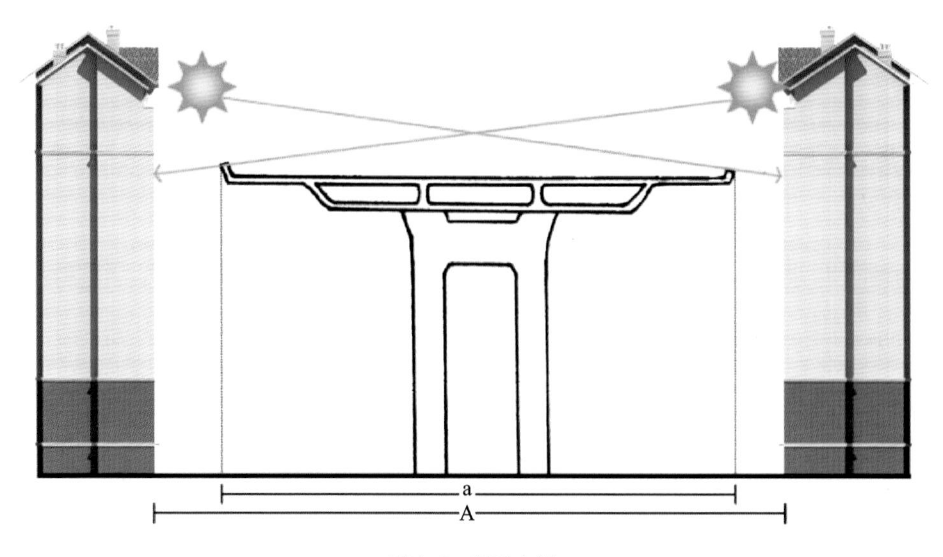

图 1-6　桥阴空间

（其中 A 区为投影影响范围，a 区为桥体垂直投影核心影响范围）

1. 桥面形态

从平面形态分，高架桥桥阴空间可分为线状延伸型、点状交会型、网状汇集型三类(图 1-7)。线状延伸型的桥阴空间简单直接，呈连续线型，空间较窄，利用方式有限；点状交会型的桥阴空间呈明显汇聚团状，空间相对较宽，可利用的方式较多；网状汇集型的桥阴空间由多个线状及点状空间组成，该类型用地规模大，多以互通式或部分互通式立交形式出现，是展现城市面貌与特色的重要场所。

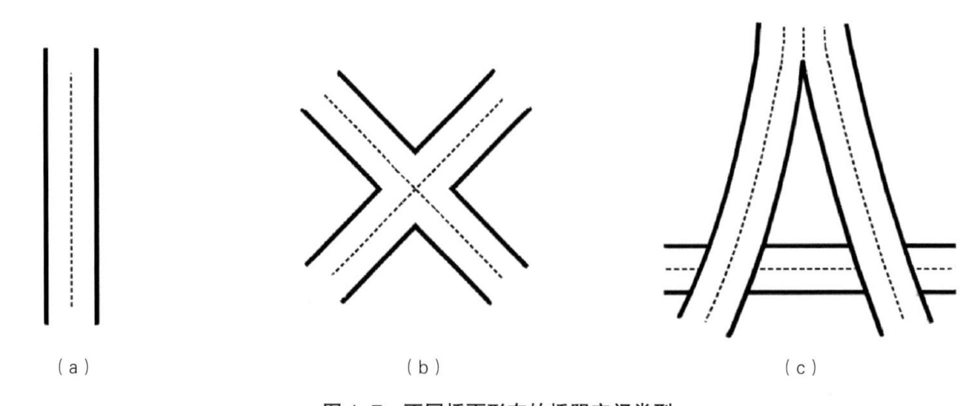

图 1-7　不同桥面形态的桥阴空间类型

（a）线状延伸型；（b）点状交会型；（c）网状汇集型

2. 墩柱形式

根据高架桥桥板宽度及承重要求，各类型墩柱有着较大的区别。墩柱形式可分为中央单柱式、中央双柱式、两侧单柱式三个基础大类，其他形式都在这三类的基础上衍生变化而来（图 1-8）。

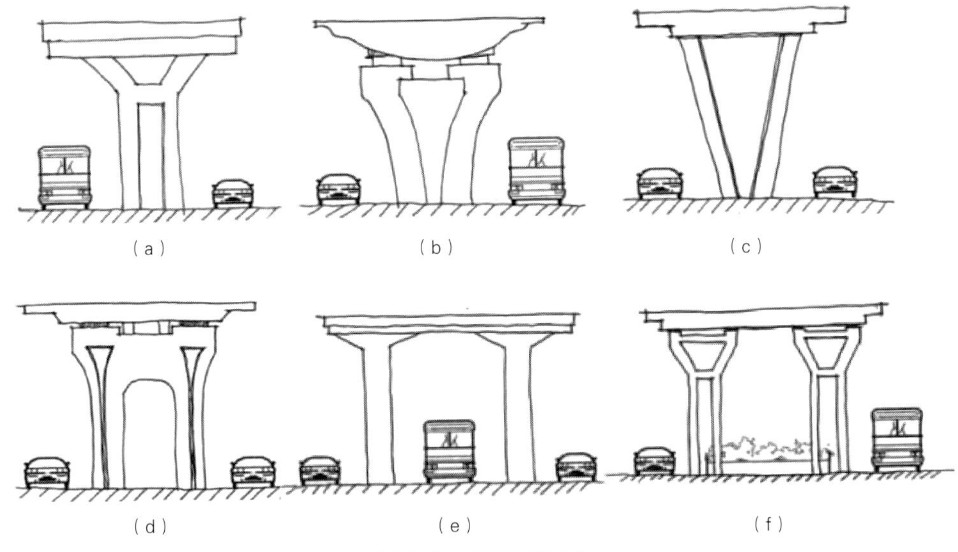

图 1-8　不同墩柱形式

（a）中央单柱式（Y 形）；（b）中央单柱式（T 形）；（c）中央单柱式（V 形）；
（d）中央双柱式（H 形）；（e）两侧单柱式（T 形）；（f）两侧单柱式（Y 形）
（图片来源：改绘自许瑞等，2014）

中央单柱式墩柱应用在桥面较窄的高架桥。该桥阴空间常见的利用方式为道路交通、绿化等对占地要求小的类型，一般将柱旁两侧布置为机动车道，中间位置多配以绿化带或停车场。中央双柱式墩柱的桥阴空间较中央单柱式墩柱稍宽，常见的桥阴空间使用方式较多，包括交通、休憩、停车场等。在交通利用方式中，该类墩柱中央虽有一定的宽度，但不够通车，因此中央部分常作为绿化分车带，两旁走车。两侧单柱式墩柱的桥阴空间宽度较大，常见的利用方式基本都可适用，包括休闲娱乐、体育运动等利用方式。

3. 桥面桥宽与净高比（B/H）

街道高宽比即道路横断面宽度与沿街建筑高度的比值，高架桥下空间的高宽比同样对空间使用产生影响，是决定高架桥桥阴空间尺度的重要元素。桥宽 B 等同于上部的桥板宽度，H 为桥板至地面的垂直距离。B/H 数值的变化，对道路使用者的心理感受有着较大的影响，关系着使用者对道路景观的视觉及心理感受。

根据《城市空间设计》一书中对街道高宽比的界定，可知相应的高架桥的高宽比与空间形态及使用者对其的心理感受（沈建武等，2006; 夏祖华等，1992）。在现实中，城市建设对高架桥高度以及桥面宽度有限定，规定高架桥标准墩间的净空不得低于 5 m。

当 $B/H \leqslant 1$ 时，高架桥高度不小于桥阴空间的横截面宽度，整体空间偏竖向增长，空间压抑感降低、封闭感弱；当 $1<B/H<2$ 时，高架桥高度适中，桥下空间压抑感开始增强，整体空间呈半封闭状态；当 $B/H \geqslant 2$ 时，桥面宽度超过 10 m，车道数量为 4 车道以上，桥阴空间横向宽度优势明显，空间压抑感强（图 1-9）。

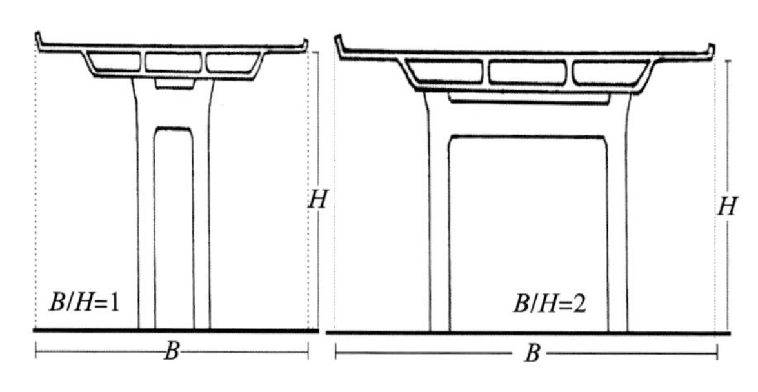

图 1–9　高架桥桥宽与净高比 *B*/*H*

三、高架桥下空间纵断面特点

高架桥的梁底标高影响桥阴空间使用高度和使用形式，对于最低引桥端空间（通常低于人可作业的高度，即 1.5 m），处理方式比较单一。

桥下纵向空间的长度、坡度、连续性及桥墩柱分布、承台标高对桥下空间利用产生影响，如桥下雨水收集等（图 1–10）。同一高架桥各墩柱间距相等，每个单位空间连续且相同，有利于开展模式化的线性空间活动。

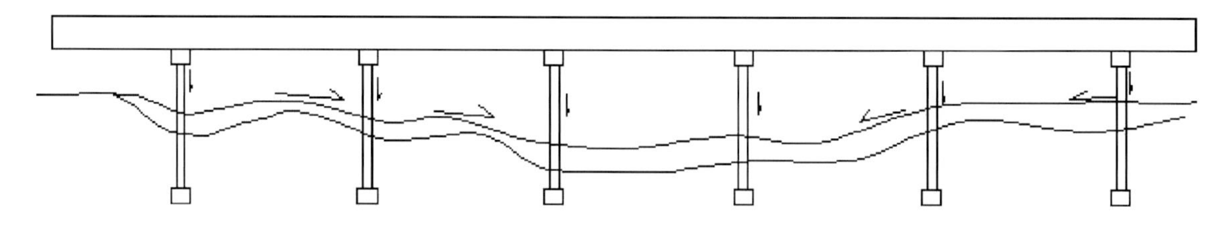

图 1–10　桥下纵坡对空间及桥阴雨水收集有影响

第四节　城市高架桥下空间特点

城市高架桥下空间形态特征主要受到桥下的结构构成、周边环境关系的影响，呈现出空间半开敞、空间连续性与模块化、空间环境的消极性、空间汇聚性、空间公共性及多样性的总体特征。

1. 空间半开敞

高架桥的组成构件决定了高架桥桥阴空间具有垂直方向有顶面覆盖、水平方向开敞的半开敞空间特征。由于呈半开敞的状态，桥阴空间四面视线通透，没有明显的物理边界，与周边环境发生的交流及渗透较为频繁，极易受周边环境影响。而桥阴空间的边界依附于人的空间意识产生，因此视不同情况，可通过巧妙的设计手法弱化人对桥阴覆盖面的空间意识，以此将桥阴空间与周边环境融为一体。尤其当桥下净空超高时，桥下空间的边界感更弱（图 1–11）。

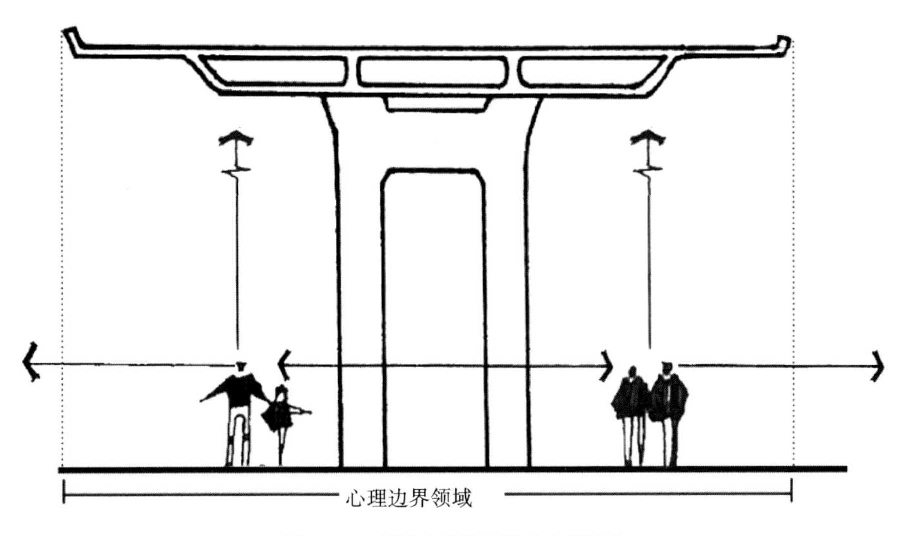

图 1-11 桥阴空间半开敞的空间形态

2. 空间连续性与模块化

桥阴空间在横向形式上呈现连续性特征，同时墩柱成为桥阴空间的分隔线，每个分隔模块空间比例尺度相对均衡，呈现模块化特征。如常见的高架桥下空间，桥墩柱之间常见30 m的间距，在较长的城市高架桥下则有很明显的连续和韵律感（图 1-12）。因此可通过对不同模块的空间功能进行布置与设计，丰富桥阴空间的变化形式，打造具有节奏性的动态空间（图 1-13）。

图 1-12 成都市苏坡高架桥下的川剧脸谱桥墩整体呈现的连续感和韵律感

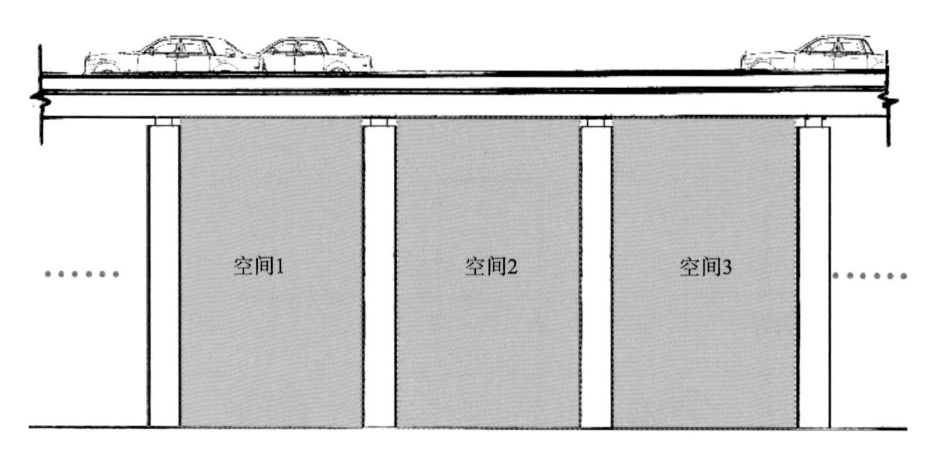

图 1-13　桥阴空间的连续性与模块化

3. 空间环境的消极性

一方面桥阴空间的压抑感较强，同时由于光线射入受限，桥阴空间多处常年处于阴影区中，整体受光照的时长及强度偏低，不利于很多植物的正常生存及生长。另一方面，桥上及桥下机动车的尾气与噪声污染也限制了桥阴空间的有效利用。

城市高架桥下空间的总体环境质量差。高架桥下日光受到持续遮挡，不利于多数植物的栽培。高架桥桥面由于机动车的持续通过，噪声高于其他地区，汽车排出的大量尾气使高架桥附属空间的空气污染严重，沿线灰尘的 pH 平均值呈明显的碱性，并且重金属含量也很高，多出正常水平的一倍（杨赉丽，2006）。上海市某高架桥下的环境检测结果表明，重金属含量比正常水平高 2 ～ 10 倍，灰尘 pH 值也达到 9.67，呈明显的碱性（张志轩，2014）。这使得植物在附属空间里的生长较为艰难，需要选择抗性强的桥阴植物，对绿化管理及养护的要求也较高（图 1-14）。

图 1-14　桥下空间环境影响植物正常生长，同时对管理也提出了更高要求

4. 空间汇聚性

人流的集聚：由于用地紧张、公共绿地缺乏，尤其是老城区的居民显现出对日常公共活动空间的极大需求，而城市高架桥周边及其桥下的公共空间为此提供了新的选择，尤其是结合桥下空间环境的整治，使桥下空间的人流集聚性更高（图 1–15）。

图 1–15　北京动物园高架桥下人群聚集

视线的聚焦：高架桥以宏大的气势矗立在城市中，具有很强的视线控制性和标识特征。恰当地利用这种视线聚焦的特性，可以为城市的识别系统提供新的参照坐标。由车流汇聚引起的噪声、空气污染和视觉干扰，严重影响了高架桥周边的环境品质，这些矛盾是当前高架桥附属空间设计要关注的焦点。

5. 空间公共性及多样性

高架桥多是由城市政府或其委托的实体单位来管理经营，大部分高架桥附属空间都是城市公共空间的一部分，可以为市民的活动提供场所。这些空间又多是开放空间，它与城市环境的有机结合使得空间易受到外部环境的影响，其空间内外视线的连通性，让人们对空间便捷性的要求更高。

人们可以较自由地进入高架桥空间内外。虽然桥面和桥墩对空间形成了一定程度的围合，但是边界并没有被实质性地限定，这种模糊边界的灰空间特性有利于公众在桥阴空间进行多种活动（图 1–16）。

图 1-16　城市高架桥下空间与周围绿地衔接

第二章　城市高架桥下空间利用方式

第一节　国内外城市街道及高架桥空间利用相关研究

本节对欧洲部分国家、高架桥建设发达的日本及我国的城市街道及高架桥下空间利用进行相关系统梳理，探讨高架桥下空间发展简况。

一、欧洲部分国家相关理论

20 世纪 60 年代，欧洲部分国家经济快速发展，机动车保有量提升，率先面临人、车、地矛盾引起的街道荒漠化等问题，由此展开了对城市公共空间的利用以及街道空间设计的探究，形成了一套相对完整的理论体系，体系内容大致涉及城市规划和交通两个领域。

在城市规划领域，主流理论认为街道空间不应只作为交通空间存在，强调恢复传统街道及其他公共空间的人性化格局，有代表性的重要理论如下。1960 年，凯文·林奇在《城市意象》中给出“路线、边界、区域、节点、标志”五个城市空间营造要素，他认为城市主要道路的设计应有明显的特征，包括街道专门的用途及活动、特殊的空间形式、绿化、色彩等，同时还应保证道路的连续性，以此提高道路的可识别性。1961 年，简·雅各布斯在《美国大城市的死与生》中，针对美国的旧城更新现象探讨街道空间的安全性及生命力塑造策略，指出城市街道应至少具备两个以上的功能且互相关联，在满足使用者需求的同时吸引更多的人，街道的长宽比还应保持在一定的区间内，考虑人的视觉及心理感受。1971 年，扬·盖尔在《交往与空间》中将人的活动划分为必要、自发、社会三类，强调了城市街道空间的物质环境质量对活动交往的密切程度有着决定性的影响，提倡户外空间设计应注重对人户外活动类型及感受的引导。

在交通领域，主流学者在城市规划领域以人为本的理论基础上，对如何解决交通安全性和街道活力的对立问题给予了更多关注。他们指出街道设计应最大化地满足各种交通方式的需求并提出了相应的设计指导策略。具代表性的有美国的“完整街道”政策理念以及 20 世纪 60 年代末迈克尔·索斯沃斯等提出的街道共享系统概念（索斯沃斯等，2006）。街道共享系统概念兼顾了街道空间的物质及社会属性，强调使用者、停泊和行驶车辆共享空间，将车辆速度降低，随后此概念在荷兰等欧洲国家中被广泛应用并纳入法律。而后斯蒂芬·马歇尔综合了街道的交通连接性、功能性及面貌特性等方面的内容，为街道分类并设定了功能角色，最终提出街道网络构成的新模式（马歇尔，2011）。

“完整街道”概念与街道共享的内涵相近，在 1971 年由美国提出并以政策的形式指导着地方区域街道、公路及桥梁的规划设计。一反传统街道以机动车作为设计支配因子的设计方法，“完整街道”综合考虑了各类出行者的需求，设计要素涵括了人行、减速、自行车、公共交通等四类设施，以此保障街道非机动车、步行、机动车等各类交通方式的通行权公平（McCann Barbara，2013）。截至 2013 年，美国已有 30 个地区立法机构相继采用了该政策，同时各地在该政策原有基础上发展，在促进社区经济发展、环境改善、道路安全水平提高等各方面均取得了较好的效果。如 2009 年美国塔科马市的完整街道建设，甚至兼顾了绿色雨水、绿道等内容。

在理论指导方面，罗杰·特兰西克（Roger Trancik）从功能主义角度出发，将这些被经典建筑学所忽视的空间定义为失落空间，包括大体量的高架桥、宽阔的机动车道和大规模的露天停车场，将其归纳为以机动车交通为主导的近代工业城市问题的一部分。他指出以交通服务为主导的城市空间设计，忽略了周边城市居民的感受以及对周边生态环境的不利影响，提出通过城市空间设计的方法，实现整合城市空间的目标。建筑师路易斯·康（Louis I. Kahn）认为高架设施是从周边区域进入城市中的，从这一点出发，应对其进行更加精细化的设计，主张将高架桥下空间作为城市公共场所进行设计使用，城市内部高架桥应与城郊高架桥有所区别，从而使其表现出对城市中心建设的尊重。

在荷兰鹿特丹举办的以“移动性：有风景的房间”（Mobility：A Room with a View）为主题的第一届国际建筑双年展（2005 年），指出交通建筑的“移动性”在给城市带来便利的同时，也带来了噪声、环境污染等问题。这次双年展的中心议题围绕对高架交通建筑“移动性”的认识不能局限于纯粹的技术层面，是否能将其及桥下空间转化成积极的、有识别性的空间与场所而展开的。建筑师 Andreas Savvides 认为很多城市的发展已经达到了饱和状态，而解决这一困境的手段就是对城市内存在的、被城市发展遗忘的空间进行再开发，以此重新激活城市活力。他列举了意大利、美国等城市有效改造利用的案例，来论述交通服务设施与城市功能相结合的利用改造方法的发展及现状等，为高架桥下空间的利用提供了有利的新思路。

潘海啸的《城市交通空间创新设计——建筑行动起来》主要包含法国动态城市基金会举办的“建筑行动起来——城市交通空间创新设计”这一主题展览的内容。该书集中反映了法国、荷兰等欧洲国家的建筑师、规划师对城市交通空间的最新思考，其中折射出的理念已经超越城市交通的单一功能和城市交通的工程观，城市交通空间被赋予了综合的功能。同时，书中对法国 A14 高架路下的高速公路控制中心、法国 RER 车站高架桥下的自行车服务站、荷兰高尔斯哥广场公园等与桥下空间利用密切相关的设计项目做了详细的分析介绍。

二、日本对街道及高架桥空间的利用研究

相比欧洲部分国家在街道空间方面的研究，在亚洲国家中，日本对街道空间的理论研究较为深入，其在高架桥桥阴空间研究方面贡献突出，有较为详尽及系统的高架桥空间理论。这与日本土地资源紧缺、拥有大规模的高架桥建设等实际国情有着紧密的关系。芦原义信在《外部空间设计》一书中指出需要给予“逆空间”“消极空间”与“积极空间”相同程度的关注，并发展出了著名的“十分之一理论”及“外部空间模数理论”，对之后的消极空间（灰空间）的

规划设计极具启发意义。之后，芦原义信撰写了《街道的美学》，通过对西欧国家及日本的室外公共空间环境进行比较研究，总结了东西方在空间观念、文化体系等方面的差异性，同时结合人的视觉感受提出了道路构成原则及街道空间界面各比值的合理区间，为道路空间的设计提供了较为系统及细致的指导。

随后，日本土木学会召集了不同领域的专家共同调研并编写了《道路景观设计》一书，日本学者认为道路应承担串联多样的户外空间活动类型的功能，书中以道路的空间功能为关注焦点，试图以景观、生活等方面的设计来改善道路空间功能。针对高架桥，该书归纳了日本高架桥桥阴空间的利用方式，包括停车场、城市公园、办公场所、工业厂房等。2005 年，日本国土交通省下达了《关于高架道路路面下占用许可》的文件，明确了高架桥下空间被允许使用的方针政策，并要求各地方政府制定《高架下利用计划》，在辖区内有计划地推行高架桥下空间的利用，日本城市高架桥下空间的开发利用迎来了新的局面。

日本建筑师木下雅史调查分析了东京市高架桥的利用现状，阐述了高架桥下空间的土地利用形式，并在此基础上归纳了高架桥空间利用的种类。日本与我国现状较接近，因此其在高架桥及街道空间方面的相关理论体系对我国有着很大的借鉴意义。

三、我国对街道及高架桥空间的利用研究

由于我国的市场经济发展相对较晚，近现代对街道空间的研究直到 20 世纪 90 年代才逐渐发展起来，虽然我国街道空间的建设历史较短，但建设速度与建设规模却相当可观。早期高架桥建设进入城市时，桥下空间多被闲置，且学术界研究的视角也多集中在高架桥这一新型交通设施上，侧重于高架桥的建设技术及质量要求等方面。随着城市化进程的加快，人口与土地资源矛盾的增加，高架桥下空间开始被利用为各种类型的场所，也相应出现了一些社会与环境问题。

面对高架桥下空间利用呈现的状态及产生的问题，近年来国内城市对高架桥下空间的关注一直在不断增长，学术界也对其展开了研究，研究成果多以学术期刊与高校学位论文的形式呈现。研究者主要来自城市规划学与风景园林学两个学术领域，因此对桥下空间的研究也主要分为两大类型：一是对高架桥下空间利用设计的研究，二是对高架桥下空间景观营造的研究。此外，还有一些是对桥下建设停车场、公交场站的利用研究，以及对桥下空间利用工程技术和桥下空间成为流浪人员的临时住所等社会现象的研究。

1. 对高架桥下空间利用设计的研究

戴志中、郑圣峰所著的《城市桥空间》一书，以桥空间作为研究对象，研究城市化进程中出现的城市桥及桥空间，分别从城市桥空间的构成、功能、类型及空间的营造上，来研究城市桥空间与周边环境及建筑群体之间的互动关系等。笔者所著的《城市高架桥下空间利用及景观》一书，梳理了城市高架桥下空间的 9 种利用方式，包括交通、绿化、游赏或运动休闲、商业、办公、居住等，从 9 种桥下空间利用类型的利用条件、基本形式、问题及建议等方面展开分析，同时列举了国内外城市高架桥下空间利用优秀案例。该书意在表明高架桥下空间利用的潜力与向多元化、多功能利用方向发展的趋势，为城市高架桥下空间的利用提供一定

的参考借鉴。

目前已有的对高架桥下空间利用的研究成果中，数量最多的是基于对某个城市或某一处的高架桥下空间利用进行的调查研究。

郭磊将桥下空间的利用价值作为文章研究的主要依据，对上海市高架桥下剩余空间利用的必然性、积极性、可利用性及动态性等方面展开讨论。张丽分析了桥下空间的消极性，《基于反消极性的城市高架路桥下空间利用研究——以武汉市为例》首先对桥下空间的平面组成部分、空间组成要素进行相应解析，从平面组成部分、空间组合关系、承重柱空间关系三个角度对桥下空间进行空间类型划分，梳理了桥下空间的功能、特性，提出了“局部覆盖性”“边界模糊性”“纵向连续性”“横向渗透性”“社会公共性”是桥下空间的特性，分别阐述了每种特性的空间意义及消极性，并对武汉市高架桥下空间的利用现状进行了梳理分析，在结合综合因素的前提下，提出了有关桥下空间利用的反消极性具体策略。肖卫星按照高架桥在城市中的区域分布情况，将高架桥分为城市外围、城市边缘及城市内部三种高架桥类型，并分别选取具有代表性的高架桥，对其桥下空间利用进行调查研究，总结不同区域的高架桥下空间利用的现状问题及特征，最后针对不同区域的桥下空间提出相应的利用原则及策略。唐铀钧、陈梦椰分别以重庆市三处典型的高架桥、主城区滨江高架桥作为调查研究的对象，前者从生态学、植物学、城市设计等多学科对调查研究对象进行现状分析及评价，最后分别提出改进策略；后者在对影响桥下空间利用的因素进行分析的基础上，从桥下空间利用的设计层面与实施管理层面对现状进行调查，总结现状问题，最后结合“山水城市”特有的地理特征，提出桥下空间利用原则及设计与实施管理两个层面的策略。张思颖将立交桥分为复合型、节点型及线型立交桥，对西安市二环内存在的立交桥下空间进行实地调查，剖析现状问题，并针对三种类型的立交桥，提出相应的桥下空间利用策略及利用形式。赵上乐从影响桥下空间利用心理安全的角度对长春市三种高架桥类型（点状交会型、线状延伸型、复合型）的桥下空间进行现状利用调查，最终从影响心理安全的四个角度提出针对性的空间设计策略。李文、张雨晗、徐婷、田阳分别对哈尔滨、成都、合肥、石家庄中心城区高架桥下空间利用进行现状调查，并针对现状利用出现的问题，提出桥下空间利用的优化策略及措施等。黄建欣对广州东濠涌改造前后的环境及居民使用情况进行全面调查，分析改造方式对桥下空间利用的促进作用，并探讨高架桥下空间管理、开发利用模式及建议等。邹松以广州海印大桥为调查对象，分析桥下空间与周边环境的关系及现状问题，探讨桥下空间利用为健身、运动、商业、主题公园等公共活动场所的可能性，并进行策略研究。

论著方面，熊广忠在《城市道路美学——城市道路景观与环境设计》一书中以美学作为切入点，阐述了现代道路交通与美学契合的理论方法；赵晶夫的《城市道路规划与美学》对我国城市道路的主要特点进行了总结，并发展了城市道路规划的相关理论；吕正华等的《街道环境景观设计》则阐述了不同功能属性的设计方法，并系统性地提出了相应的评价体系；刘滨谊在《现代景观规划设计》一书中指出视觉景观形象、环境生态绿化、大众行为心理是决定街道景观设计思路的三个重要因素。毛子强等编写了《道路绿化景观设计》，将优秀的立交桥及道路绿化景观设计实践项目案例进行了罗列分析，这是国内高架桥绿化方面设计与实施的首部专著，也是本书编写思路的主要源泉之一。

2. 对高架桥下空间景观营造的研究

学术界对高架桥下空间景观营造方面的研究也比较全面。如王乃泽通过景观语言分析桥下附属空间的景观构成及发展制约因素，分析总结桥下空间的景观开发模式，并选取石家庄某一高架桥下空间进行设计，以验证上文中的观点策略。杨玥、程倩、王长宇、王健等人在对国内外优秀的桥下空间景观设计案例进行分析的基础上，归纳整合了先进的理论方法，从人性化、行为安全及构建城市生态网络体系等角度入手，针对不同的桥下空间提出相应的景观优化措施。李文博、张卓、周研、朱雅伦等人针对郑州市、长春市、福州市高架桥下空间的景观建设进行了系统的调查，同时针对现状问题归纳了景观设计营造的方法与经验等。曾丽竹以景观基础设施作为研究的理论基础，旨在使桥下空间的景观功能与高架桥的交通功能形成内在的联系，营造出多功能、综合性的桥下景观空间，并提出空间景观整合策略。

3. 其他方面的研究

孙全欣选取北京具有代表性的立交桥，对桥下空间进行调查发现，现状桥下空间存在掉头车道不合理、停车场缺乏管理等问题，并提出相应的优化建议。尹治军以西安市高架桥下公交场站设计为例，从桥下建设公交场站的因素与原则展开，探讨公交场站设置在高架桥下的方法手段。李少帅、莫伟丽结合高架桥下空间的特点，对桥下公共停车场的建设与管理进行探讨研究，停车场的建设条件、周边需求、出入口的设置、桥梁安全等方面都应作为桥下建设停车场应考虑的因素。郑海结合具体项目，通过专业化的数据计算分析，针对桥下空间利用工程方面的问题，提出专业性的技术建议。胡建国通过对福州高架桥下流浪人群的生存环境和需求进行分析后，提出在桥下空间利用集装箱为流浪人群提供休憩“巢”空间的构想。

从上述研究中可以发现，国内对高架桥下空间的研究大多停留于空间利用与空间景观营造等方面，但对空间使用人群的行为与需求的关注较少。笔者认为，通过对桥下空间环境与人的行为需求两方面的研究，可以在一定程度上有效避免空间设计和实际使用的脱节，在桥下空间利用与景观建设方面达到更好的效果，对于更充分地挖掘桥下空间的潜力也具有一定的意义。

第二节　高架桥下空间利用的相关理论梳理

一、城市开放空间理论

城市开放空间（urban open space）是城市景观的承载主体，是人的行为涉及的室外空间，同时也是展示城市风貌特色的重要载体。广义层面是指城市中完全或基本没有人工构筑物覆盖的空间或水域；狭义层面专指城市内的街道、公园、广场、河湖水系等公共开放空间（图 2-1）。室外开放空间是人们接受教育的重要场所，当城市开放空间能够激发好奇心，具备让人们可随意交流的特质时，它所营造出来的城市氛围才具有最广泛意义上的教育内涵。

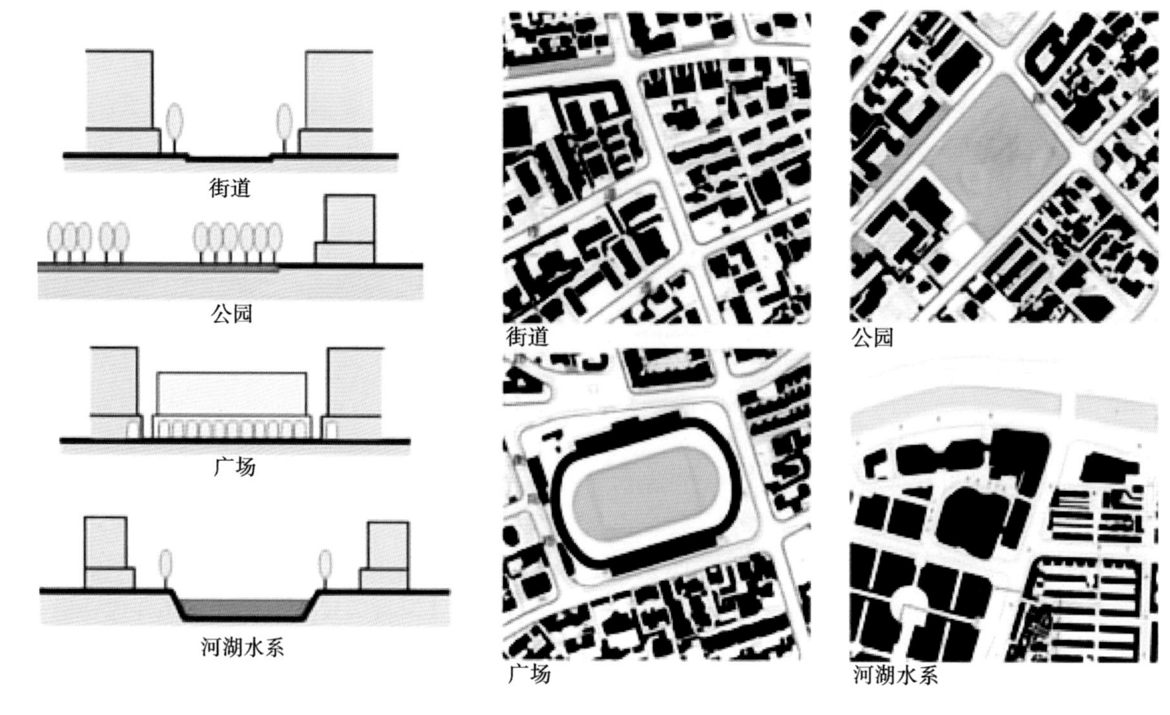

图 2-1　城市开放空间的四种类型

（图片来源：《城市开放空间的城市设计方法研究》）

城市开放空间更新规划的载体包括城市绿地、城市遗产、城市水系、慢行体系、城市公共服务设施等点、线、面要素，使得城市开放空间在历史城镇景观与现代城市布局的协调发展中起到重要的框架性作用（吕婉玥，2021）。在城市开放空间中，不同子空间的封闭程度、交通的易达性及人类活动特征等都会对公共设施的服务配置产生影响（孟凡等，2021）。城市开放空间规划不仅是对城市一个片区的景观设计改善，更是服务于居住在城市人们的日常活动、维护城市的生物多样性以及抵御重大自然灾害影响的"避难所"（王智珊等，2021）。城市道路景观空间是城市开放空间的重要组成部分，能够围合城市道路空间，对形成城市道路景观亚空间起到至关重要的作用（梁振强等，2003）。城市开放空间理论认为应同时规划道路与景观，还应优先考虑城市开放空间，设计适当的比例关系与空间尺度。

城市开放空间是城市生态修复、文化传承、人居环境提升的空间载体，在城市规划建设中承担重要作用。其主要服务的对象是人，应尽可能地设置让人可体验的城市开放空间。城市开放空间以人为主体，主要表现在以下四个方面。

（1）改善城市的生态环境：城市开放空间（如城市中的市民广场、生态公园、休闲绿道等）除了要满足人的室外活动、锻炼等需求，还要有适应城市发展、城市避险、有效保育河湖水系与生态湿地、增加城市园林植栽、涵养城市生态等功能。

（2）强调开放空间的人性化尺度：空间的服务是以人为主体的，所有空间的尺度都应遵循环境共享性、交通可达性、空间开放性、地域历史文脉延续性、环境识别性等原则，满足人体尺度的需要，创造宜人的尺度空间。

（3）承载市民公共生活、传承历史文化特色：空间的场地环境特征决定着空间的特征，不同的地理位置、生态气候、地形地貌、区域文化等，都会影响城市开放空间的形成。城市开放空间为市民提供休闲娱乐、生活交往的场所，是城市活力的空间载体。同时传承城市文脉的历史文化街区的广场与街道周边保存着大量文物古迹，承载着重要的历史事件，展现了城市的历史底蕴与文化特色（图2-2），值得好好保护规划和合理利用。

图2-2　历史文化街区——福州三坊七巷

（图片来源：太平洋摄影博客—大明摄影）

（4）汇聚城市公共职能，展现城市风貌形象：以河流水系为代表的滨水开放空间中，河流两岸地区往往汇集了城市中最为重要的城市公共中心、历史文化街区与标志性公共建筑，为城市居民提供眺望城市天际线的观景空间，集中展示城市建设成就与风貌特色。

城市开放空间在现阶段的建设过程中，常采取宽马路、大广场的方式，导致其建设在盲目求快中质量低下，满足不了人们对空间品质的需求，还造成了一定的水土资源浪费。当前城市开放空间的研究主要根据范围内的自然属性及服务半径等确定开放空间的位置及等级，较少考虑到开放空间实际可达性及服务覆盖的公平性，缺乏技术手段来量化人群实际活动需求程度。

城市开放空间的设计应该结合场地的特征，能够体现场所需要表达的精神（苏伟忠，2002）。在城市开放空间规划初期，应建立起系统化的规划框架，将开放空间分为多结构、多层面的规划内容，从需求导向出发，鼓励各社会团体、公众积极参与开放空间的规划，包括征集居民意见、张贴公告、公众评议和申诉等方式。并且，开放空间的规划要因地制宜，考虑不同地区的居民生活习惯、自然环境特点及现有开放空间质量和数量等，制定适用于各地区的开放空间规划，真正为城市创造宜居、健康、可持续的开放空间环境。

城市高架桥下空间属于城市开放空间中的特殊类型，它顶面被桥面覆盖，桥下四周相对通透开放，可算作严格的半开敞空间。但对于使用的特点来看，则可以将其归属于开放空间的范畴。可以根据与周边环境的关系，将其作为城市中可以充分利用的一类长线状的公共空间场所。

二、环境心理学理论

环境心理学主要研究环境与人的心理状态及活动行为之间的关系，是以生态学、心理学、建筑学等为理论基础，归纳总结已经形成的经验成果，强调在进行空间环境设计的同时，能够表达出人们的心理需要。环境心理学与建筑学、人类学、地理学、社会学、城市规划和园林设计等学科领域密切相关，从某个学科领域或者众多领域做出全面的环境心理学界定都颇为困难，目前环境心理学尚无统一的公认概念。

环境是环境心理学中的一个重要研究领域，是一系列外部环境因素及人的心理因素共同影响产生的，具有一定的空间序列及空间形态。葛鲁嘉将环境细化为物理环境、生物环境、社会环境、文化环境和心理环境等五个方面。吉布森（J.Gibson）从环境与行为关系的角度对环境做出了三条规定：环境对象要为它的使用者提供便捷；环境对象要有明确的意义；环境对象要满足使用者的需要。当下，环境心理学的理论发展态势更多地关注人与环境之间的相互作用关系。外部环境因素的改变影响着人们的行为，同时人们行为的改变也能够影响外部环境（黄建军，2007）。环境心理学主要从环境与人这两要素之间的关系出发，研究环境要素与人的要素的共生关系。环境心理学注重对地方感影响因素的细致解剖，尤其从可量化、操作性强的角度去理解环境与地方感之间的因果关系（王敏等，2022）。提出个体的性别、年龄、心理特征会影响个体的心理结构，从而对个体的地方感知产生影响。同时，环境心理学认为地方感作为心理表征，是人们对特定信息构造、加工和储存的过程。

环境心理学最初被定义为研究环境与人的心理相互作用的跨学科领域，是把环境作为生态系统来考虑，强调人的心理行为与周边环境之间的关系。后来随着环境心理学理论的发展，成为研究人的行为与所在的物质环境之间关系的一门学科，它针对外界环境的各种刺激与人接受刺激所发生的心理行为，强调的是人与社会的、物理的周边状况的相互关系。

由环境心理学角度获取外界的环境信息，提取外界环境特征，以期改善环境，应以人们的心理需要为准则，从而创造出人性化的景观环境，达到提升环境舒适度，提高景观设施利用率的目的。

环境心理学衔接格式塔心理学的理论成果，强调将环境—行为关系作为整体来研究。环境心理学理论应用主要遵循以下几个原则。

（1）安全性：场地设计应在安全的基础上进行。道路绿化景观的建设应保证人行道及车行道的视线安全，发挥组织和分隔交通的作用，提高行车和行人的安全性。

（2）生态性：人能够享受绿色景观所带来的生态效益。道路绿化景观设计需将不同层次的植物进行有效配置，注意灌木与乔木之间的和谐统一，营造多样化植物群落空间，在满足植物生长需要的同时，服务城市环境及作为空间使用者的人。

（3）功能性：人们在道路的空间环境中，能够从感官上感知环境景观，从而能够进行环境景观的评价。城市道路绿化景观一定程度上减少车辆噪声，对粉尘有非常好的降解和吸附作用，能够有效净化空气，改善城市环境。同时绿化景观有调节微气候的作用，能够有效降温，提升车辆及行人的通行舒适度，提升人对于环境景观的评价。

（4）艺术性：道路环境空间的设计能够让人们感受到空间环境的归属感，从而体现环境空间的人性化特征。城市道路绿化景观能够将植物的表现力充分且全面地发挥出来，美化城市环境，提高人们对城市空间的认同感（图 2–3）。

图 2–3 高线公园效果图

（图片来源：www.thehighline.org）

三、景观生态学理论

景观生态的概念由德国学者特罗尔（Troll）于 20 世纪 30 年代在利用航空照片研究东非土地利用和开发问题时提出，当时主要是为了通过景观学和生态学的结合，分析某一景观中生物与其自然环境之间的相互关系。景观生态学以地理学的景观理论和生物学的生态理论为基础，从整体的角度出发，研究景观生态系统功能的稳定性、景观动态改变的影响、景观的合理利用等。目前，国内学者把景观生态学理论归纳为以景观为研究对象，将生态学研究垂直结构的纵向方法与地理学研究水平结构的横向方法结合起来，研究景观的结构、空间配置、功能、结局等元素之间的关系，并研究规划与管理的一门宏观生态学科。

景观生态学的研究内容主要包括景观结构、景观异质性、景观干扰与动态变化、景观功能、景观生态评价、景观生态规划建设等。其中，景观结构包括景观组成和景观空间格局两方面，是景观性状最直观的表达方式；景观干扰涵括自然干扰和人为干扰两个方面，均直接影响着生态系统的结构和功能演替，主要表现为人类活动中的土地利用变迁；景观功能表示景观系统对各种生态过程（物质、能量、信息、物种等）的调控作用，该作用主要体现在能量、物质和生物有机体在景观镶嵌体中的运动过程；景观动态指景观在结构和功能方面随时间的变化。

景观生态学的主要原理包括以下几个方面。

（1）景观整体性原理。该原理表示景观是由不同生态系统或景观要素通过生态过程而联系形成的功能整体。因此，景观生态学应从景观的整体性出发，研究其结构、功能及演变过程。

（2）景观格局与生态过程的关系原理。该原理提到景观格局决定景观生态过程，而景观生态过程又影响景观格局的形成与演化。值得注意的是，景观格局与生态过程的关系及其相互作用规律是景观生态学研究的核心问题之一。

（3）景观动态性原理。该原理指景观格局与生态过程及其相互作用的关系均随时间而变化。

景观生态学的研究方法包括以下几个方面。

（1）景观指数定量分析方法。这是景观生态学最常用的定量化研究方法，它能够高度浓缩景观格局的信息，反映其结构组成和空间配置等方面的特征，同时，也可以描述景观格局与变化，建立起格局与景观过程之间的联系。易于理解且生态学意义较为明确的优势特征，使得景观指数定量分析方法得到了广泛的应用。

（2）空间统计学方法。现实生活中景观斑块与斑块之间的过渡往往不是突变的，特别是大尺度景观，其空间异质性往往是连续的，因此要了解景观异质性是否具有变化趋势或空间统计学规律，需要应用空间统计学方法。常用的方法有空间自相关分析、半方差分析及空间插值法分析等。

（3）景观模型模拟分析方法。在考虑研究对象和过程的空间位置及其相互作用的基础上，建立包括空间概率模型、元胞自动机模型等的景观空间变化模型，进行景观的情景模拟、趋势预测及尺度推绎等方面的研究。

景观生态学的景观要素包含基质、斑块、廊道等景观单元（图 2-4）。基质在三种组成要素中面积最大、连通性最好，对景观动态有着很大的影响。基质是大地景观的基础，有时候称为“底”或者“本底”，是景观的主要组成部分。斑块是从研究尺度上可见的“最小均质单元”，它是外貌上与周围地区有所不同的一块非线性地标区域。特点是在这个单元上，斑块的性质是稳定和一致的，其大小、形状、类型等特征与斑块形成的环境干扰相关。斑块具有可感知性、等级性、相对均质性、动态性以及尺度依赖性和生物依赖性等特征。廊道是与基底有所区别的线性或带状元素，如道路、河流、绿篱、绿地等都是廊道。廊道具有两方面的性质，一方面将景观的不同斑块连接起来，另一方面将景观的不同斑块分开。如道路景观，一方面将不同的道路参与者分开，另一方面将不同的道路景观要素连接起来。一般而言，廊道经常以干扰者的身份出现，它把连续、大块的斑块隔离。我们可以采用生态修补的方法，设计生态廊道，以此改变这些廊道对环境的干扰，使得被干扰的原本物种与信息可以重新自由流动，消除斑块之间的隔离。主要方法有建设被称为生态廊道的狭长地带，把当地的小种群连接起来，增加种群间的基因交流，降低种群灭绝的风险。

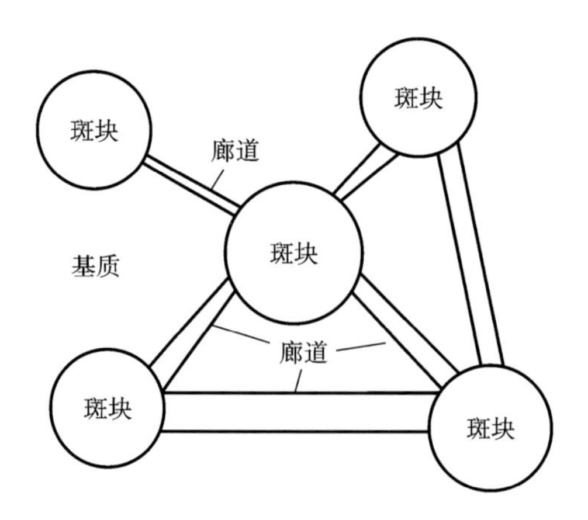

图 2-4 斑块—廊道—基质模式示意图

城市的生态系统是城市内部人类与周围环境相互作用的复杂关系的总和。由人工生态系统和自然生态系统组成，城市道路景观是城市生态系统不可缺少的组成部分。城市高架桥绿化景观设计应该遵循景观生态学理论，选择适应生境的植物。在进行城市高架桥绿化景观的植物造景设计时，应根据基质、斑块、廊道的不同功能特性选择及配置植物，达到适合植物生长的环境需要。植物是有机的活体，植物与其生长的空间环境有着密不可分的关系，不同种类的植物有着不同的生长环境。将高架桥绿化景观设计成生态廊道，可以改善城市生态环境，提升城市居民的生活环境质量。建设生态文明城市，景观生态学理论发挥着重要的理论指导作用。

四、景观美学理论

景观美学是应用美学的分支学科之一。它主要研究景观作为审美对象的基本特征，以及有关景观建设和保护、利用和欣赏、管理和发展中的美学问题。所谓景观，包括自然景观和文化景观两大类型。自然景观是指未受人类影响的景观，而文化景观则是指经过人类改造或利用而获得显著新特征的景观。

景观审美涉及观赏景观、观赏者和景观审美意境三个方面及其相互关系。景观美学主要研究景观的审美构成和审美特征、景观审美的心理结构组合和特征、景观审美关系形成和发展的基础及其在审美意境中的积淀，以及景观开发、保护、利用、管理的美学原则。景观美学的崛起，是审美实践和美学理论在当代发展的历史必然：一是从环境保护到环境美化；二是旅游业的兴旺发达；三是民族文化的弘扬；四是风景美学的发展和转向。所有这些，都为景观美学准备了必要的物质条件、理论基础、实践经验、思想资料和研究手段。正是这些因素促进了景观美学的诞生和崛起。

景观美是人们生活的审美意识及优美的景观的组合，是自然景观与人文景观的融合。高架桥绿化景观的服务以人为主体，人们感知景观可得到美的情感体验。美就是人们受到审美物体刺激时感官上产生的快乐、愉快的心理反应。人的感觉活动可分为两个阶段，即感觉与知觉。感觉所反映的是当前直接接触到的客观事物的属性与状态，且感觉反映的是客观事物的个别属性。而当客观事物直接作用于人的感觉器官时，人不仅能反映该事物的个别属性，还能够通过各种感觉器官的协同活动，在大脑中根据事物的各种属性，按其相互间的联系或关系整合成事物的整体，从而形成该事物的完整映象，这一信息整合的过程就是知觉。同样，景观要素感受也包括景观感觉与景观知觉两部分，总体指的是景观要素客体在人脑中的客观印象。而且，景观要素的可感知性会随着速度的改变而改变，在高速运动状态下，小尺度的景观要素因出现时间较短而不容易被感知。在速度提高的同时，景观要素的尺度也需要增大（王健，1992）。

景观美学不同于一般的理论美学，具有以下几个主要美学特征。

（1）传递性。美总是能够让人产生高兴、兴奋等心理反应，这些心理反应能够从一部分人传递给另一部分人。

（2）整体性。美从来都不是单独存在的，而是以具体的事物为载体。美是从很多事物中凝练出来的，是依赖于一个特定的事物存在的，脱离了具体的事物，美就无从说起了。美是从总体上而不是从某一或某些侧面研究景观的审美问题。

（3）社会性。美是由人类的智慧产生，于众多的事物中凝练出来的。人类的生活具有社会关系，人并不能够单独生活。人类感知的美往往都是无害的，是具体事物升华而形成的，具有社会意识性（梁隐泉等，2004）。美都是借助不同的形式表现出来的，形式美具有变化、统一、整齐、参差、均衡、对比、和谐、成比例、尺度、有节奏、韵律等规律。形式美不是简单地堆砌，而是各个形态间的巧妙组合（冯荭，2007）。

（4）实用性。美具有实际应用目的，可以研究和解决景观审美中的具体问题。此外，景观美学既要研究观赏客体的审美特征，又要研究观赏主体的审美心理特征，进而研究二者对立统一中所构成的审美意境。景观美学研究的主要内容一般说来有下列几点：①景观构成的审美价值；②景观审美活动的心理特征；③景观审美活动中的意境问题；④景观开发、利用和保护、管理的美学原则；⑤景观审美活动的民族性和时代性。

景观美学的形成和崛起，是人类物质生活和文化生活不断进步的必然产物。随着人们闲暇时间的增加和旅游事业的发展，景观美学的发展前景将更加广阔。

高架桥下空间景观应满足人们的审美需要，在进行景观设计时，应遵循景观美学理论，建设出优美适宜的道路绿化景观。

道路绿化属于城市道路景观的组成部分，绿化体系沿道路呈带状分布，具有连续性。按高架桥绿化景观位置的不同，城市高架桥绿化分为桥上悬挂绿化、桥阴绿化、桥体外侧绿化及立交节点绿化。城市高架桥绿化景观空间由人行道空间、机动车道空间、非机动车道空间、高架桥空间、周边建筑空间及市政设施空间等多个空间元素组成。城市高架桥绿化景观空间是城市道路的重要组成部分，良好的景观效果对缓解高架桥带来的负面影响、保护与改善生态环境、降低噪声、美化环境等有重要意义。

高架桥的交通纽带特性使其与周边的环境具有密不可分的关系，但由于其线路极长、体型巨大，进行高架桥景观设计时应考虑到诸多因素的影响，如不精心进行景观设计，这些混凝土构筑物会显得单调，缺乏生机与活力。城市高架桥景观空间设计需考虑多种造景手段，并融合城市特有的文化元素，对高架桥进行美化和“软化”，使其更好地融入城市景观。

道路绿化景观设计能够缓解城市的环境污染情况，吸收有害物质，对城市的形象具有非常大的影响力。道路景观设计除要考虑不同城市的地理环境、建筑特色、环境因素等，还应该探寻人们的心理需要，并以人们的心理需要为出发点设计道路环境空间。现阶段在进行城市道路绿化景观设计时可参考以下原则。

（1）秉承以人为本的设计理念：以人为本的思想在 15 世纪的欧洲文艺复兴背景下出现，当时的城市建设秉承体现市民“主人翁”精神的设计理念。将“人”的视角贯穿建设过程，满足人的心理需求和生理需求。人们通过道路时，路边环境的好坏将影响人们对城市、街道、社会的总体认知。

（2）设计方向要与道路景观协调统一：在道路景观设计之初，需统一景观设计的风格。设计中，可采用多样的设计方式体现景观的变化及层次并统一风格。强调绿化景观设计与周边环境的协调统一，适当辅助相应的景观设计技术。可考虑以借景、框景、漏景等中国传统园林造园手法，融合绿化景观与城市街景，体现城市特色。给人协调统一的视觉效果，丰富人的观景体验。

（3）选择合适的绿化植物，注重后期养护：选取与城市气候与环境特征相符的绿化植物不仅能提升植物成活率，还能达到设计预期的景观效果。熟知绿化植物的生长特性，根据植物的不同习性与特征实行灌溉、肥料管理，在后期养护中注重病虫害防治工作，确保道路绿化景观的美观稳定性。

五、色彩学理论

在高架桥下空间景观设计过程中，景观的色彩是比较容易引人注意的，能够主导人们的心理感受。色彩的配置不同，会让人在心理上产生不同的情感，就是所谓的色彩情感。色彩情感是指人的视觉器官可接收不同波长的可见光，将其通过视觉神经传入大脑，与以往的记忆、经验、生活片段相结合，产生联想、思考、认知后，继而形成的一系列色彩心理反应。

良好的色彩配置能够让人产生适宜的心理感受，和谐的色彩搭配可以营造良好的观感情绪。在进行高架桥下空间景观设计时，巧妙运用色彩的配置，能够起到事半功倍的作用。

景观中的色彩分为背景色和焦点色两种，背景色主要通过调和类似的颜色作为其他景观元素的背景，焦点色主要通过植物本身所特有的颜色表现出引人注意的视觉色彩。色彩在一定的范围内强调景观的重要性（张扬，2000）。

色彩是诠释、传达和解读景观意图最直接的途径，良好的色彩构图可以将景观的特色展现得淋漓尽致，赋予其灵魂，带给人们视觉美感并引起情感共鸣。因此，色彩搭配的合理性对景观质量有着不容忽视的影响。城市开放空间中的景观色彩是指使用人群所能感知的特定的景观元素色彩，以及各景观构成要素相对综合的群体色彩面貌。色彩是园林绿地的重要观赏特征之一，是刺激视觉的重要因素。在城市规划和设计中，可将色彩作为控制因子来表现地域化、个性化的城市景观。景观的色彩能够作用于人们的感官，让人产生平静、兴奋、愉快等心理反应（贾雪晴，2012）。色彩的感受主要有距离感、重量感、面积感、兴奋感、温度感、胀缩感等（李征，2004）。

为营造良好的高架桥下空间景观，色彩的控制可遵循以下几条原则。

（1）尊重现有的自然景观色彩。丰富的自然要素构成了原生态的景观基底，建筑、道路等的颜色选择要考虑这一自然的基底色。

（2）偏向稳重的色彩风格。高彩度、高明度颜色的建筑在景观中过于突出，应加强对这些过于鲜艳的颜色的管制。

（3）与周边景观色彩相协调。色彩选择应与周边环境中现有的景观元素和色彩相互协调。

（4）考虑地域景观色彩的延续。根据规划景观所在的地域及不同功能和建筑用途，色彩基准和控制力度也应有所差异，从而形成张弛有度的色彩景观。

色彩的搭配没有固定的模式，却有一定的基本规律。

1. 色彩调和理论

色彩调和理论是通过研究色彩之间的调和关系，挖掘美的本质。在配色研究领域，色彩调和是指多种颜色能以自然协调的方式进行搭配，达到整体协调、和睦融洽、舒适放松的效果。

（1）冷色、暖色。在同一颜色之中，色彩的冷暖需相互配合，才能使色彩显得柔和、有质感。同一个色相的色彩，尽管彩度或是明度有很大的差异，但同一色调的色彩相互调和会显得缓和、柔软，能让人产生舒适之感。在只有一个色相的时候，应该改变彩度和明度的搭配，同时利用植物自身的特点，让空间景观不显单调乏味。

（2）近似色相调和。近似色相具有比较大的差异，但仍然有相当强的调和关系。近似色相在同一色调上易于调和，能够创造出和谐温暖的气氛，不会显得生硬。同时结合彩度、明度的差别运用，可以营造出多样的调和状态，产生和谐且起伏的景观配色。

（3）中差色相调和。中差色相一般是不具有调和性的，比如蓝与绿、黄与红之间的关系为中差色相。中差色相近似于对比色，在进行植物景观造景时，应调节明度或者改变色相，可以掩盖色相的不调和性，如此才能产生较好的景观效果。

（4）对比色相调和。对比色在园林景观中应用的频率比较高，其配色给人以洒脱、活泼、现代的感受。采用对比色的植物叶色或者花色搭配，可以产生比较强烈的景观视觉效果。进行对比色搭配时，应协调好面积大小与明度差的比例关系（高钦燕，2013）。

2. 色彩心理理论

色彩心理理论的主要研究内容是人们通过色彩刺激产生的心理活动，它是城市景观设计的重要理论。不同的色彩会给人们带来不同的感受，引导人们产生各种心理活动，具有暗示的作用。因此，在高架桥下空间景观设计中，要根据色彩心理理论选取不同色调，合理进行色彩搭配。色彩心理理论主要包括以下几个方面。

（1）色彩的冷暖感是指外界颜色刺激给人带来的温度感知。人们会根据自己的经验，下意识地将高温或低温产生的现象与颜色联系起来。例如，在使用火的过程中，人们会有热的感觉，因此在看见红色或黄色等颜色时，会下意识地产生温暖的感觉。下雨或下雪时，人们会有寒冷的感觉，因此人们认为白色或者蓝色是寒冷的代表。色彩的冷暖感涉及物理、心理、生理等影响因素，由此可见，色彩的冷暖感是人类内心主观的感受，并不具备绝对性和客观性。因此，在进行色彩搭配的过程中，要对多种颜色进行协调，使人们的生活环境更加舒适。

（2）色彩的轻重感指的是不同的色彩刺激使人感觉事物或轻或重的一种心理感受。大多数人会潜意识地认为颜色偏深的物体质量较大，而颜色较浅的物体质量较小。在看到黑色或深褐色时，人们会潜意识地认为这些颜色偏重；在看到白色和黄色时，人们会认为这些颜色偏轻。影响色彩轻重感判断的因素很多，明度是最重要的影响因素，明度的高低直接影响人们对色彩轻重感的判断。

色彩心理理论主要的组成部分是研究色彩对人们心理状态产生的影响。为了确定色彩心理理论对城市道路绿地景观设计的作用，需要对人们进行色彩心理感知方面的研究（姜楠，2009）。缤纷的色彩对人们产生心理暗示作用，同时给人们带来复杂的心理感受，在选择色彩时，要考虑到色彩对人们产生的心理效应影响（邓清华，2002）。色彩心理理论从色彩的冷暖感、轻重感、兴奋感、沉静感、进退感与运动感等方面阐述色彩对人们心理状态产生的影响。

3. 色彩地理理论

1960 年，法国色彩学家让・菲力普・朗科罗教授提出了色彩地理学概念，朗科罗教授认为：每一个国家、城市或者乡村都有自己特殊的色彩，能够推动国家和文化的建立（王婷，2013）。色彩地理学强调建筑色彩与地理区位之间的关系，认为不同地理区位的建筑色彩受到自然地理因素和人文地理因素的影响。自然地理因素包括气候、地理环境等方面；人文地理因素包括历史文化、地域特色、经济水平、色彩审美和用色传统等方面。地理环境的不同会让不同地方具有不同的居住环境，因而不同地区的人具有不同的外貌、文化传统、生活习俗等（赵岩等，2001）。因此，在进行城市高架桥绿化景观设计时，应慎重地分析城市的色彩基调，遵循色彩地理学理论，设计出符合当地居民审美需要的景观，让当地的人们认可。

第三节　桥下空间环境总体特征

一、空间温湿度

晴天时，桥面温度明显高于桥阴温度，且日变化趋势基本一致（殷利华，2016）。夏季高温时，高架桥桥面与桥阴温差较大，主要有两个原因：其一是桥面的遮盖对温度的影响，其二是桥阴植物降温增湿的生态效应发挥了较大作用。除此之外，高架桥桥阴地的气温易受周围环境的影响，当高架桥处于较为空旷的地区时，其温差较大；周围建筑物较为密集时，反射辐射热较强，气温差值较小。

在温度的影响下，高架桥桥阴地的湿度也随之变化，湿度会随着温度的增高而降低。夏季的湿度较冬季的湿度大，早晨的湿度较下午的湿度大。桥阴湿度的变化幅度较为平稳，高架桥桥阴地绿化带植物具有降温增湿的作用，使桥阴的湿度变化幅度比桥面平稳。

二、光环境特征

高架桥桥阴地的光照特性由高架桥的走向、地点以及测定时间等因素决定（王瑞，2014）。纬度、坡向、海拔、季节等因素都会影响光照强度（黄泰康等，1993）。高架桥桥板的遮挡使得桥阴绿化常年处于阴暗状态，植物生长情况与光照条件息息相关，与露天绿地中的植物相比，桥阴植物的生长受光照限制，明显处于劣势。

不同高架桥桥阴的日照规律有着较大的差异，同一桥阴绿化中两侧受照情况好于中间部分，两侧桥阴植物的长势也明显强于中间（图 2–5），若在高架桥的中间位置设置导光缝，则桥阴绿化的中间部分植物生长情况会有一定的改善。在不同高架桥桥阴植物生长情况对比中，南北走向高架桥植物长势呈现明显的对称形，而东西走向高架桥桥阴南侧的植物长势要好于北侧，净高较高、桥宽较窄的高架桥桥阴植物长势优于净高较低、桥宽较宽的高架桥桥阴植物。位于建筑密集的闹市中的高架桥，常常被近旁的建筑遮挡，桥阴植物生长情况较位于空旷城郊的高架桥差。这说明桥阴光照条件受高架桥的走向、桥体宽度与净高比（*B*/*H*）、导光缝设置、周边环境等方面影响较大，且存在一定规律（殷利华，2016）。

在季节上，夏季无论是晴天还是阴天，光照都较冬季的强，这是由于太阳高度角在夏季的

图 2-5　桥下光环境对植物生长有影响

时候大，冬季时小（王瑞，2014）。除了高架桥的走向，桥体的材料、颜色以及墩柱的体量、结构对桥阴地采光也有一定的影响（曲仲湘等，1983）。桥体的反光涂料对桥阴地的光照环境有一定的改善作用。方形墩柱、多墩柱形成的阴影面积较圆墩柱、单墩柱大，对周围绿地有较大的遮盖影响。桥面较宽时，桥阴地中央的光照较弱，植物生长较差；桥体附近建筑物的高度、密集度较高时，将遮挡桥阴的部分光照。

三、风速

没有高架桥的街道峡谷的风场模式都属于滑行流模式（OKE T R，1988），当街道峡谷内存在高架桥时，高架桥附近风场被严重扰乱，靠近建筑物墙壁及路面等边界处的风场变化不显著（张传福等，2012）（图 2-6）。*H*/*W*（建筑物高度与街道峡谷宽度比）是影响内部流场的重要因素（张传福等，2012）（图 2-7）。*H*/*W* 为 0.5 时，原来的漩涡消失，高架桥上方偏左及下方偏右处各形成一个强度较小的漩涡中心；而当 *H*/*W* 分别为 1，2 时，相对于无高架桥街道峡谷，漩涡中心上移，并且在高架桥下方区域形成另外一个强度极小的漩涡。

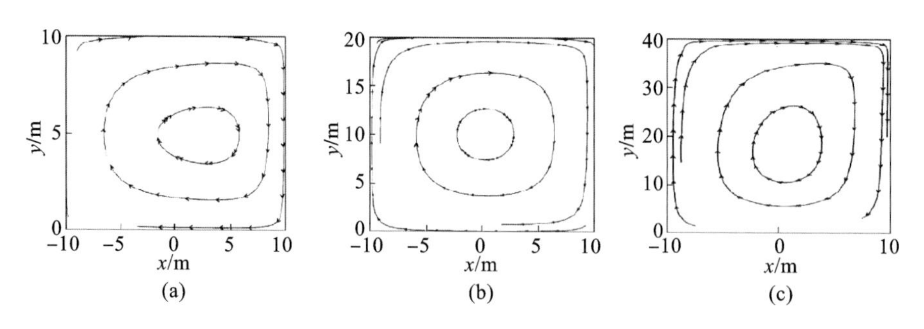

图 2-6　街道峡谷内无高架桥的风场流线

（a）*H*/*W* 为 0.5，无高架桥；（b）*H*/*W* 为 1，无高架桥；（c）*H*/*W* 为 2，无高架桥

（图片来源：张传福等，2012）

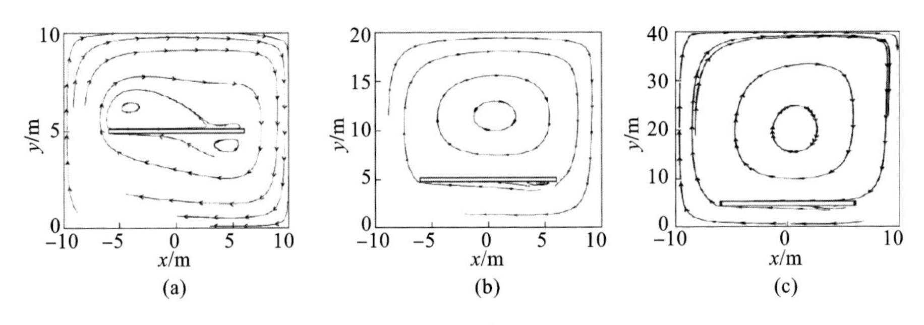

图 2-7　街道峡谷内有高架桥的风场流线

（a）*H/W* 为 0.5，有高架桥；（b）*H/W* 为 1，有高架桥；（c）*H/W* 为 2，有高架桥

（图片来源：张传福等，2012）

四、声环境

据研究，公路噪声主要由汽车排气、车辆齿轮和车体结构以及轮胎和地面的相互作用产生。相较于中高速行驶，汽车在低速（小于等于 30 km/h）行驶时噪声最大，当时速超过 50 km 时，轮胎与地面接触所产生的噪声最为明显，许多辆车的噪声组合在一起就形成交通噪声（洪宗辉，2002）。

声环境是园林景观中不可或缺的重要元素，但在高架桥附属空间景观设计时遇到了严重的挑战（罗杰・特兰西克，2008）。高架桥作为承载城市交通的重要元素，车行速度快、车流量大，伴随而来的就是噪声大，高架桥带来的噪声污染已经开始被关注，居住区周边的高架桥必须带有隔音防护设施，高架桥经过学校、医院等时都需要采取一定的隔音防护措施。如何利用这一被噪声干扰的桥下空间，为设计增加了难度。经过科学研究可以得出，在噪声环境下，人的情绪会变得狂躁不安，不利于人们思考或者休息，所以将依据周边噪声的大小对高架桥下的空间休憩功能采取一定的取舍设计。有些噪声较大的区域不建议做休憩型基础设施。高架桥下空间的舒适性因声环境的低劣而严重下降，因此在噪声持续时间长的区域甚至不建议人群长时间停留，因为噪声本身不仅影响环境，更会影响人们的听力与健康。声环境的恶劣阻碍了高架桥下空间的发展与潜力的挖掘，目前，城市中减弱噪声的方法对降低高架桥下空间的噪声基本不起作用（王长宇，2016）。

五、立地土壤

由于高架桥桥阴地的土壤多是在桥修建好之后将建筑垃圾加土回填的，有些桥阴地区虽然表层的土壤平整，但深层的土壤中常混杂有大量的砖块、石渣、水泥块等建筑废料，甚至混有较多金属、塑料等人工合成物，废料中钙的长时间释放使桥阴土壤 pH 值较高。有些高架桥桥阴地虽然在绿化之前进行了换土工作，但是土壤多是来自工地挖来的地基土，这种土黏性大、透气性较差，易造成土壤板结，土壤有机质含量较少、肥力低下，达不到植物生长所需。资料显示，一般建筑回填土的 pH 值约为 8，土壤溶液中可溶性盐的含量约为 4.2 $g \cdot kg^{-1}$，远超过植物适宜生长的可溶性盐浓度 0.05%，且盐碱化程度高；同时土壤内有机质含量为 1%~1.5%，远远小于植物生长要求的 2%~4%（中国土壤学会农业化学专业委员会，1983）。可见高架桥桥阴土壤贫瘠程度较高，对植物生长有一定的限制。另外，与露天绿地相比，桥阴绿地所接收到的降雨量较少，只能通过人工供给，但由于桥阴区保水性能差，水分流失较快，如果没有适时灌溉，桥阴土壤含水量相对较低，植物生长易出现障碍，逐渐萎蔫、干枯。

第四节　城市高架桥下空间利用主要类型及要求

随着城市化的快速发展，地面交通设施承受的压力与日俱增，高架桥等立体交通设施得到较快发展。然而，在高架桥舒缓交通压力的同时，高架桥下的消极空间开始涌现。在建设初期，规划建设者更注重实现高架桥的交通功能，而忽视了桥下空间的状况，使桥下空间使用情况较差，不符合现代文明城市的形象。从改革开放时期以“补欠账”为主要特征的基础设施供给，到 20 世纪 90 年代后以“扩大规模”为主要特征的物质空间供给，再到 21 世纪以来以“提质增效”为主要特征的公共服务供给，城市发展愈发注重“质”的提升。原本处于城市中“阴面”的桥下空间逐步走上前台，在成为城市公共开放空间重要组成部分的基础上，发展成为展示城市形象的窗口型空间。当城市空间外拓受限，规划对象由增量逐渐转向存量时，当前城市消极空间的改造利用受到极大重视。

传统路段高架桥的桥下空间尺度狭长、光照不足、噪声嘈杂、空气污染严重，整体环境欠佳。即便是对于高架桥下桥阴空间本身，相邻空间的不同利用方式之间也缺乏相应的联系，下部空间利用的决定权往往在租赁或是管辖这部分空间的相关部门决策者手中。各个单位各自为政，市政和规划部门往往缺少整体规划布局，会导致空间相互之间缺乏密切的功能联系，变得零散和无序，空间的利用方式也变得杂乱无章。从城市景观的角度上看，这类空间的形态和视线上也不协调，因此，需要根据城市高架桥下不同的空间类型进行相应的规划设计。高架桥下空间的接纳性和亲和力更能体现出城市“公共性空间”的价值属性，利于展示城市的空间品质。

一、城市高架桥下空间利用主要类型

目前，城市高架桥桥阴空间利用形式主要有交通类、绿化类、泊车类、休闲游憩类、市政设施类、商贸销售类、体育运动类七种类型（表 2-1、图 2-8）。各类型都需要探索更加创新而多样化的利用方式，以切实保障桥下空间的利用率和品质要求。

表 2-1　七种高架桥桥阴空间利用类型

利用类型	使用程度	使用要求
交通类	最多	对桥下高度有一定要求，适用范围广
绿化类	较多	多出现在城郊地区或少数城市中心区，要增加绿化面积
泊车类	常见，占比较少	对桥下高度有一定要求，适用范围广

续表

利用类型	使用程度	使用要求
休闲游憩类	较少，代表城市如成都市、杭州市等	桥下空间尺度较大，为市民或游客提供游憩场所，适合打造城市形象
市政设施类	常见，占比较少	设置便民设施以及市政设施，如变电站房等
商贸销售类	极少，代表城市如北京市	桥阴空间高、宽尺度适宜，可建设商铺建筑
体育运动类	较少，代表城市如杭州市、天津市等	设置篮球场、羽毛球场等场地，为周边居民提供体育活动场所

（a）

（b）

（c）

（d）

（e）

（f）

（g）

图 2-8　城市高架桥桥阴空间使用形式

（a）交通类；（b）体育运动类；（c）休闲游憩类；（d）商贸销售类；（e）泊车类；（f）市政设施类；（g）绿化类

（图片来源：结合网站 https://image.baidu.com/search 整理）

高架桥下的空间利用形式丰富，但并不是无所不能。在对功能类型的选择上，要尽量避免出现诸如对安静环境需求高的学校、住宅，对光线日照要求高的幼儿园、老年活动中心，对空气质量要求高的医院等功能建筑和场所，这些都是由高架桥下具体的空间环境所决定的。正因如此，一些城市的政策法规也会规定，如住宅、学校、医院等对环境要求苛刻的建筑，不可以建设在高架桥下空间中（杨玥，2015）。

除了以上这些对环境要求高的利用形式，下部空间利用仍然有足够的利用形式供我们选择，比如商业、公共活动、交通服务、餐饮等，这些利用形式对环境的要求并没有那么严苛，通过合理的改造后，可以将客观环境的限制影响因素降到最低，有些甚至可以将不利条件转化为亮点。以下分别阐述上述几种空间利用形式的特点。

1. 交通类

高架桥下空间不是孤立存在的，从空间形态上来说依附于高架桥的走向。城市高架桥下空间通常被利用为城市道路交通设施，如城市主干道、次干道或支路。这些道路可以连接城市中心区和郊区地带，方便人们的出行。在城市高架桥下，还可以设置公共停车场、自行车道和人行道等配套设施，满足人们不同的出行需求。

2. 绿化类

城市高架桥下空间通常是城市中较为封闭和狭窄的区域，因此在进行绿化设计时需要考虑空间的限制和通风条件。高架桥下空间往往会受到来自桥上车流、排放物等的影响，因此选择适合该环境的植物种类非常重要。绿化可以有效地改善高架桥下空间的生态环境和美观度，为人们提供良好的休闲娱乐场所，并且可以调节温度和降低噪声。

在高架桥下空间的绿化中，一些易于维护的乔木、灌木、草坪常被选用，同时也可加入一些造型艺术气息强的装饰品来营造更具层次感的景观。

3. 泊车类

由于城市中土地资源紧缺，高架桥下空间成了开发停车场的热门区域之一。高架桥下空间往往由于位置较为隐蔽，交通相对不太方便，因此停车场的规模和容量有限，难以满足大型活动或商业需求。

停车场设计需要考虑到空间利用率的最大化，车辆进出的流畅性、安全性等因素。在高架桥下的停车场中，常使用楼层结构进行建造，通过斜坡道实现车辆的上下通行。同时，在停车场的布局、照明、通风等方面也需要进行合理设计。

4. 休闲游憩类

高架桥下的空间可以成为城市公共空间的延伸，为市民提供更多的休闲娱乐场所。高架桥下的空间作为城市空间的有机组成部分，原本的服务对象就是广大市民群众，具备公共属性。在现代城市生活中，大部分人都过着两点一线的生活，人与人之间常缺乏交流，关系容易变得冷漠。休闲游憩的空间利用方式以一种轻松自然的途径为人们的相互交流创造了机会，满足了人们交往的需求。

具有休闲游憩功能的桥下空间通常包括桥下公园、广场、步行街、自行车道等。除此之外，高架桥下的空间也可以成为建设城市文化设施的场所，为市民提供更多的文化服务。这些文化设施可以包括博物馆、艺术馆、音乐厅、剧院等。例如，柏林的费尔南德斯剧院就是一个成功的高架桥下文化设施案例。

5. 市政设施类

除了作为公共活动场所和商业空间，市政服务和管理也是高架桥下常见的功能类型。高架桥与城市交通的关系密切，因而下部空间的利用方式也多与此有关，比如建设高速监控站、自行车服务站等。

法国南特市 A14 高速公路控制中心位于联系巴黎和郊区的十字交叉道路处，高架桥的两侧是公园，高速监控站构建了太空舱悬挂在桥板下方。再如法国纽利的普利让斯 RER 车站高架桥下的自行车服务站，利用高架桥的构筑作为建筑的屋顶，用外墙把这个区域围合起来，把先前的闲置零散用地改造成一处服务设施，便于从车站出来的人们骑自行车回家。这里成为转换交通方式的一个节点。

6. 商贸销售类

高架桥下空间的面积有限，不适合大规模的功能空间利用。而商业空间往往规模较小，对空间的利用更加灵活，利用率也更高。如零售商店、便利店、餐厅、书店、咖啡厅等，业态丰富，适合个人投资。同时，这种功能对于室内外皆可适用，桥下不理想的声光环境等的限制对其影响较小，耐受能力高，故商业功能也成为下部空间利用中选择较多的方式之一。例如，日本新宿高架桥商业街就是一个成功的高架桥下商业用地案例（图 2-9）。

图 2-9　日本新宿高架桥商业街

（图片来源：http://society.sohu.com/a/611651488_468661）

7. 体育运动类

高架桥下空间相对来说比较吵闹，可以作为一些体育活动的场地，如篮球、足球、羽毛球等运动项目都可以在这样的空间内进行。由于高架桥下空间通常不受天气影响，所以人们可以在这里进行室外运动，不必受到雨雪、酷暑等天气因素的限制。

在高架桥下的体育活动空间设计中，需要考虑空间的利用率、安全性、灯光等方面的因素。同时，在材料选择、布局、设施等方面也需要慎重考虑，保证人们能够舒适、方便地进行体育活动。在高架桥下进行体育运动空间设计的例子有以滑板运动为主题的波特兰伯恩赛德滑板公园、开普敦磨坊圣滑板公园，以攀岩运动为主题的墨尔本抱石墙公园，还有提供多种运动场地的墨尔本 Sky Rail 社区活动公园等。

城市高架桥下空间利用应该满足以下几点要求。

1. 空间整合，注重城市关联

高架桥作为城市的一部分，其下部空间也是城市空间的有机组成部分，是城市空间意象和文化意象的延续。因此，对桥下空间的改造，不能仅仅把它当成交通用地的附属部分单独利用，而应该站在城市和区域大环境的角度，把高架桥下空间设计融入整个城市空间之中，对周边土地开发和环境现状进行综合考虑，使城市空间形成有机的整体，避免出现衔接生硬的现象。这种整体性既体现在功能组织多样而有序上，又体现在内部空间形态的各组成要素之间的协调方面；既包括桥下各空间之间的关联性，也包括桥下空间和周边城市空间的整合统一性。

2. 综合考虑，提高环境质量

城市高架桥下空间通常是城市中污染相对较严重的区域之一。因此，在进行设计时，需要采用环保材料，以尽可能地减少对环境的污染。例如，在绿化设计中，可以选择适合该环境的植物种类（如吸附污染物的植物），从而达到降低空气污染的目的。同时，在设计停车场等公共设施时，也需要注意污水排放等问题，以确保环境不受影响。

3. 量体裁衣，体现城市形象

高架桥是城市的高架桥，高架桥下空间是城市的空间，因此空间的利用需要体现出城市的地域性和特征性。高架桥下空间的利用需要体现城市形象，这些空间需要满足美观、整洁、有序等要求，以提升城市形象，吸引更多的市民和游客。

4. 生态环保，注重可持续性

高架桥下的空间利用需要保证可持续性。这些空间需要满足节能、环保、经济等要求，以实现可持续发展。在实际的使用过程中，高架桥下空间由于受到周边环境的影响，空气流通性差、污染严重，因此我们可以通过种植大面积、多种类的植物来弥补高架桥对生态环境的破坏。此外，我们还可以选择那些适合城市道路环境、有较强吸附能力、适合本地土质的植物种类，发挥植物的生态效益。

我国针对城市高架桥桥阴空间较少设立专门的部门或机构来管辖。由于缺乏明确的产权主体划分，桥阴空间的开发、日常维护管理均较为混乱，加之休闲游憩类、体育运动类、泊车类、商贸销售类等利用方式牵涉产权利益的问题，具体实践起来又较为困难，因此在我国的开展情况并不理想。相对而言，交通类、绿化类这两种利用方式涉及的产权利益较为单纯、开展容易，目前在我国较普及，适用度较高。

二、城市高架桥下空间的改造方式

改善高架桥周边的人居环境，激发城市活力，让城市空间再度拥有良好的生活品质是目前高架桥改造的统一诉求。随着时代发展，城市对桥下空间的利用有了更高的需求。在规划利用时，可以考虑从以下几个方面进行改造。

（1）提高色彩利用率，如对桥梁进行涂装（适用各类型）。城市高架桥作为城市道路交通设施的重要组成部分，其设计应该不仅考虑到功能性和安全性，同时也要注重美学效果。在提高色彩利用率方面，可以从以下几个方面进行拓展。

加强桥面涂装：桥梁表面的涂装是城市高架桥形象的一个重要体现，可以选择具有鲜艳亮丽、防晒耐磨等特点的颜料进行涂装，以达到提高色彩利用率的效果。

处理立柱色彩：除了桥面涂装，高架桥下立柱的色彩处理也是一个重要的方面，可以选择清新淡雅、明快鲜艳的色彩搭配，以增加高架桥的视觉冲击力和美感。

图案设计：在色彩利用方面，图案设计也是一个不可忽视的因素，图案设计应该简洁而具有文化内涵，能够突出城市的地域文化特色，同时也要考虑到对周边环境的影响。

重点处理桥墩下部结构：高架桥下部结构是城市高架桥形象的重要组成部分之一，可以在设计时重点处理桥墩下部结构，选择与周边环境相协调的色彩进行处理，以提高色彩的利用率。

综上所述，城市高架桥在色彩利用方面应该注重桥面涂装、立柱色彩处理、图案设计和桥墩下部结构等多个方面，以提升美学效果和城市形象。同时，还需要选择具有防晒耐磨等特点的优质涂料，对混凝土结构进行保护，以延长高架桥的使用寿命。

（2）增加艺术元素，如添加城市家具与装置小品（适用绿化类、交通类、泊车类、商贸销售类和休闲游憩类）。城市家具和装置小品有助于提高城市环境的品质，是展现城市文明的重要手段之一，引导城市的形象和环境向美的方向发展，带给人们良好的心理感受，满足人们内心对美的渴望。同时也是具有实用意义的物质形式，能满足城市居民的使用需求，增加城市居民的生活情趣，真正地把艺术带进市民的日常生活中。

针对高架桥下空间的改造利用，精心布置的艺术元素将一改桥下空间灰暗阴冷的消极形象。考虑到高架桥下的空间和环境特征，增加的艺术元素不宜过多、过杂，影响行车安全，造型宜简洁明快，路段之间相互统一，风格需与周边环境相协调，以能凸显城市文化内涵为宜。在材料选择方面，需考虑在阴暗潮湿环境中的适宜性。从车行与人行的视觉特征和建设经济性出发，艺术元素宜在分隔带端头、匝道等通行速度较低的位置进行设置，不必全路段设置。此外，在保障安全的前提下，艺术元素还可考虑与高架桥的桥墩、桥柱相结合。

（3）增加生态措施，如垂直绿化与海绵城市措施（适用绿化类和休闲游憩类）。目前高架桥下垂直绿化在国内大部分南方城市已经普及，主要以攀缘植物攀附桥墩和梁为主，技术上发展了通过挂网引导和控制生长、自动灌溉系统等措施。近年来，随着垂直绿化技术的更新换代，一些新技术也可以运用到高架桥垂直绿化中来，比如可以在重要节点用容器和垒土进行种植，新技术下可选用的植物品种将不再局限于攀缘植物，观花及观叶植物的选择更广，还可组成各种图案和造型。此外，海绵城市措施在高架桥下空间的运用也具有适宜性，一方面，高架桥上的排水量较大，往往直接排入市政雨水管网，另一方面，高架桥下植被生长需要灌溉用水，可以通过海绵城市措施实现二者的需求，比如在桥下空间增加蓄水模块和初期雨水处理设备，进行雨水收集和处理，并增加灌溉系统加以利用。

（4）增加特色照明亮化，如桥体亮化与景观照明设施（适用休闲游憩类和商贸销售类）。高架桥作为主要的交通设施，桥上常配有功能照明设施，桥下地面道路也有路灯，增加的照明亮化主要是景观性照明设施，不是以“亮”为主，而是以“色”和“形”为主。桥体亮化的重点在于体现桥梁结构美，将高架桥本身作为大型城市家具进行照明设计，照明重点或在梁腹、或在墩柱，所以也纳入桥下空间开发利用中。

随着技术革新，除了通过明暗变化和不同色彩重塑高架桥夜晚的形象，还可以增加平时、节假日等多种照明模式和灯光秀。高架桥下空间景观照明的另一种方式是对分隔带中的植物、小品等景观元素进行照明设计。此外还可以将照明工具景观化，比如将植入城市文化元素的艺术性的照明灯具，或作为小品，或结合桥梁结构布置在桥下空间中。夜晚的桥下空间将一扫白天的昏暗，成为夜晚城市的亮点。

（5）通过复合功能提高垂直空间利用率（适用交通类、休闲游憩类和商贸销售类）。轨道高架桥具备桥梁高、桥身窄的特点，可以结合快速路车行高架桥进行设计（如上海市共和新路高架桥与轨道1号线），也可以多条轨道高架桥垂直分布（如曼谷市区高架）。随着商业街区的发展，也可以将快速交通与慢行交通通过垂直分层分布的方式结合，如泰国曼谷市暹罗广场就是多条捷运系统共用垂直空间，并且在轨道高架桥下还增加了人行架空天桥连接各地块。轨道站点可直达天桥，公共交通换乘与地块的关系连接紧密，这是对高架桥下空间垂直化利用的典型方式。因此，提前规划好高架桥下的垂直空间利用方式也是桥下空间开发利用的重要前提。

依据本节对桥阴空间利用方式的梳理，我们发现桥阴绿化的兼容性很强，可与不同的利用类型相融合。同时绿色植物有着吸尘降噪、美化环境、改善色彩、隔离空间等功能，可以有效地缓解城市高架桥带来的尾气污染、城市景观破碎化等多方面的环境问题。

不同的桥下空间利用形式对桥下空间的景观影响很大。从下章开始，分别进入桥下常见的交通利用、绿化利用方式介绍，以及我国不多见，但非常值得结合周边环境合理开发的游赏休闲利用、商业利用、运动休闲利用等的介绍。结合国内外调研、案例分析，尝试将部分理论与实践建设结合，以期给我国今后的桥下空间积极利用及对应的景观营建提供参考和借鉴。

第三章　城市高架桥下交通利用及景观

第一节　高架桥下动态交通利用及指示景观

一、桥下动态交通

动态交通是指城市居民日常活动与出行所需要的交通空间。动态交通空间是指具有交通流的道路空间，包含城市道路、乡村公路和轨道线路，是人们出行活动的过程空间。

桥下空间主要是指处于立交桥桥体下部，由立交桥顶板与桥墩所限定的半开敞空间。长期以来，这类空间较少得到道桥设计者的重视，利用方式较为单一，要么被其他车行道路分割，要么做常见的绿化利用，属于城市“灰色”角落，但因其有空间完整、区域广阔、视野开阔等特点，也备受社会各界关注。桥下空间与外部空间联系紧密，具有空间的开敞性和视觉的导向性，公共性较强，且桥下空间界面因高架桥的线性特点，具有连续性和节奏性。桥下空间利用的常见做法是将桥下空间作为动态交通的线路或节点，或作为承担静态交通的场地，如建设停车场等，以此来实现城市空间交通利用的最大化。这也与高架桥属于交通设施，其下用地归属为交通道路用地的主旨属性有很大关系。

二、桥下动态交通的作用

在保障桥梁设施安全的基础上，利用城市中丰富的桥下“灰空间”资源，能够更加集约高效地利用城市土地，缓解用地紧张。桥下空间在桥下动态交通利用中可发挥以下作用。

（1）优化交通路线组织，保障城市交通运行。如在桥下空间增设机动车道、非机动车道和人行步道，完善慢行系统等设施。

（2）设置公交路线，保障公共交通运行。在设计城市公共出行网时，可将桥下空间纳入参考，配合公共交通网优化调整，满足市民公共出行需求。

三、桥下道路交通利用的问题

在城市高架桥下留出市政道路，供机动车在桥下正常通行，是大多城市高架桥下的一种利用方式。这属于城市机动车交通范畴，桥下空间用作公共空间的使用特性依然更多为交通属性。

桥下空间因缺乏明确的领域边界且管理机制不完善，极易成为城市的失落空间并滋生多种社会问题。桥下交通利用同样存在道路平面交通的相关问题，需要注意桥下行人、车辆及慢性交通、静态交通等的安全。将桥下空间作为机动车道路利用，常可能产生一些城市问题。

1. 缺乏安全性

由于行人和非机动车过街等待红灯时间长，行人和非机动车穿越车辆空隙过街的现象明显，且部分高架桥下道路交叉口较少考虑步行人群的过街需求，或未设置人行斑马线、交通信号灯或地下通道，大量行人横穿桥下空间的马路，会给交通带来极大的安全风险。在人行道沿线安装防护装置的区域，部分行人为图一时方便，还随意横穿高架桥下的马路。这些行为扰乱车行交通秩序，容易激化人车冲突，降低了道路的通行能力，存在极大的安全隐患（图 3–1）。

图 3–1　高架桥下闯红灯行为

（图片来源：中国式过马路？高架桥底下那么多车也敢闯红灯？ http://share.cn0556.com/wap/tread/view-thread/tid/839148）

2. 秩序混乱

高架桥下人流通行的空间属性和开敞的特性吸引了部分小商贩活跃于此，他们的商业活动侵占了人行道及盲道，影响了行人的正常通行。且部分高架桥下由于缺少管理，停车较混乱，人流与车流交叉，影响行人的正常活动。

3. 交通管理控制不合理

桥下交叉路口信号配时不合理，在通行高峰时期，经常导致车辆两次或多次排队。交叉口出口引道上存在路边停车现象，影响车辆的正常通行，减少了绿灯时间内的通行车辆数，造成高峰时期机动车辆通行延误时间增加（王孟霞等，2015）。

4. 配套设施设置不合理

高架桥下经常存在支路在主干道出入口的位置和高架桥出口位置关系不恰当，公交站台的设置位置、高架桥出入口位置以及停车场的出入口数量和位置不合理等问题，使高架桥的分流作用降低，造成高架桥下主干道上直行车辆的增多和高架桥下空间使用低效浪费。

5. 慢性系统空间减少

机动车交通快速化的同时，慢行交通空间也逐步被挤压，自行车道甚至在部分城市道路上正在消失。

四、桥下道路交通标识

桥下作为机动车交通利用空间，在城市特色道路景观营建方面具备一定的特殊条件，同时考虑桥体的体量，以及墩柱、梁底板等构筑物因素，景观设计具备挑战性。桥下标识及景观系统设计以服从机动车安全、规范交通为主要宗旨，同样严格遵循市政交通安全系列标识设置规范，且由于桥体构筑物的存在，要尽量减少景观视线干扰（图 3–2）。在桥下分车带绿地中可以适当开展桥下绿地景观的设置。

（1）指示性标识：包括高架桥的名称、周边路段名称、出入口与匝道位置、距离或方向等指示性标识。

（2）限制性标识：包括桥梁下通行车辆高度或重量等限制性标识。

（3）警示性标识：包括禁止通行车辆类型、禁止鸣笛及控制车辆通行速度等警示性标识。

（a）

（b）

图 3–2　桥下道路交通标识

（a）北京天宁寺高架桥；（b）广州华南快速路与华泰路交会处

五、桥下道路交通空间引导

桥下道路交通空间引导设施如图 3–3 所示。

（1）指示牌与交通灯：引导车辆出入桥下空间，车辆在桥下直行、转弯与掉头等的设施。

（2）路缘石、绿化种植池和栏杆：共同限制车辆在桥下的行驶范围。

（3）指引色彩：利用明亮颜色突出桥下车辆行驶空间的边界。

图 3-3　桥下道路交通空间引导设施

（图片来源：https://image.baidu.com/search）

六、桥下道路交通景观建议

1. 桥下私人机动车交通建议

（1）在城市中修建高架桥是避免道路车流交叉冲突、提高通行能力的有效方法，桥下空间的利用也应以机动车优先，符合建设高架桥以提升道路通行能力的初衷（谢旭斌，2009; 孙全欣等，2011）。在不侵占行人、非机动车的通行权利和空间的前提下，结合道路交通流线特点，合理安排交通，充分利用高架桥下空间来提高道路通行能力。

（2）当地面辅道车道数满足交通需求时，从交通景观效果、路段交通组织、道口交通组织、视距、对象眩光等方面考虑，应采取中央分车带绿化措施。当地面辅道车道数无法满足交通需求时，同时受用地、建筑等影响，道路没有条件拓宽，这种情况下，应结合交通需求，在不改变车行道宽度的情形下，利用桥墩间空间布置车道，提高道路通行能力（车丽彬等，2014）。

2. 桥下公交车交通建议

桥下公交车交通可利用两桥墩之间的空间设置路中式公交停靠站，将内侧车道作为公交专用道，以提高公交运营效率（王永清，2012）。

（1）运营初期，客流量不大、公交车发车频率不高时，为节省运营成本，可采用常规右开门车辆，在正常路段上，公交车沿右侧车道行驶。进站前，车辆利用两桥墩间空间折转至左侧车道行驶，停车上下客后，车辆继续返回右侧车道行驶（图 3–4（a））。这种运营模式只需在高架桥下修建公交车站，并适当改造行人过街设施，使其与路中公交站台衔接，方案成本低，较容易实施，但由于对向行驶的公交车之间存在冲突点，因此公交运营效率不高。

（2）运营成熟期，客流量增加，公交发车频率增加后，为提高运营效率，建议采用左侧开门车辆，公交车均沿右侧车道行驶（图 3–4（b））。这种运营模式对公交车提出了较高要求，运营成本较高，且公交车无法在常规右侧站点停靠，车辆通行空间有限，适用于在公交专用道成网后运营。济南市 BRT 即采用此种模式。

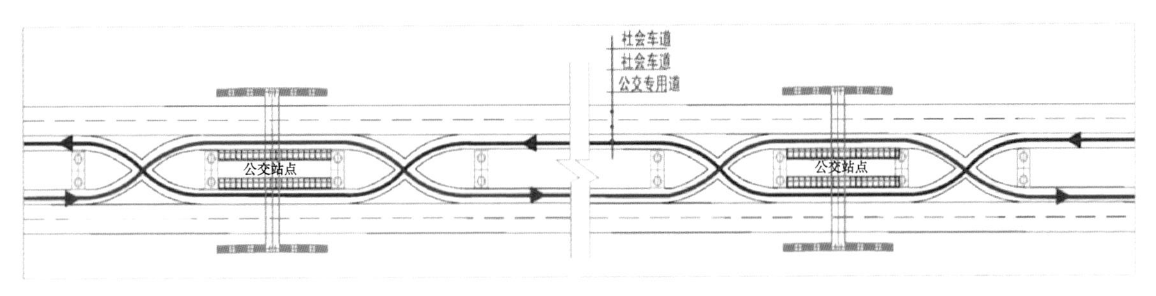

（a）客流培育期，为节省成本，公交车辆右开门，线路迂回行驶

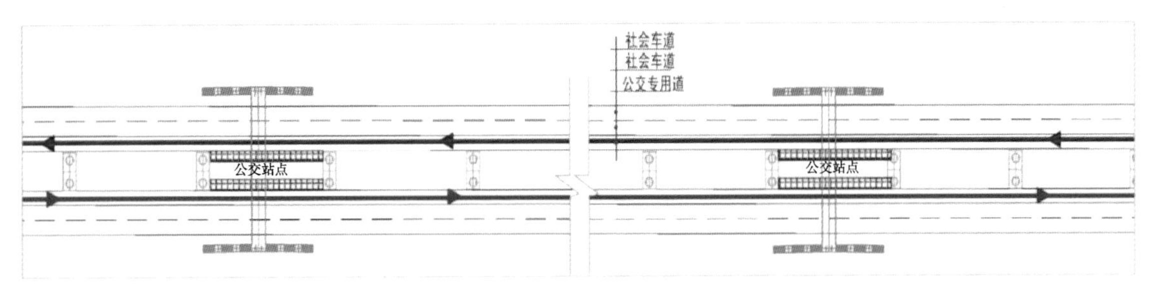

（b）运营成熟期，为提高效率，公交车辆左开门，线路直通行驶

图 3–4　高架桥下公交组织模式图

（图片来源：王永清，2012）

3. 桥下慢行交通建议

慢行交通包括步行和自行车交通。根据桥墩间的净宽条件及实际交通需求，慢行通道可以是步行道，也可以是自行车道，或者两者共用。高架桥下慢行交通可利用的空间与高架桥桥墩形式密切相关（图 3–5）。

（1）当高架桥桥墩为单柱式且桥下净高不低于 7.5 m 时，可在不影响机动车通行的前提下，在桥面下方紧邻桥面和桥墩的位置，设置净高不低于 2.5 m 的架空式慢行交通通行空间。

（2）当高架桥桥墩为双柱式且两桥墩之间净宽不低于 2.5 m 时，可在两桥墩之间设置慢行通行空间。这种情况下，由于桥下净高较为富余，应用时可根据需求设置两层甚至多层慢行系统。

（3）当高架桥桥墩为 X 式且满足慢行通道净高和净宽需求时，桥墩上下两部分空间均可用于布设慢行交通。

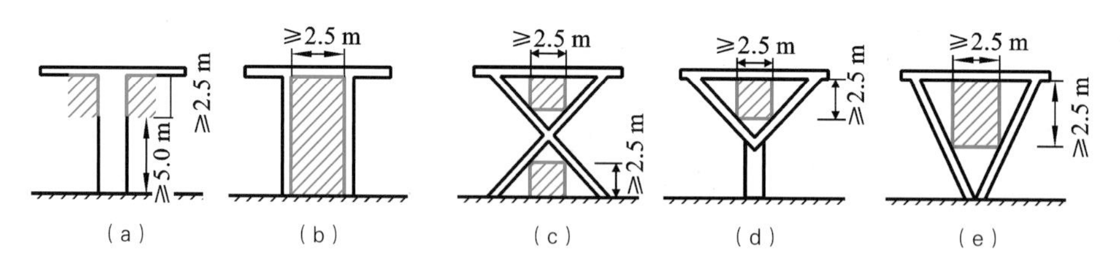

图 3-5　不同形式桥墩下慢行空间布置断面图

（a）单柱式；（b）双柱式；（c）X 式；（d）Y 式；（e）V 式

注：图中绿色阴影表示慢行交通可利用的空间

（图片来源：王永清，2012）

（4）Y 式和 V 式桥墩的可利用空间主要集中在桥墩上部。

第二节　桥下静态交通利用及景观

一、桥下静态交通

静态交通包含车辆在动态交通之外的所有状态，如等待、停车、充电等。按照时间计算，车辆处于静态交通范畴的时间占车辆寿命的 80% 以上，静态交通占用的城市核心区土地资源也远大于动态交通。

目前，桥下静态交通的主要利用形式为停车场建设（图 3-6、图 3-7），在有效利用桥下空间的同时，为市民提供了更多的停车位，缓解部分地区停车难的问题，提升了城市品质。近些年来，共享单车行业乘上时代的快车，因其解决城市出行“最后一公里”问题的便捷性，得到了极大的发展，城市共享单车数量激增，对停放空间需求上升（图 3-8）。并且随着国家将新能源汽车列为“国家重点新兴产业扶持项目”之一的政策的推广，新能源汽车产业得到迅速发展，针对新能源汽车的配套设施建设如火如荼（图 3-9）。桥下空间发挥自身优势，可以成为共享单车停放点与新能源汽车充电站的优选场所。

图 3-6　高架桥下闲置空间

（图片来源：https://www.bjd.com.cndeep2020111820344t115.html）

图 3-7　高架桥下停车场

（图片来源：https://www.sohu.com.a449792506_120209938）

图 3-8　高架桥下共享单车停放点

（图片来源：https://zj.zjol.com.cnnews.htmlid=697525）

图 3-9　高架桥下新能源汽车充电站

（图片来源：http://www.yidianzixun.com/article0ZDFSjlF）

二、桥下静态交通的作用

桥下"灰空间"资源除了能够用以完善城市动态交通，还可以在静态交通中发挥以下作用。

（1）设置市政公用事业应急、保障站点，保障城市基本运行。在城市交通秩序维护、道路养护、卫生管理与园林绿化实施过程中，桥下空间可以充当队伍驻扎点与设备车辆停放处。

（2）设置公共停车场，保障静态交通功能。桥下空间可作为市民轿车、网约车、共享单车的停放地点，向社会提供停车资源点。

三、桥下静态交通利用的问题

桥下空间嵌套在城市公共空间内，是交通系统的重要节点。当前人们利用桥下空间时，往往将其与周边交通结合，赋予了桥下空间浓厚的交通属性。当前的桥下空间利用一般有以下几种方式。

1. 利用闲置的城市高架桥下空间建设静态停车场

桥下停车场有效整合了城市土地资源，避免土地资源浪费。作为高架桥附属产品的桥下空间与高架桥同期完成，因其开阔性与良好的空间基础，改建为静态停车场时建造周期短、成本低，但也存在一些问题。

（1）阻隔空间，影响交通。

高架桥下的路面道路大多是按城市快车道设计的，如果在这些道路中间开辟出停车场，进进出出的车辆易影响到路面的交通安全，也容易造成交通堵塞。许多高架桥下的路面道路原是城市居民通行的重要交通路径，桥下停车场的建造可能会部分阻断或影响行人正常交通，迫使人们绕路，造成一定的不便。

（2）管理效率低，停车无序。

有些高架桥下停车场没有明确的管理单位，存在停车场收费、所有权不明确等诸多问题。有些桥下停车场没有标示标线，停车完全靠车主自律，存在乱停车的现象。有些车主还会把出入口当成通道，甚至将其堵住，有些车辆逆向停车或一辆车占据两个停车位，车辆乱停、无序现象严重。

2. 利用闲置的城市高架桥下空间建设新能源汽车充电站

新能源汽车市场持续扩大，增加了对城市电动汽车充电站点的需求。桥下空间场地充足、地面平整，适合改建成为新能源汽车充电站，但也存在一些问题。

（1）增加了硬化面积，降低城市生态性。

在高架桥下建设新能源汽车充电站，常由于成本、场地等限制条件，以大面积的硬质铺装为场地的基底。过多的硬质化铺装加剧了城市热岛效应，降低了城市的生态性。

（2）管理不足，使用率低。

新能源汽车充电桩易受天气等外界因素干扰，导致充电桩受损甚至充不了电，造成充电桩的闲置。闲置的充电桩无法满足充电需求，导致高架桥下空间的资源浪费。

3. 将闲置的城市高架桥下空间作为共享单车停放点

当前共享单车停放点常设置在城市道路与人行步道的交界处。因缺乏维护管理，共享单车停放无序，常出现共享单车挤占人行步道，甚至是停在机动车道等问题。乱停放的共享单车不仅不利于人们使用，还在一定程度上影响了城市风貌。高架桥的桥下空间原属于道路与闲置用地的“灰色地带”，将其改造成为共享单车停放点，能有效解决共享单车停放分散、无序等问题。

四、高架桥下空间利用条件

利用高架桥下的空间设置停车场，是一种对城市空间资源的综合利用，提高了城市资源的利用率，但由于高架桥下空间所处的环境特殊，并不是所有的空间均可以被改造用来设置停车场。利用高架桥下空间建设公共停车场，必须满足桥下净空较高、占地面积足够等要求。

一般来说，在高架桥下设置停车场需考虑以下几个条件。

（1）高架桥下有足够的净空。高架桥下空间的高度不一，要利用桥下空间设置停车场，必须首先具备满足车辆进出停车场的净空高度（不小于 2.2 m），以确保小型车辆及行人能正常通行，且不对桥梁造成危害。在净高足够高的区域，可考虑设置双层至多层机械车位。

（2）桥下有适当的空间可利用设置为停车场。高架桥下可设置为停车场的空间不能太少，否则设置的停车场规模有限，不能达到应有的效果，应设置至少 20 个停车位。

（3）周边存在停车需求。若想将桥下空间设置为停车场，周边需存在一定的停车需求，否则该停车场的设置不能起到作用。

（4）停车场的设置不会对周边的交通运作产生较大的影响。桥下停车场所处环境有别于普通停车场，这种复杂的交通环境使得进出停车场的车辆与周围行驶的车辆交织问题突出，疏解不易。因此，应注意出入口不能设置在交通主干道上，且出入口的设置应该与道路交叉口保持一定的距离。还应有供机动车进出的辅道，以保证停车场的设置不会对沿线交通产生较大的影响。辅道上的车辆拥有优先权，对于进出停车场的车辆可保证出入口在无横向车辆干扰的情况下，左进左出；在车流量较大的情况下，可沿路侧等待，寻隙进入。

在高架桥下设置新能源汽车充电站需考虑以下几个条件。

（1）桥下新能源汽车充电站要满足环境交通安全。高架桥下空间的交通环境较为复杂，在设置新能源汽车充电站时应注意充电站出入口、通道的设置，避免与已有机动车交通路径重叠、冲突。

（2）新能源汽车充电站内充电位设置应符合相应的消防规定。新能源充电区域需远离城市燃油、燃气、蒸汽压力管道。充电站宜划分为充电区域、供电区域、停车区域和管理服务区域，各区域分别进行防火设计。充电区域的充电基础设施宜集中布置或分组集中布置，每组不应大于 10 辆，组之间或组与未配置充电基础设施的停车位之间，可设置耐火极限不小于 2 h 且高度不小于 2 m 的防火隔墙，或设置不小于 6 m 的防火间距进行分隔。

（3）加强管理，保证新能源充电站的有效运营。新能源汽车充电站易受外界因素干扰损坏，需要加强对充电桩的管理维护，确保充电站的有效运行。

一般来说，在高架桥下设置共享单车停放点需考虑以下几个条件。

（1）合理规划停放区域，避免资源浪费。共享单车需求与人口、交通密切关联，公共交通站、地铁出入口、居民社区等区域对于共享单车的需求量较大，且存在时间段差异。因此需改变依据总量在整条街道内随机或平均布点投放的方式，综合考虑时空变化上供给与需求的关系，进行更合理化、具体化、科学化的布点规划。

（2）加强管理与维护。共享单车品牌多样，且车辆数量多、管理难度大。共享单车企业除了要求车辆调度人员、车辆维修人员等这些线下运维人员及时地去调整这些车辆，还需从技术层面对乱停乱放行为进行监控，让单车更好地共享。

（3）合理布局，与城市慢行交通结合。充分运用共享单车出行数据，合理规划停放点和自行车道，将其纳入城市综合交通体系，并与城市公共交通衔接，做到布局合理、标准适宜、衔接成网。同时合理规划共享单车停放点（与重大公共服务设施和公共场所相结合）和停放区标识指引，完善自行车出行环境，为市民安全、便利骑行创造良好条件。

五、桥下静态交通标识

位置指示标识是布置在显眼位置，用简洁、易懂的明示性语言或者图形符号来帮助驾驶员确定目的地具体方位的标识。位置指示标识一方面用来指示目的地的位置，以目的地范围内的不同功能空间的位置、属性、行动路线等指引人们到达目的场所；另一方面指明了目的地中不同的功能分区所在，如停车区、服务区及出入口等（图 3-10 ～图 3-13）。

导视系统由不同要素通过特定的结构形式进行组合，并在某一环境中实现其功能价值。桥下空间较为紧凑，空间要素较多，需要直观且显眼的指示系统引导人们使用。设计导视牌时，可学习梅家岗新能源汽车充电站（图 3-12），以直观醒目的方式，将场地信息传递给人们。同时也可采用红、黄、蓝等高饱和度的色彩，凸显导视信息。

如果注重导视系统特色和个性的设计，将有利于加深人们的印象以及生动形象地传递相关信息。如坎迪亚尼公园的导视牌（图 3-14），突出和分化了慢跑道和其他区域（如休闲区、健身区以及运动区等）的区别。设计以可爱的标识展示了公园内外健身小路的功效：根据男女划分出如果要消耗某种类型的食物产生的热量需要跑多少圈。这种设计鼓励人们使用健身公园内的器具，同时也让人们更注重自己的身体健康。这套作品以人的使用感为基础，真正做到为人服务，并使人们在使用过程中得到超出预期的满足感。

图 3-10　迪拜停车场位置指示标识

图 3-11　某商场地下停车场位置指示标识

图 3-12　梅家岗新能源汽车充电站指示标识

［图片来源：溧水区首批社会公共新能源汽车充电站正式投入运营（lsrmw.cn）］

图 3-13　某共享单车停放点位置指示标识

［图片来源：吴江将试点共享单车定点停放 _ 车辆（sohu.com）］

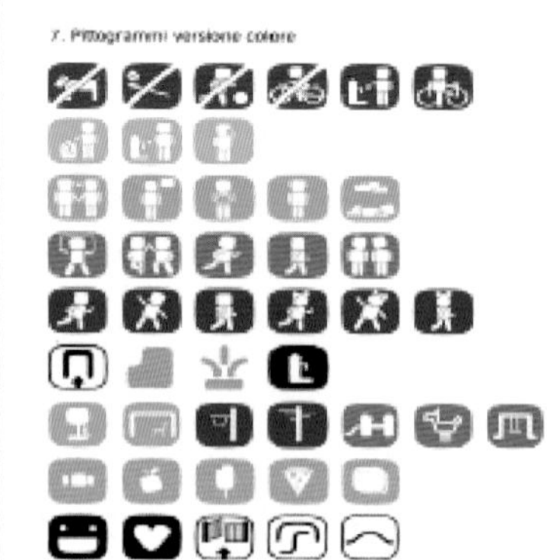

图 3-14　坎迪亚尼公园的导视系统

六、桥下静态交通设计准则

1. 高架桥下停车场

（1）出入口。

高架桥下停车场的设置将会对临近道路的动态交通产生一定的影响，合理设置出入口，不仅可以提升停车场的服务水平，还可以最大限度地减少由于设置停车场而产生的交通影响。参考相关技术规范，对停车场出入口的数量、宽度、位置等提出如下要求。

①出入口数量：少于 50 个停车位的停车场，设 1 个出入口；51 ～ 500 个停车位的停车场，应设不少于 2 个双向车道的出入口；501 ～ 1300 个停车位的停车场，每增加 400 个停车位，应增设 1 个双向车道出入口；大于 1300 个停车位的停车场，每增加 500 个停车位，应增设 1 个双向车道出入口；建议在高架桥下的两侧辅道至少各设置 1 个出入口。

②出入口的宽度：双向行驶时不应小于 7 m，单向行驶时不应小于 5 m。

③入口位置：出入口与城市人行过街天桥、地道、桥梁或隧道等引道口的距离应尽可能大于 50 m，距离快速路、主干道交叉口宜大于 80 m，与次干道或支路交叉口的距离可适当缩短，但尽量不小于 50 m，距离幼儿园、学校、公园等出口 20 m 范围内不得设立停车场出入口。

④出入口安全视角：出入口应符合行车视距要求，安全视角不小于 120°，与城市道路相交的角度应为 75 ～ 90°。

（2）交通组织（进出及场内）。

高架桥下停车场的内外交通组织应与周边道路的交通组织充分结合，尽量减少两股车流的冲突，以减少进出停车场的车流对周边道路交通造成的影响。为减少进出车流对周边道路交通的影响，建议车辆通过高架桥下的两侧辅道进出桥下停车场，结合辅道的交通组织，出入口实行单进单出的交通组织。为减少停车场内部车辆的干扰和冲突，最大限度地提高停车场停车位的使用率，建议停车场内部尽量采用单行的交通组织方式。

2. 高架桥下新能源汽车充电站

（1）充电设备。

新能源汽车充电站的设置涉及电网排布、维护管理等多方面内容。充电设备的合理布置能够有效延长设备使用寿命，降低投入成本。参考相关技术规范，对新能源汽车充电站充电设施设置的数量、位置等有如下要求。

①设备间距：充电设备之间的净间距，按行驶车型的宽度两侧各加宽 0.75 m 考虑；充电停车位的长度按行驶车型的长度两端各加长 1.5 m 考虑；充电设备布置在两个充电停车位之间，应能方便行驶车辆的进入、驶出及停放，并且尽可能提高充电设施及充电操作过程中行驶车辆及操作人员的安全性。

②外壳防护：交流充电桩内电路板、插件等电路应进行防潮湿、防雷交、防盐雾处理，保证交流充电桩能在室外潮湿、含盐雾的环境下正常运行。交流充电桩外壳和暴露在外的铁质支架、零件应采取双层防锈措施，非铁质金属也应具有防氧化保护膜或进行防氧化处理。

（2）车道设置。

①充电桩群内：充电桩群内单行车道宽度不应小于 3.5 m，双行车道宽度不应小于 6.0 m，桩群

内行车道转弯半径按行驶车型确定，不宜小于9.0 m；道路坡度不应大于6%，且坡向宜面向桩群外。

②充电桩群外：充电桩群外行车道（引道）宽度不应小于4.0 m，转弯半径按行驶车型确定，不宜小于9.0 m；道路坡度不应大于6%。

（3）构筑物。

①充电设备基础及雨棚：充电设备采用素混凝块式基础，雨棚采用轻型结构，遮挡面积约8 m^2，室内布置的充电设备不需考虑遮雨棚。

② 防护罩：直流充电桩外应设防护罩。

七、桥下空间利用与建设的建议

1. 基础建设建议

（1）加强法规建设，强化政策保障。对于这种建设模式，政府应立足于“法”，在行政管理上走严谨的法制管理道路，充分借鉴国内其他城市的相关经验、法规和规章制度，尽可能地将该开发模式提升到法律法规的层面，为高架桥下空间利用提供更强硬的保障。

（2）优先建设试点，逐步展开推进。率先在一些停车、充电供需问题较突出、实施难度较小、经济效益较高的点位建设试点工程，既能满足市民的迫切需求，也能起到示范作用，更好地指导其他点位建设的顺利实施，从而顺利推广高架桥下各类使用空间的建设。

（3）调节费用标准，促进产业发展。桥下公共停车场的类型介于室内停车场与露天停车场之间，作为一种新型的建设模式，对其收费标准可考虑采用折中的方式。加强政府的宏观调控，采用政府指导和市场调节相结合的模式，合理设定桥下停车场的收费标准。桥下新能源充电桩利用了原有闲置空间，建设成本较低，且已有的桥下空间可遮风避雨，保护了充电设施，后期运营成本也较低。此处充电定价可适当降低，吸引新能源汽车车主使用。

（4）增加桥下空间绿化，美化城市环境。使用桥下空间，可能会对城市的环境美观造成影响。因此，建议对使用空间周边的环境进行改善，在周边设置绿化带，并将有条件的桥下空间设计为绿色空间，美化城市环境。

（5）完善配套设施，提高服务水平。为提高桥下空间的服务水平，需要完善其内部的配套设施。设置交通指示牌，引导车辆出入桥下空间；安装监控摄像头等电子设备，有效保障场所安全。同时，加强日常消防安全管理，定期检查消防设施，避免火灾等消防安全隐患。

（6）限制车型停放，保障交通安全。由于地理条件特殊，高架桥下使用空间是按小汽车的标准进行设计的。在管理中，也应严格按照规范要求进行操作，为保障高架桥和桥下空间的交通安全，应严令禁止大货车、小货车、大巴车及中巴车等车型停放，规划的停车场只用作停放小汽车，新能源充电站内禁止燃油车的停放，避免充电资源的浪费。共享单车停放点需要加强管理，避免共享单车的乱停乱放及其他车辆的违规停放。

（7）优化交通组织，合理设置出入口。桥下空间的交通组织应与周边道路交通组织相结合，尽量减少两股车流的冲突，以减少相互影响。桥下空间的车辆出入口，建议结合高架桥下两侧辅道组织，采取单进单出单向交通组织或左进左出的双向交通组织。高架桥下公共停车场与充电站出入口设置应当结合现场情况和技术规范要求，符合行车视距要求，安全视角不小于

120°，与城市道路相交的角度应为 75 ～ 90°。出入口数量按照停车规模确定，一般条件允许的情况下，建议在两侧辅道各设置一个出入口（莫伟丽等，2017）。

（8）提升智能化管理水平。在科学技术高速发展的今天，在桥下空间管理中引入智能化管理手段已成为共识。当前，智能化停车收费系统一般包括车牌识别系统、自助缴费系统、车辆引导系统等。智能化停车收费系统的应用，可有效提高高架桥下公共停车场的管理水平。

①车牌识别系统：一般通过安装在公共停车场出入口的高清摄像头实现识别功能，车辆驶入停车场时，高清摄像头自动识别并记录车牌，抬杆放行，减少取卡等候时间。

②自助缴费系统：通过自助缴费终端、支付宝、微信支付等第三方在线支付手段，车辆驶离前提前完成停车付费，减少出口停车付费等候时间。

③车辆引导系统：该系统分场内引导系统和场外诱导系统，通过电子屏、手机 APP 软件等途径，发布停车忙闲状态，引导车辆停放。

新能源汽车充电站一般为自主扫码充电，车主通过特定的手机软件登录付费后，从充电桩上取出充电器自助充电。

当前，共享单车停放可结合 GPS、电子围栏等技术，实现智能化管理。共享单车应配置 GPS 装置，为信息化管理奠定基础。在停放点的建设与运营管理上，可采用智能虚拟停车桩——“电子围栏”技术，通过相关技术对政府划定的停车点进行定位，设置电子围栏，用户可在共享单车 APP 内查看停车点位置，平台可根据 GPS 定位数据判断其停入停放区域或禁停区域，配合城市管理，规范共享单车的停放。

2. 景观化建议

桥下空间利用往往以硬质化铺装为主，附属的小建筑为简易的可拆卸材料搭建，这些建筑都是单独设置的，倘若周边没有加以遮挡，建筑物自身的质量对桥下空间景观的影响极大。且桥下过度的硬质化铺装过于单调，整体景观效果不佳。桥下空间的景观化设计可有以下几种措施。

（1）材质美化。无论选择何种材料，首先都要满足耐久、抗腐蚀、环保等基本要求。其中，涂料是最经济实惠的外饰面材料，仅仅通过颜色及不同质感的搭配，就可以形成列柱的色彩序列，获得良好的装饰效果。在局部需要加强的地方，可以考虑采用彩色饰面砖、马赛克拼贴或者绘制各种图案（图 3-15）。

（2）软质景观营造。对桥下空间进行绿化时，要综合考虑光照、水分、温度、通风等因素的影响，因地制宜地选择合适的植物进行绿化，通常以耐阴、耐干旱、降噪及抗污染的植物为主（图 3-16）。对于无法达到理想效果的区域，如桥体中部区域，可采用硬质铺装来获得整洁的景观效果。同时，在塑造景观时，可根据原有桥下空间肌理，利用线形、矩形等要素设计如模纹花坛（图 3-17）、团块化植物景观群落（图 3-18）等绿化样式，以达到景观与场地统一的效果。

（3）塑造桥下空间夜间景观。桥下空间的灯光环境设计应该综合考虑桥下空间的属性、特征和各元素的相互关系，同时结合城市的自然条件及历史背景，运用现代技术方法和思想，统筹点、线、面相结合的艺术手法，突出主景并塑造轮廓线。在高架桥底面及立柱周边设置照明设施，来增加桥下空间的开阔感。如在高架桥梁腹部与桥外侧面可以采用日光灯带照明，以突出桥梁实体结构（图 3-19）；在防撞护栏外侧安装日光灯带，控制光线只照亮桥梁外侧部，利用荧光灯管组成的光带构成连续实体线型。

（a）

（b）

图 3–15　高架桥下美化措施

（a）石家庄某高架桥下；（b）成都某立交桥下

［图片来源：（a）来源于城管在行动：市区高架桥美化提升改造工程完工 _ 桥梁（sohu.com）；（b）来源于网易（163.com）］

图 3–16　高架桥下绿化

［图片来源：左图来源于“高架桥下的城市花园” 铸就精致的城市颜值，http://js.new.163.com/22/0527/17/H8D0PHV904249C03.html；右图来源于附属景观 _ 图片素材 _VkmToN8L 的画板 – 花瓣网（huaban.com）］

图 3–17　模纹花坛

图 3–18　团块化植物景观营造

图 3-19　高架桥下夜景景观

第三节　桥下交通利用及景观优秀案例赏析

一、杭州市桥下停车场

（一）杭州市桥下停车场建设状况

以杭州市为例，根据杭州市城管委停车监管中心的统计，截至 2015 年 6 月，杭州主城区已正式对外开放的由杭州市政府与各区政府共同投资建设的公共停车场共有 23 个，分布在杭州的各个城区（图 3-20），每个公共停车场的停车位数量从数十到数百不等，一共 4277 个车位（莫伟丽等，2017），其中结合高架桥下空间设置的停车场有 16 个（表 3-1），共提供车位 2498 个，占总公共停车场停车位供应量的 58.4%，足见闲置的城市高架桥下空间可以为城市停车位的增加提供较多的潜在空间。

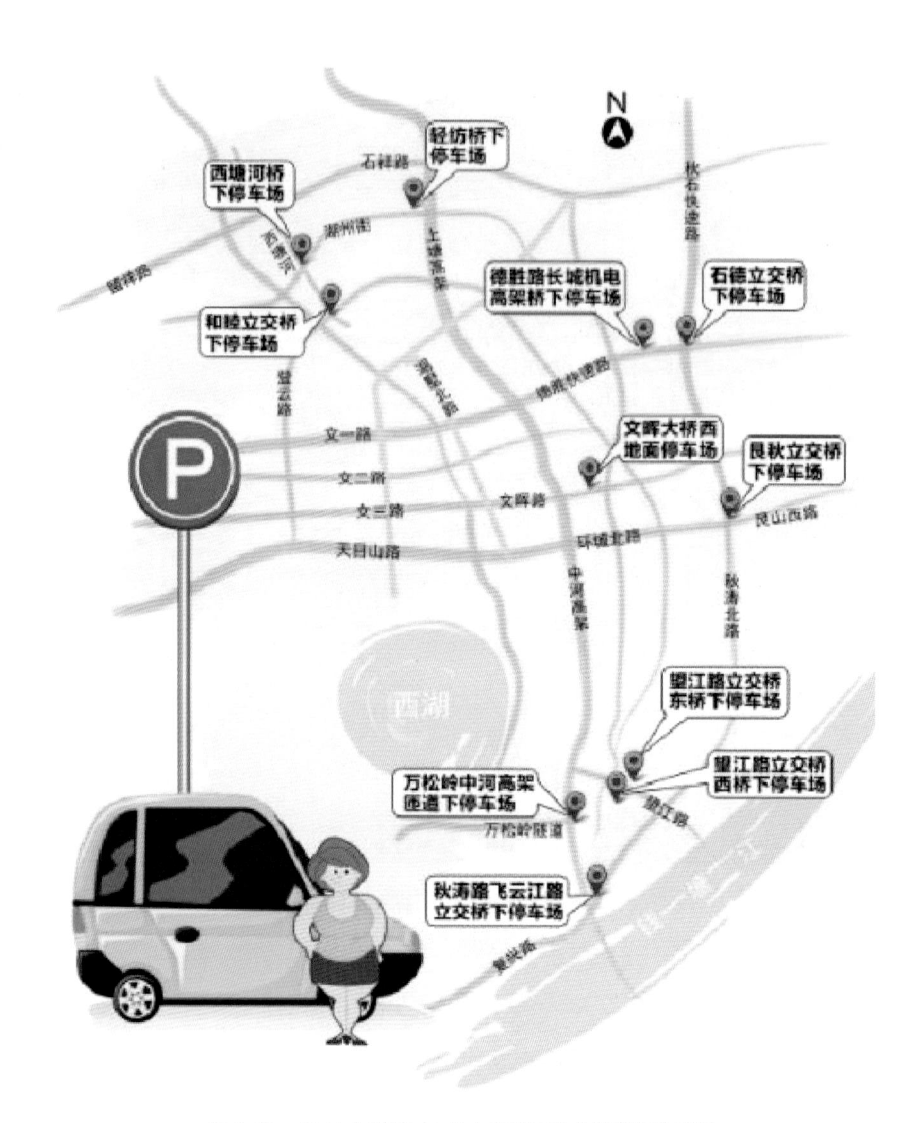

图 3-20　2011 年杭州 11 处立交桥下公共停车场位置图

（图片来源：汽车之家，https://www.autohome.com.cn/news/201203/303720.html）

表 3-1　杭州主城区已正式对外开放的政府投资建设高架桥下公共停车场名单

序号	城区	场 库 名 称	地　　址	停车位数 / 个	备　　注
1	上城区	望江路立交桥东桥下停车场	望江路立交桥东桥下	64	收费，2011 年 11 月建成，共 52 个机械停车位
2		望江路立交桥西桥下停车场	望江路立交桥西桥下	34	
3		秋涛路飞云江路立交桥下停车场	秋涛路飞云江路立交桥下	155	收费，2011 年建成，其中机械停车位有 134 个

续表

序号	城区	场库名称	地址	停车位数/个	备注
4	上城区	万松岭中河高架匝道下停车场	万松岭中河高架匝道下	180	收费，2012年建成，机械车位数有153个，邻近小区
5		江城路复兴立交桥下空间停车场	江城路复兴立交桥下	128	收费
6	下城区	杭州市石石立交桥下停车场（西南角）	石拆路与石神路交叉口	198	收费
7		杭州市石石立交桥下停车场（东北角）	石拆路与石神路交叉口	380	收费
8		文晖大桥西地面停车场	绍兴路文晖大桥下	50	收费，供周边小区居民就近停车
9		德胜路长城机电高架桥下停车场	德胜路万城机电市场对面	107	收费，2012年初建好
10	江干区	石德立交桥下停车场（东南角）	石德立交桥下	372	收费，兼顾农都市场和小区停车，在原绿化地中建设花园式停车场
11		艮秋立交桥下停车场	艮秋立交桥下	171	收费，2012年4月运行，立体车库和地面停车综合建设，主要服务于汽车东站，还有小商品市场
12		石德立交桥下西北角公共停车场	石德立交桥下西北角	249	收费
13		石德立交桥下东北角公共停车场	石德立交桥下东北角	247	收费
14	拱墅区	和睦立交桥下停车场	和睦立交桥下	47	收费，2012年建成，主要供华丰宿舍周边居民停车
15		轻纺桥下停车场	轻纺桥下	84	收费，主要供周边居民停车
16		湖州街西塘河桥下停车场	湖州街西塘河桥下	32	免费，2012年建设，设有残疾人车位
合计				2498	

注：本表由课题组根据杭州市政府网站公布的信息综合整理。

（二）杭州市复兴立交桥

1. 建设背景及工程概况

杭州市复兴立交桥是杭州市上城区重要的交通枢纽，位于整个城市中心南部，是四条主要交通干道的交会点，即复兴路、中河高架、秋涛路以及江城路的交会点。杭州市政府着力于解决城市交通问题，减轻城区交通压力，计划将该城市立交桥作为交通枢纽的同时，也能将其打造成为市区的地标性建筑。为此，杭州市政府、城乡建设委员会以及建设单位对复兴立交桥设计方案相当重视，并邀请了 5 家设计单位对方案进行投标，最终确定杭州市城建设计研究院的三层定向同心结型互通立交桥方案为中标方案（图 3–21）。此立交桥具有平面布置紧凑的特色，结合实际的用地情况，将左转匝道布置在拆迁相对容易的东北角象限内，减少了对铁路用地的影响。整个立交桥用地较少、拆迁量小，有利于提高建设速度。立交桥的交通组织合理，无交织点，所有转向匝道均为单向行驶，便于交通管理。

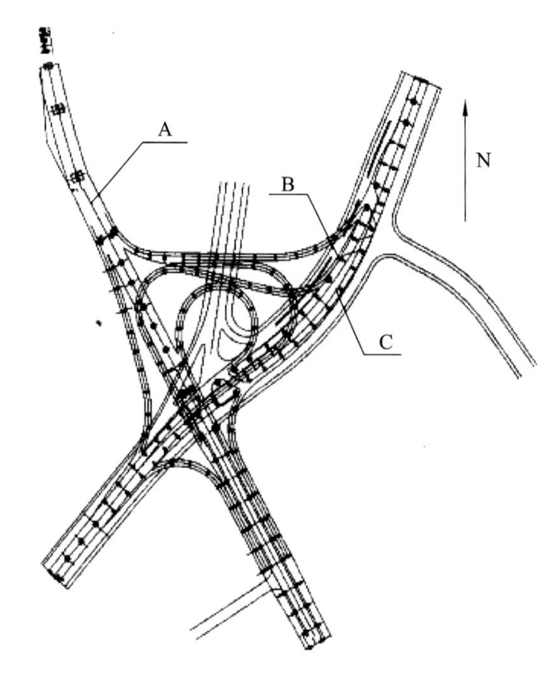

图 3–21　复兴立交桥平面图

杭州市复兴立交桥为三层互通式大型立交桥，桥梁部分包括 A、B、C 三条主线和 D、E、F、G、H、I、J 七条匝道，其中 A 主线为钱江四桥（复兴大桥）至中河高架线路，B、C 主线连接复兴路和秋涛路，将各主线相互连通。由北向钱江四桥先是双向六车道，路宽 24 m，后转为双向四车道，路宽 19 m，而后主桥两侧各有一匝道汇入变成双向六车道，在钱江四桥引桥段转为双向八车道，路宽 39 m。第二层复兴路—秋涛路主桥段由西向东为双向四车道，路宽 20 m，由于两侧出现匝道，转为一小段双向六车道，路宽 25 m，继而转为单向双车道，路宽 9 m，最后两侧高架环路汇合形成双向六车道，路宽 25 m。具体位置见图 3–22。

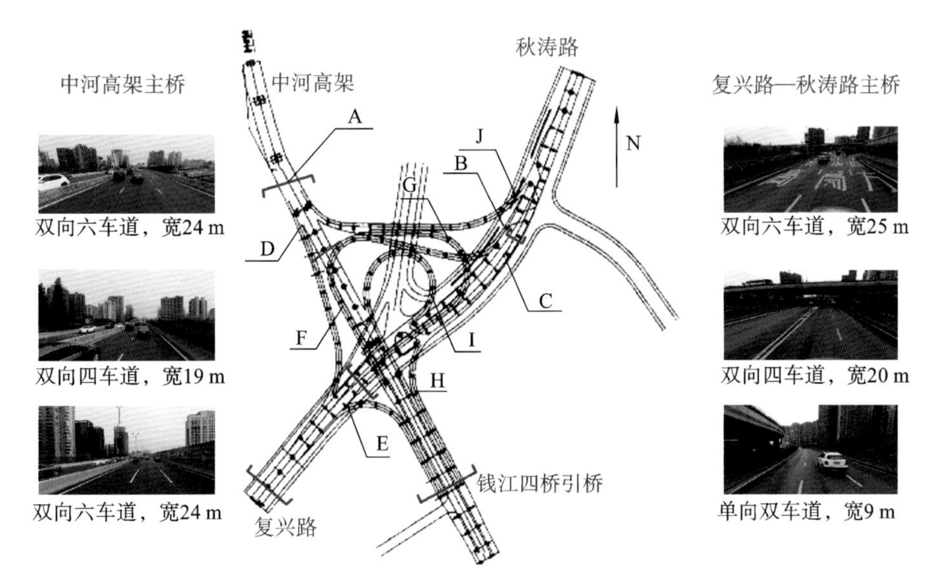

图 3-22　复兴立交桥道路形式

复兴立交桥连接着钱江四桥和中河高架，周边大多为商务办公写字楼以及创意园区，同时也分布着几片居民住宅楼区，公共绿地区主要为立交桥下以及商务区的附属绿地。因此，位于秋涛路的桥下停车场空间多服务于周边商务写字楼的工作人员。其周边用地情况见图 3-23、图 3-24。桥梁下桥墩形式采用双柱墩和独柱墩两种，双柱墩顶上设一盖梁，立柱截面有正方形和圆形两种形式。主桥与匝道桥桥墩形式不同。

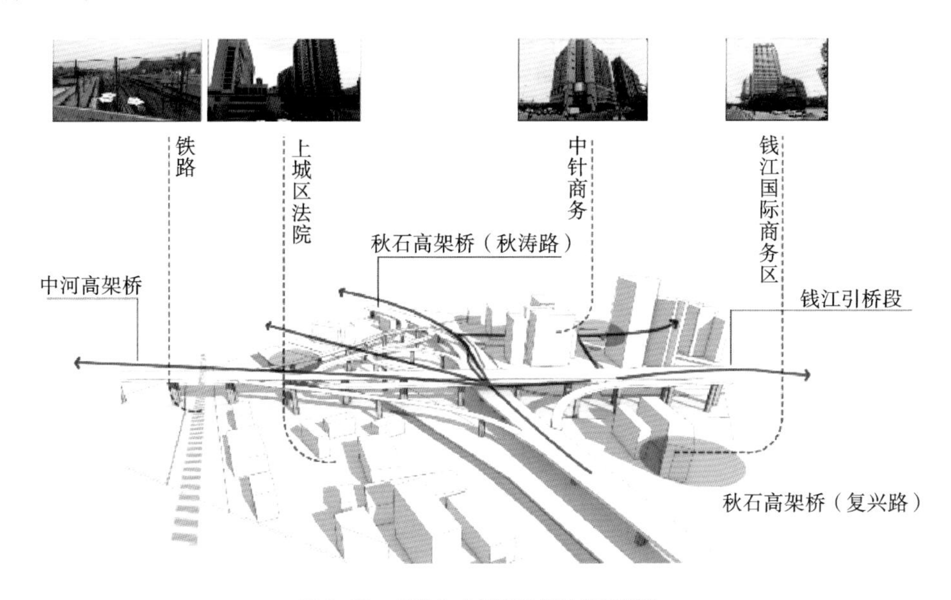

图 3-23　复兴立交桥周边用地实景照片

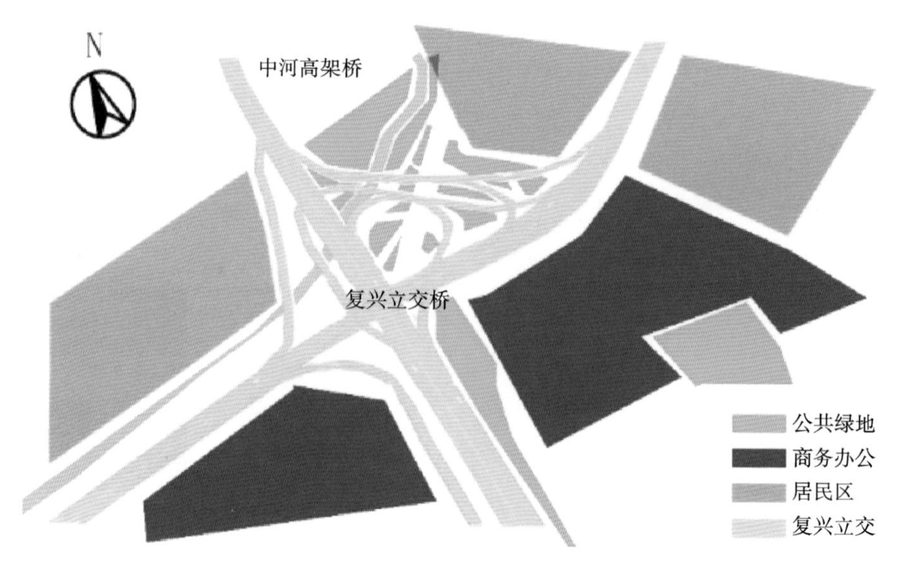

图 3-24　复兴立交桥周边用地情况

2. 桥下空间利用类型

由于复兴立交桥是互通式立交桥，由多个高架桥交会形成交通枢纽，桥下空间自然而然被分割成几块，因此桥下空间利用形式多样。经过实地调研发现，主要有立体停车场和公共绿地这两种利用形式。立体停车场位于复兴立交桥飞云江路口南、北两侧下部空间，南星工商所前以及钱江四桥引桥段 4 个位置。具体位置见图 3-25。飞云江路口南、北侧总停车位数为 155 个，其中机械停车位有 134 个，地面停车位有 22 个。立体停车场为银灰色大型钢架立体车库，十分显眼，立体车库均为上下两层，每层高 2 m 左右，长约 6 m，宽约 2.5 m。实景图见图 3-26、图 3-27。

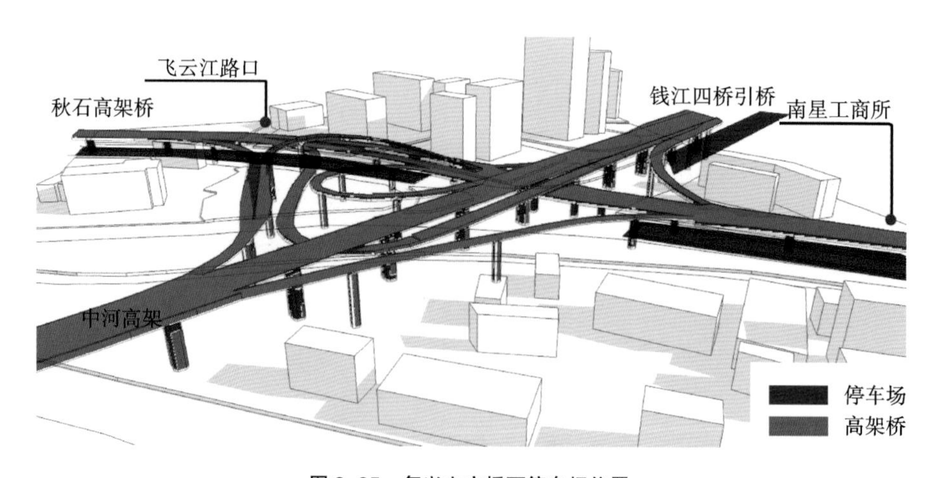

图 3-25　复兴立交桥下停车场位置

公共绿地分布比较分散，因有多条道路，从而被分割成一块块绿化岛，其中面积最大、最完整的是南星古泉公共绿地，其区位东至秋涛路、南至复兴路、西至南星桥货运站、北至凤山路，绿化面积为6.2万平方米，由沿河绿地、桥阴绿地和三角形街头绿地三部分组成。因桥体有上、中、下三层结构，因此绿地空间较为复杂。本次调研主要研究三部分中的桥阴绿地，其大多位于立交桥环道以及匝道桥下。钱江四桥引桥下，中央为快速道路，两侧则是面积较大的广场绿地，绿地内部可供行人休息。还有两处桥阴绿地都位于中河高架与秋石高架交会点正下方，采光情况最不理想，经过的车流最复杂，灰尘、噪声产生量也最多。绿地具体位置及对应实景见图3-28。

图3-26 复兴立交桥下立体停车场（飞云江路南侧）

图3-27 复兴立交桥下停车场内部实景

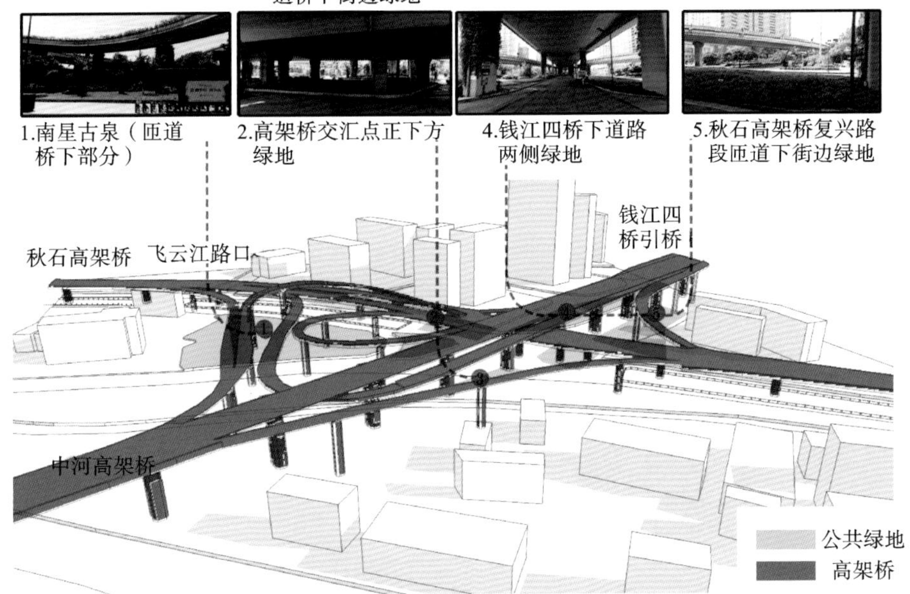

图3-28 复兴立交桥下绿地位置及实景

3. 桥下空间景观构成分析

先分析桥下停车场空间。由于四处停车场构成要素相似，因此课题组选择景观效果最优的钱江四桥引桥下立体停车场作为分析对象。空间一般由顶界面、侧界面、底界面构成，停车场空间顶界面多数是高架桥桥底面。复兴立交桥东段桥下立体停车场顶界面主体由桥底灰色钢筋混凝土构成，但由于中河高架桥下方还有两条匝道，匝道桥围栏边栽植有绿色藤本植物，因此停车场竖向空间被桥体分割。停车位上方是低矮的匝道桥底面，给人压抑感和紧迫感，而停车场中间过道上空是中河高架桥底，由于中河高架桥净空高并且有匝道桥内侧绿色植物点缀，采光较充足且压迫感骤减。侧界面主要由中高乔灌木以及高架桥桥墩构成，有些停车场还存在护栏等景观元素。复兴立交桥下东段停车场空间外围由散生竹包围，竹枝之间留有一定缝隙，形成半虚半实的景观空间效果，视线部分通透，使人能够看清停车场内部情况，而空间感受介于开敞与封闭之间，其功能上起到分隔界定空间以及美化空间的作用，遮挡停车场内部的同时又不封闭空间。停车场底界面并无特色，主要由灰色柏油路面构成，在出口以及拐角处路面会有方向指示标识线。详见停车场空间剖面示意图（图 3–29）及实景图（图 3–30）。

桥下公共绿地则以植物造景为主，考虑到桥下绿地受光照不足的限制，设计时特别考虑到植物的适应性。复兴立交桥环道下的绿地营造效果最优，其以常绿耐阴植物八角金盘、洒金珊瑚、海桐、扶芳藤及宿根的鸢尾、金边玉簪等为主，形成流线型的色带，色带间以具有韵律变化的象征音符的弧形、圆形色块作为点缀，给人一种韵律节奏变化的动态美，与整个桥体景观遥相呼应。

在桥墩林立的绿地中，以大卵石与棕榈科植物组成简洁的树景。利用树径为 20 ～ 30 cm、高 15 ～ 20 m 的水杉营造出一片树林，底层耐阴地被满铺，形成绿地间的视觉通透感，减少进入桥下的压抑感。桥墩则由凌霄花及地锦包裹，遮挡住裸露在外的灰色混凝土墙面，营造出一种空气新鲜、植物葱郁、气候凉爽的生态环境。类似的还有几处匝道桥下的三角街边绿地，植物配植以群植与散点种植组合，注重植物新品种的运用，并首次在杭州市引进棕榈科植物加拿列海枣。高低错落的植物群落、自然起伏的微地形变化、流畅的植物色带及景意相融的园林小品，衬托与点缀出了桥体的整体景观，详见实景图（图 3–31）。

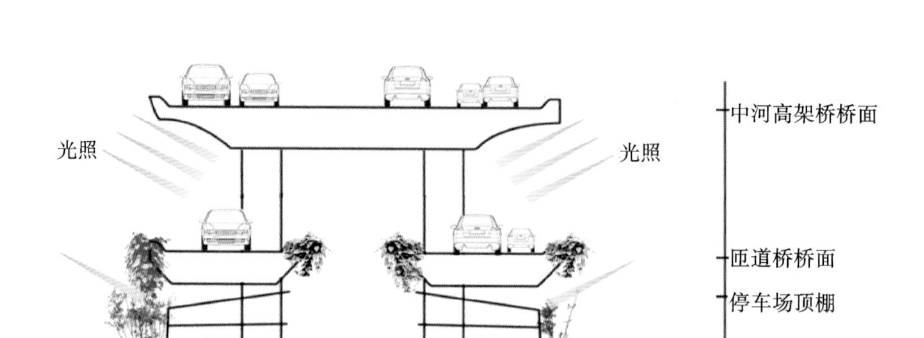

图 3–29　复兴立交桥停车场空间剖面示意图

图 3-30　复兴立交桥停车场外部实景与外围绿化

图 3-31　复兴立交桥匝道桥下绿地与桥墩绿化效果

4. 桥下空间利用效果评价

由上文分析可以看出，复兴立交桥的下部空间得到了相应的开发利用，主要用作立体停车场，以解决城区停车难、车位少的问题，以及以公共绿地来提升桥体及桥下景观体验。虽然空间得到利用，但利用情况如何还得经过实践检验。立体停车场除东段车位利用情况以及景观营造效果较为理想外，其余几个位于南北向秋石高架下的立体停车场利用及景观效果不佳，很多地面层车位都没有停满。在笔者停留的时间段内，停车场内并没有车辆进入，也没有人群活动。桥下停车场由于其位置的特殊性，内部环境昏暗且干热，压抑感很强，加之南北向三个停车场外围几乎没有绿化，来往车流产生的尾气、灰尘与噪声短时间内就带给人不舒服的体验。而东段桥下停车场由于地理位置优势，位于钱江四桥引桥段，桥下两侧道路用于回车掉头，车流量少，安全性增加，加上高架桥的净空大、采光好，空间外围绿化景观效果佳，内部交通流线组织更合理，桥下整体空间利用效果优良。

复兴立交桥桥下绿化景观效果整体则较为理想，空间利用形式多样化，较好地挖掘了人文资源，充分利用了“南星古泉”这一自然资源和中河人文资源。尤其在环道下整体性较强、面积最大的绿地中，借鉴运用了中国造园中借景的理念，整片绿地设计还运用到自然山石、树木及小品等园林元素，赋予景观文化内涵，烘托出整个园林绿地景观的意境，趣味性及人群可达性强。但不足的是，采光条件最差的高架桥主桥正下方的绿地植物种类匮乏，景观层次明显减少，养护效果也不理想。停车场附近的桥墩基本处于裸露状态，立面效果不佳。

立体停车场充分利用了桥下空间，使得桥下上层空间也得到利用，但在营造桥下停车场景观效果时，运用到的景观元素很少，有些停车场几乎没有绿化，立体停车场的钢筋铁架暴露无遮挡。公共绿地空间利用效果良好，绿地层次丰富，与桥体相互呼应，并且绿地内植物品种多样。因此，在做桥下停车场时，注重功能扩大化的同时还需要关注形式上的美感体现，可以考虑各个界面上景观构成要素的运用，利用植物、小品等美化空间，优化人群体验。

二、重庆市嘉华大桥南桥头车库

重庆市嘉华大桥南桥头车库（也叫直港大道立体停车楼）是国内首个高架桥立体停车楼项目，也是国内首个采用全智能停车管理系统的桥下大型立体车库。该车库位于重庆市九龙坡区直港大道北侧主线桥下方，是由重庆市政府投资，利用高架桥下闲余空间而设计的公共立体停车楼，长约 225 m、宽约 70 m、建筑高度约 22 m，总建筑面积约 3.78 万平方米，设计了停车位 1018 个，其中室内有 1008 个，室外有 10 个，可以有效缓解直港大道、杨家坪商圈等地的停车难问题和减轻直港大道片区的停车压力。车库于 2016 年底完工，是重庆市首次尝试在桥下建立整体框架式大型车库，也是全国最大、重庆市第一个市政桥下空间利用项目（图 3–32）。

图 3–32　国内首个高架桥立体全视频智慧停车库

（图片来源：中国安防展览网，http://www.afzhan.com/news/detail/53386.html）

该停车库结合高架桥下空间进行停车，主要特征表现为以下几个方面。

1. 桥上和停车楼互不影响

车库采用“P+L”（停车 + 道路）模式，大型停车楼与高架桥连为一体，建设规模之大在全国尚属首例。这种新的建设模式综合性较强，同时设计、同时施工，一体建成，因此，在施工及质量控制方面，比一般的市政桥梁或建筑物难得多。停车楼共有 4 层，外观设计简洁大方，每层楼都是通过道路相连，车辆可以直接开到车库，还有电梯或梯道供车主出入。从侧面看，该停车楼是一座大型楼宇，车库顶部就是高架桥道路（图 3–33、图 3–34）。

图 3–33　车库顶部道路

（图片来源：http://jz.sdbi.edu.cn/info/1012/5725.htm）

图 3–34　车库侧面景观

（图片来源：新浪网，http://cq.sina.com.cn/city/zsyz/2014-07-11/61474.html）

2. 智能停车管理系统

为营造便捷、舒适的停车环境，车库于 2016 年底启动车库停车管理系统工程，引入全视频智慧停车场综合解决方案，配备全智能停车管理系统——出入口 3 进 3 出，均采用免取卡收费系统，实现车辆车牌识别和免取卡进出。场内 4 层共 1008 个车位，全部安装智能视频寻车系统（即停车场找车机系统），实现车位引导和反向寻车等多种功能，以实现车库的高效智能化管理（图 3–35）。自车库试运营以来，直港大道停车难及杨家坪商圈附近的交通拥堵都因此得到了一定程度的缓解。与此同时，全智能停车管理系统所带来的方便、快捷、智能化的停车服务，也为广大市民停车带来了巨大便利。

图 3–35　车库内部

（图片来源：搜狐网，http://www.sohu.com/a/124652967_354905；中国安防展览网，http://www.afzhan.com/news/detail/53386.html）

三、沈阳市南北快速干道北段高架桥下停车场利用

2016 年 9 月 26 日，沈阳市南北快速干道北段高架桥竣工通车，启用桥下空间作为自动停车场，这是沈阳市首个设在高架桥下的高科技、现代化、机械化、水平循环式立体自动掉头停车场。另外，桥下慢行交通系统、公交港湾、交叉口渠化、桥下空间利用、海绵城市建设、绿化等都颇有特色。[1]

1. 智能停车

为了缓解惠工街、联合路路口附近的停车压力，停车场将建设在联合路以北至沈阳市第九十中学路段的高架桥下部空间，占用四个桥孔，总长约 120 m，高 4 层，共提供 128 个停车位，采用钢架结构。高架桥下部空间有限，为了方便市民停车，采用高智能停车系统，市民只需要将车沿着停车场一侧护栏开到地面一层一个类似"电梯间"的位置后下车，随后车辆就会由机械带动实现掉头，并自动升降停入场内的空位上，既方便又省事（图 3–36）。取车时，只需要在"电梯间"处简单操作，车辆即可自动移动到车主的面前。

2. 人性关怀

该停车场考虑北方的自然条件并综合了各方面因素，在桥下分隔带处设置了厕所及环卫工人休息室，为行人及环卫工人提供方便（图 3–37）。

图 3–36 沈阳市南北快速干道北段高架桥下立体智能停车场

（图片来源：《辽宁晚报》，2016–09–15）

图 3–37 环卫工人休息间

（图片来源：《辽宁晚报》，2016–09–15）

3. "海绵"藏水浇花草

结合海绵城市的理念，沈阳市在南北快速干道高架桥下铺"海绵"，将桥上积水过滤后用于洗车、浇花。该项目首次建设"流水槽"式海绵设施，即桥下设雨水收集和渗透设施（图 3–38），雨天将桥上积水藏至地下，晴天将水抽出来洗车、喷灌花卉。桥下的蓄水池容积为 500 m^3，雨水进入蓄水池前，要先经过水力颗粒分离器，去掉水中的大颗粒物质、砂砾、漂浮的杂质，然后通过过滤器对雨水进行过滤净化，出水可用于浇洒绿地、洗车等。

1　陶阳．沈阳南北快速路高架桥段 26 日竣工通车［EB/OL］．辽宁频道，（2016–09–14）[2023–09–30].http://liaoning.nen.com.cn/system/2016/09/14/019354214.shtml.

图 3-38 “流水槽”式海绵设施

（图片来源：《辽宁晚报》，2016-09-15）

4. 彩色公交港湾

为方便公交乘客上下车，保障乘客交通安全，南北快速干道北段高架桥沿线设置了港湾式公交车站（图 3-39），公交港湾处铺设红色沥青明确区域功能。遵循“交通有序、慢行优先、步行有道、过街安全”的理念，在交叉口位置对机动车道进行了渠化设计，提高了交叉口通行能力。同时，为控制车辆行驶方向和保障行人安全，在有条件的路口处设置交通岛，供行人过街暂时避车，再结合街头绿地在重要点位设置“廉政”主题雕塑，弘扬廉政文化。

5. 人性化慢行道及隔音设施

在保证高架桥主线上机动车快速通行的同时，桥下地面道路慢行交通系统的设计更具人性化（图 3-40）。在人车混行道外侧有条件的位置，因地制宜地设置生态人行道，将人与环境巧妙融合，比如在北一环至二环段西北绿地建设 300 m 长的生态路，全部铺设透水砖，使雨水全部渗透入地面，减轻市政管网负担。在全线人车混行道断口处设置隔离墩，防止车辆进入人行道和非机动车道。另外，还在高架桥路段设置全封闭的隔音设施，减少交通噪声对周边环境的影响（图 3-41）。

图 3-39 彩色公交港湾

（图片来源：《辽宁晚报》，2016-09-15）

图 3-40 人性化慢行交通

（图片来源：《辽宁晚报》，2016-09-15）

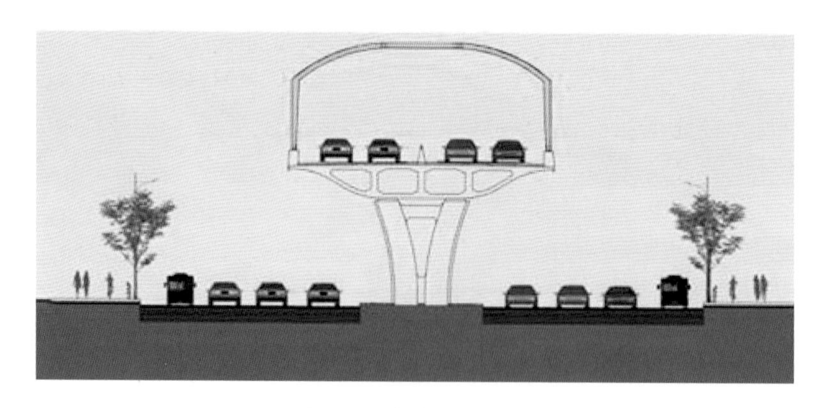

图 3-41 全封闭隔音措施

（图片来源：《辽宁晚报》，2016-09-15）

四、长沙飞狐新能源充电站

四方坪立交桥位于长沙开福区毛家桥水果批发大市场的西面，是长沙重要的城市交通道路，这里原本只是普通的停车场，但伴随“环保低碳、节能减排”理念的渐入人心与新能源汽车行业的蓬勃发展，如今已悄然蝶变，成了湖南最大的新能源汽车充电站。飞狐新能源充电站“藏”在四方坪高架桥下，总占地面积近 10000 m^2，投资额为 8000 多万元。整个充电站分为东区、西区和南区三个区域，方便不同方向行驶的新能源汽车进站充电。充电站由湖南财信特来电新能源有限公司代为建设和运营，三个区域共有 164 支充电枪，为全市乃至全省最大的充电站（图 3-42）。

图 3-42 飞狐新能源充电站实景

（图片来源：长沙最大新能源充电站启用 可同时供 164 辆电动汽车充电，https://mp.weixin.qq.com/s/Hc1dKdcSlS7RjF4x087PWQ，2019-12-02）

飞狐新能源充电站的设备全部来自湖南财信特来电新能源有限公司。该公司主推的智能群充电系统占地面积更小，充电桩利用率更高，适应未来充电需求。最高能提供 150 kW 的充电功率，突破了传统单桩功率 60 kW 的充电桩，在一个快充车位上，可以满足不同车型的快充需求，并以新能源网约车、公交车、物流车为主。这些车辆长期处于工作状态，耗电快，要求充电速度也要快，但往往住宅小区和商业大楼的充电桩难以满足此类需求。根据充电站统计，每日上午 11 时至下午 1 时、晚上 11 时至次日早晨 7 时为新能源汽车充电高峰期。全面运营 2 个多月后，飞狐新能源充电站每日服务量为三四百车次，虽然与设计的三四千车次日服务量还存在一定的距离，但充电站负责人不觉得有压力，她认为未来长沙新能源汽车的保有量将持续增长，新能源汽车充电服务市场在激烈竞争后，将产生新的机遇。据了解，长沙新能源充电站正不断延长营业时间，拓展业务板块，集聚网约车交车中心、停车、车辆维修保养和司机驿站于一体，开启“充、交、修、憩、餐”一站式服务模式。而这些有可能在高架桥下空间中的充电站场部分集中实现。

五、西安市南三环高架桥下公交场站

该项目位于西安市南三环与电子正街交叉口以西 500 m 范围内，该段高架桥下中央绿带宽度为 43~45 m，绿带两侧分别为南三环南北辅道、南三环车行道，宽度均为 12 m，机动车道为单侧单向两车道。高架桥下净空高大于 4.5 m，桥梁分为南北两幅，桥梁跨径以 20 m 为主，两幅桥墩之间净距为 7.5 m，管线较少。

1. 公交场站功能定位

依据西安市总体规划和西安市公共交通规划，西安市南三环高架桥下公交场站利用绕城高速路桥下空间建设，主要解决西安市电子城片区 K5 路、K205 路公交车的停车及调度问题，其中 K5 路公交车有 49 辆，平峰发车间隔 5~7 min，高峰发车间隔 2~3 min；K205 路公交车有 53 辆，平峰发车间隔 4~5 min，高峰发车间隔 3 min。

2. 停车场周边交通现状

在早、午、晚三个交通高峰时段，对南三环辅道与电子正街交叉口的交通流量进行调查，了解到南三环辅道与电子正街交叉口现状交通如图 3-43 所示，车型以小客车为主，比例达到 87%，其余为大客车及小货车。该路段的总左转向比例大于右转向比例。

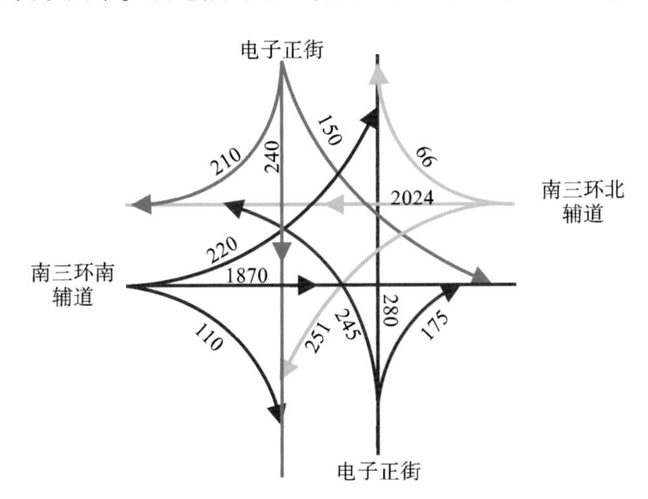

图 3-43　南三环辅道与电子正街交叉口现状交通量（单位：辆）

（图片来源：尹治军等，2014）

3. 建造措施

（1）总体布局设计。

西安市南三环高架桥下公交场站的平面总体布置见图 3-44。停车场车行道中线与南三环辅道中线平行，车行道宽 7.5 m，停车位与车行道呈 60° 角，停车位垂直距离为 13 m，停车场总宽为 34.5 m，停车场面积为 16050 m^2，设计停车位 99 个。

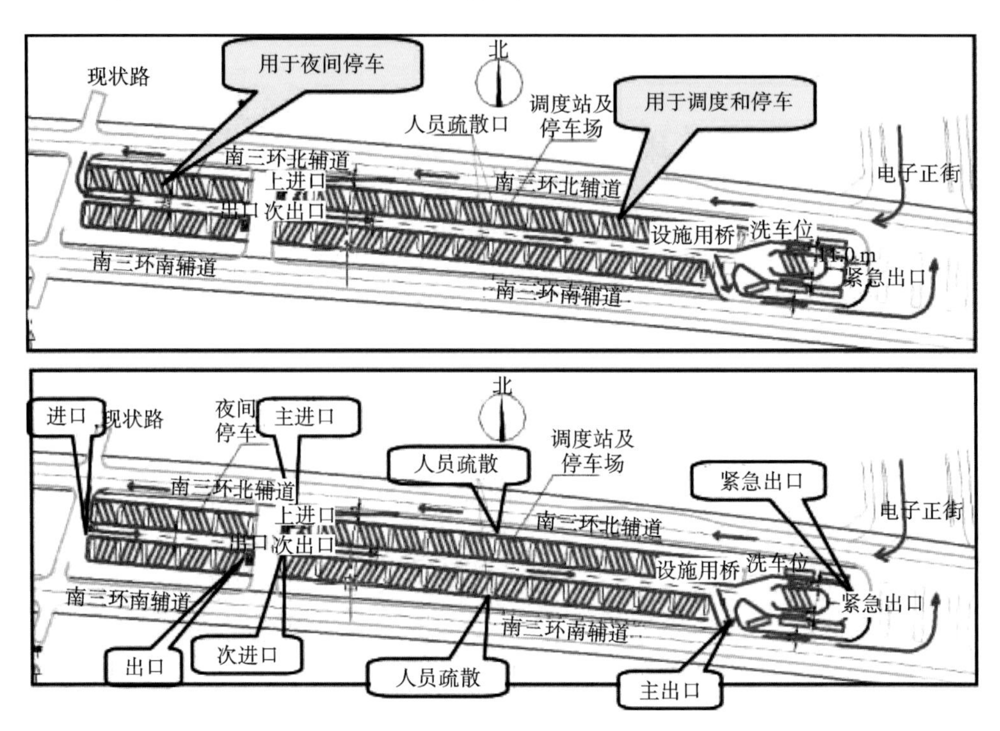

图 3-44 公交站平面总体布置图

（图片来源：尹治军等，2014）

（2）交通组织设计。

根据公交线路运营情况，西安市南三环高架桥下公交场站的停车场进口处采用直接式进入方式，停车场出口处渠化一个专用左转车道，减小公交车辆对南三环交通的影响。停车场交通组织如下：公交车由电子正街右转进入南三环北辅道，进入停车场稍事休息后，进入本次设计的专用左转车道，然后在南三环和电子正街交叉口左转进入电子正街，具体见图 3-45、图 3-46。

（3）停车方案设计。

设计针对停车位布置形式设计出以下两个方案。

①方案一：车行道宽 7.5 m，停车位与车行道夹角呈 60°，两排桥墩中间可停放 3 辆车，停车位垂直距离为 13 m，本次设计停车场总宽度为 34.5 m（图 3-47）。

②方案二：车行道宽 7.5 m，停车位与车行道垂直，两排桥墩中间可停放 4 辆车，停车位与车行道之间的距离为 3 m，停车位垂直距离为 13 m，本次设计停车场总宽度为 40.5 m（图 3-48）。

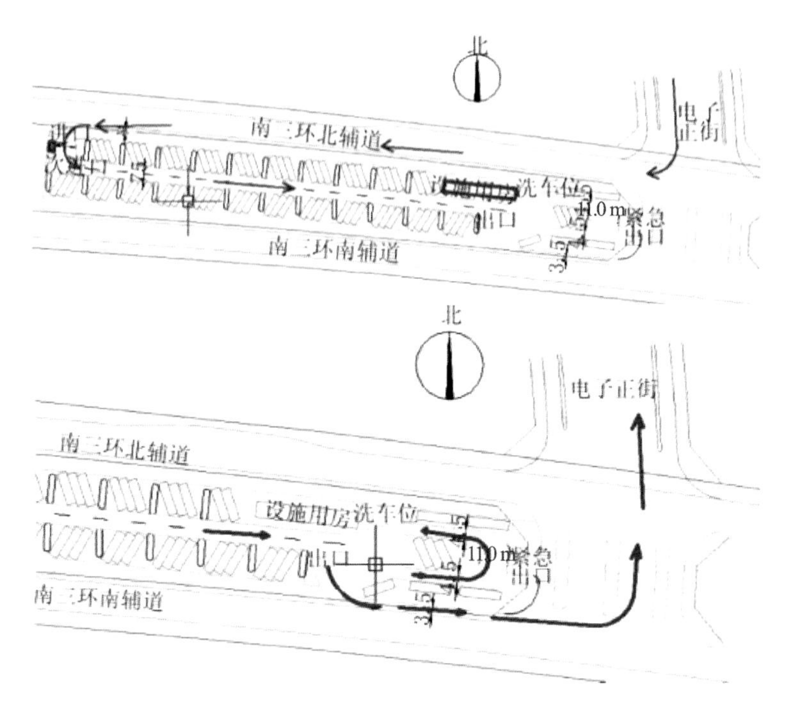

图 3–45　东侧停车场交通组织图

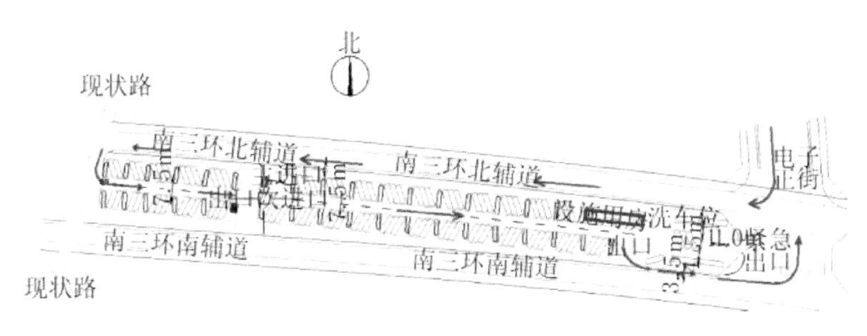

图 3–46　西侧停车场交通组织图

（图片来源：尹治军等，2014）

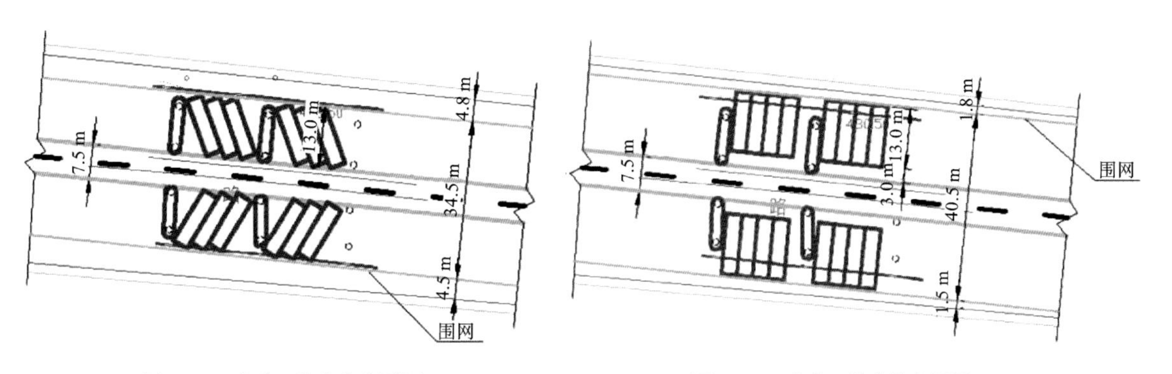

图 3–47　方案一停车位布置图

（图片来源：尹治军等，2014）

图 3–48　方案二停车位布置图

（图片来源：尹治军等，2014）

③优缺点对比：方案一优点为方便车辆进出，停车场围栏距南三环北辅道边线宽度为 4.8 m，距南三环南辅道边线宽度为 4.5 m，方便在停车场外侧做绿化，环境好，工程费用较方案二低；缺点是停车位较方案二少。

方案二优点是停车位垂直停放，总停车位为 132 个，较方案一多；缺点是停车场围栏距南三环仅 1.5 m，绿化效果不佳，停车场占地较多，工程费用较高。

（4）防撞护栏设计。

现状高架桥为两幅桥，两幅桥之间的净距为 7.5 m，两幅桥桥墩之间的间距为 8.6 m，北半幅桥桥墩之间的距离约为 7.5 m，南半幅桥桥墩之间的距离为 6.5~7.2 m，桥墩直径为 1.4 m（图 3-49）。为了有效地保护现状桥墩，该公交站在现状桥墩周围外放 0.5 m 划分保护范围，宽度为 2.5 m，北半幅桥长度为 12 m（图 3-50），南半幅桥长度为 11 m。采用防撞护栏保护桥墩，防撞护栏均现场安装、除锈，刷氟碳漆底漆两遍、面漆两遍，防腐完毕后，用反光漆涂黄黑相间线条。

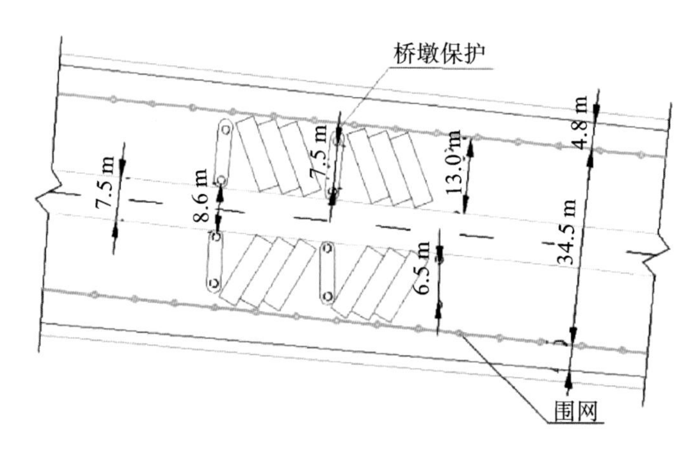

图 3-49　桥墩保护范围图

（图片来源：尹治军等，2014）

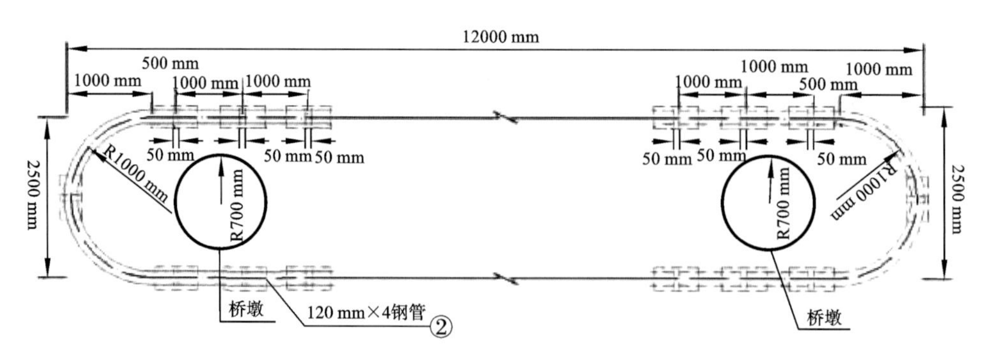

图 3-50　北半幅桥防撞护栏平面图

（图片来源：尹治军等，2014）

六、厦门 BRT 高架桥下空中自行车道

厦门空中自行车道示范段（BRT 洪文站—BRT 县后站）于 2016 年 9 月 14 日开工建设，2017 年 1 月 20 日工程竣工，2017 年 1 月 26 日试运行，开放时间为每天 6：30—22：30，禁止行人和电动车进入，在当时是全国首条、世界上最长的空中自行车道（图 3–51）。起点为 BRT 洪文站，终点为 BRT 县后站，全长约 7.6 km。

图 3–51　厦门自行车道线路图

1. 出入口衔接

该自行车道初步规划 11 个出入口（图 3–52），与 BRT 衔接 6 处，与人行过街天桥衔接 3 处，与建筑物衔接 4 处。空中自行车道是在 BRT 高架桥下两侧架起两条新高架桥，作为专属的自行车道，形成一个独立的骑行系统。自行车道断面主要沿 BRT 两侧布置，单侧单向两车道，净宽 2.5 m，总宽 2.8 m；合并段净宽 4.5 m，总宽 4.8 m，采用钢箱梁结构（图 3–53）。“躲”

在 BRT 桥身下的空中自行车道，就借着 BRT 桥身遮阳、避雨。当然，难免会有雨水流到空中自行车道的路面上，但是骑行者也不必担心——空中自行车道的主路面是由耐磨防滑的绿色晶钢树脂复合材料铺设而成，还设有高效排水系统，直接接入市政管道。因此，从空中自行车道下过往的车辆也不用担心会被道上流下的积水“湿身”。

图 3-52　自行车道高架桥出入口

图 3-53　桥体的钢箱梁结构及骑行遮盖设施

2. 安全管理方案

该自行车道明确了准入车型、运营时间等细节。为确保自行车专用道运行安全，在每个出入口均安排秩序维护人员值班，负责引导车辆进出及流量控制管理工作，严禁电动车、行人及其他车辆上专用道。专用道设计时速为 25 km，设计峰值流量为单向 2023 辆 / 小时。当流量超过设计峰值的 80% 时，应急中心调度员第一时间可通过监控发现并通知现场人员进行疏导，必要时可关闭入口进行流量控制。如发现突发情况，可立即规劝或制止，确保交通安全（图 3–54）。每个平台均安排管理员，负责公共自行车调度及社会车辆秩序管理工作。实行“区域内平衡调运，区域间指令调运，节假日集中调运”的车辆调节机制。

图 3–54　自行车安全交通管理

3. 智能识别系统

自行车专用道采用智能化闸机“鉴别”进入车道的车辆，并采用多重传感监测技术、可见光及红外图像采集处理等技术实现对自行车、电动车和摩托车的快速通过式检测识别。车道每隔 50 m 便有一处监控摄像头，应急中心调度员可通过监控发现违规者，并通过广播予以警告。车道针对性地设置了自行车通行闸机和识别一体机等设备，可以保障自行车在专用道快速通行。此外，摄像头还可智能分析骑行流量，及时启动应急预案。

4. 安全与便捷

空中自行车道采用 1.5 m 高的白色护栏，很有安全感（图 3–55）。自行车高架桥的高度大约为 5 m，这是一个用心的设计，因为人行天桥正好是这个高度，天桥、BRT 站点的楼梯都能成为专用道的出入点。

建设空中自行车道是为了更加便民，所以它不会与地面行人、车辆抢道。沿途与周边重要写字楼、商场、学校、居住区等场所相衔接，途经湖里高新区、市行政服务中心、瑞景商业广场等。这里的骑行设施也与地面的不一样，有独立的照明、护栏、标识线等，甚至连道路都有相应的颜色（图 3–56）。

图 3–55　高护栏保障骑行安全

图 3–56　多样的色彩区分功能

空中自行车道的桥面铺装主要颜色为绿色，在出入口、会出现车辆交会的地方采用红绿两色，以区分不同车道，引导不同方向的自行车各行其道。为了配合专用道的使用，沿线还设置多个服务平台与专用道连接，以供自行车停放。在平台之上，还设置标识系统和配套服务设施。除了和 BRT 接驳，示范段全线与 11 个普通公交站点接驳，未来地铁建成后，还将与 2 个地铁站点接驳。此外，每个出入口都设置停车平台来供自行车停放（图 3–57）。未来这样的自行车道还会越来越多，云顶路自行车专用道示范段是推广自行车交通的一次尝试，未来还将结合市民骑行需求，陆续开展其他区域自行车道的建设与完善工作。

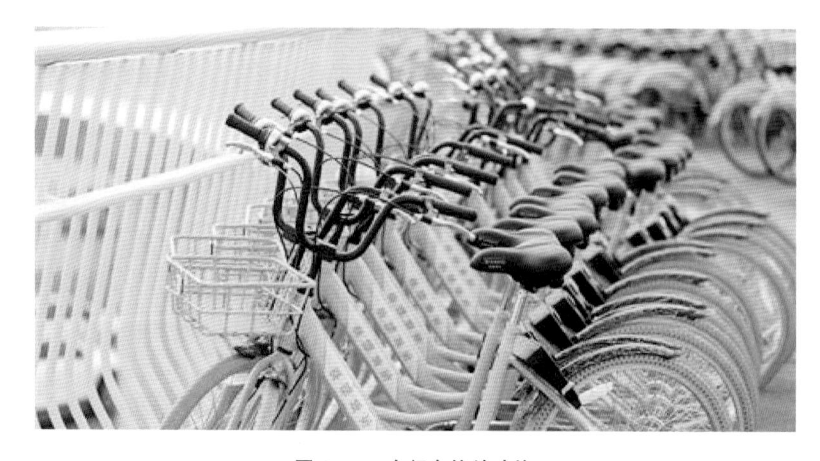

图 3–57　自行车停放功能

七、台北宜兰城东自行车道

1. 自行车道建设概况

相较于台北生活的节奏匆忙，在“一日生活圈”范围内的宜兰市有望不尽的绿意和悠闲自在的步调，这是宜兰的独特气质，也是生活繁忙的城市人所羡慕的自由生活。宜兰城东自行车道位于宜兰市东边铁路高架桥下，该自行车道设置在一条沿着旧铁路基地拉出的长 700 m 的带状公园内。沿基地一路向北，可接上宜兰火车站周边的绿色交通系统，让骑行娱乐的人们和骑自行车上下课的同学更安全和方便。

2. 建造措施

（1）开放的空间与便捷的交通，吸纳社区居民。

铁路桥特点鲜明，视觉冲击力大，自然而然成了实践设计最有力的先天条件。宜兰市铁路高架化后，铁路桥下空间不仅成了开敞的市民娱乐锻炼空间，铁路桥的桥板还可以充当大型的遮雨篷，为多雨的宜兰留出一条可在雨天散步和骑车的廊道。桥下空间通透，四周开放，友善的通道让任何一个入口都是社区居民运动散步的起点。同时铁路桥连结了宜兰市与罗东镇两大双子城，基地的南端及北端衔接下国道之后的快速道路及省道，为远道而来的自行车客提供漫游宜兰的入口（图 3–58）。

图 3–58　宽敞的桥下空间

（图片来源：田中央联合建筑师事务所）

（2）自行车道高差富于变化，可打造体验多样的空间。

设计师在改造场地时，有意抬高了原有的旧铁路地基，在桥下空间利用原有的场地地形要素，在不需外运客土的情况下塑造出起伏流动的自行车道。自行车道地势堆叠得高一点，可以清晰地眺望远处一片绿油油的稻田，或是与奔驰而来的火车竞速一较高下；自行车道地势堆叠得低一点，可以增加场地的开阔性，便成了休憩广场（图 3–59）；广场的入口、铺面颜色、座椅及构造物都友善地跟周边社区、地景发生关联性，亲切地让运动感延伸进来（图 3-60）。植物的生命力及绿意让空间有了朝气，随风摇摆的枝条则让空间有了动感，恣意绽放的花丛及花香吸引了来往人群的目光，忘了铁路桥庞大结构体量的存在。

图 3-59　不同地势自行车道的景观

（图片来源：田中央联合建筑师事务所）

图 3-60　自行车道的景观

（图片来源：田中央联合建筑师事务所）

八、德国雷德班自行车绿道

1. 项目概况

一项由社区主导的提案，设想将德国柏林第一条高架地铁——U1 地铁线下方的废弃空间改造成一条在整个城市中延伸 9.7 km 的自行车交通大道（图 3-61）。以期将被遗忘的城市空间转化为主要的城市道路，营造兼具交通通行和休闲娱乐功能的创新型绿色空间（图 3-62）。该

图 3-61　提案设想自行车道效果图

（图片来源：Berlin could build a 6-mile greenery-lined bike path under its U1 subway，https://inhabitat.com/Berlin-could-build-a-6-mile-greenery-lined-bike-path-under-its-u1-subway）

图 3-62　提案设想休憩娱乐空间效果图

（图片来源：Berlin could build a 6-mile greenery-lined bike path under its U1 subway，https://inhabitat.com/Berlin-could-build-a-6-mile-greenery-lined-bike-path-under-its-u1-subway）

提案名为 Radbahn Berlin，由当地专家和社区领袖组成的团队领导，他们希望将被闲置的高架地铁线路下空间改造成为一条“有盖”的自行车道，两旁是充满活力的绿地、自行车服务站、咖啡馆和食品售卖亭。

2. 场地现状

高架地铁线路周围的地区骑行氛围浓厚，到处都是骑自行车的人，该位置非常适合建造组织良好的自行车大道（图 3-63）。然而，该地区目前的自行车道距离较短，被周边植物突出的根茎分割成许多碎片化的区块，且目前完全闲置的地铁线路下方空间常有一些非法停放的车辆，城市交通对高架地铁线路下方空间的干扰较大。

图 3-63　自行车道周边交通环境

（图片来源：Berlin could build a 6-mile greenery-lined bike path under its U1 subway，https://inhabitat.com/Berlin-could-build-a-6-mile-greenery-lined-bike-path-under-its-u1-subway）

3. 建造措施

U1 地铁线路东西向贯穿柏林市区，交通情况较为复杂。对于当地骑自行车的人来说，显而易见的解决方案是在地铁线路下建设一条更好的自行车道，为自行车交通创造一条安全的路线，而不必受汽车交通的干扰。

（1）绿化景观，营造自然氛围。

高架地铁线路下方具有充足的空间进行绿化，以遮阴并阻隔噪声。地铁线路穿越 3 个街区和众多热闹的居住区，两侧的城市空间不断变化，在这里，人们可以体验到硬质的城市景观或田园诗般的自然氛围，视野也时而狭窄、时而宽敞。且自行车道两侧与大片的绿色植被接壤，骑行在其中，伴着鸟语花香，仿佛脱离城市，置身于自然之中（图 3-64）。

图 3–64　自行车道周边绿化景观

（图片来源：Berlin could build a 6–mile greenery–lined bike path under its U1 subway，https://inhabitat.com/Berlin–could–build–a–6–mile–greenery–lined–bike–path–under–its–u1–subway）

（2）划分区域，与城市道路明确分离。

设计师将线路分为 7 个部分，每个部分具有不同的特点。绿色的自行车专用道贯穿全程并与城市道路明确分离。且整条线路均有顶棚覆盖，沿途设有绿色空间、自行车驿站、小型咖啡馆及食品售卖亭等娱乐休闲设施，为居民营造了人性化和更加宜居的环境友好型城市空间。

第四章　城市高架桥下绿化利用及景观

桥下绿化是目前我国城市高架桥下空间利用方式和景观主要构成内容之一，它可作为机动车分隔带，是美化环境、减缓桥下污染、改善环境质量、增加绿化率的主要手段。不同的地理区域、不同的桥下空间及绿地位置宜对应采用不同的绿化模式，应用不同的植物品种，尽可能丰富桥下绿化景观。20 世纪 90 年代，广州市首先开展了高架桥桥阴绿化建设，意图通过增加桥下绿色植物改善生态环境（吴华等，2015），深圳市的桥身绿化、上海市的桥顶绿化建设在全国范围内居于前列（关学瑞等，2009）。

第一节　桥下绿化利用的条件

桥阴绿化泛指位于高架桥桥阴空间内的植物绿化区域。广义上，高架桥桥阴空间是指由墩柱、桥板、桥梁以及两侧共同包围形成的两边开敞、上部封闭的半封闭式室外空间，狭义上是指城市高架桥桥面底部到地面之间的环境，可定义为桥板的正投影区域。目前常用的桥阴空间绿化范围有两个：①高架桥下的绿地及立体绿化、周边绿化组成的高架桥绿化；②高架桥桥体垂直投影区以内的绿化，包括墩柱绿化和地面绿化，都为本书研究的桥阴绿化的范围。

一、立地条件

立地条件是场地左右植物存活发育的多种外部自然环境因子的总效应，包含了气候、地貌、土壤、水文、生物等环境因子（耿立民等，2012）。立地条件负责将光照、温度、水分、空气（二氧化碳、氧气等）、各种矿物质等植物生长所需基本条件进行再次分配。

在园林景观角度上，立地条件的含义是以植物生长空间中的土壤条件及微气候条件等客观因素为主，而人为活动、生物条件、地理条件等间接因素则相对弱化。一般来说，土壤条件包括土壤的质地、厚度、有机质（腐殖质）含量、酸碱性（pH 值）、渗透能力、保水及持水能力等；微气候条件则主要囊括了场地的温度、湿度、风速、光照条件、空气污染物及降雨情况等；地理条件包括场地的位置、海拔等；人为活动包括行为性的环境破坏、维护管理等；生物条件包括场地内外的动植物及微生物活动，多起着促成植物与外界进行互动的生理活动的作用（表 4-1）。

表 4-1 立地条件环境因子分类

立地条件	单因子类型
土壤条件	土壤的质地、厚度、有机质（腐殖质）含量、酸碱性（pH 值）、渗透能力、保水及持水能力
微气候条件	光照时长及强度、空气温度、空气湿度、空气流速、降水量、空气污染物等
人为活动	人为破坏、维护管理
生物条件	周边环境动植物、场地内动植物及微生物活动
地理条件	场地经纬度、海拔、地势等

并非所有绿地都有着相同的立地条件，不同地块的环境因子均有或大或小的差异，甚至不同场地的主导立地条件因子也有差别。另外，不同植物对不同环境因子的敏感性及适应度也不相同，因此必须按照不同的立地条件特征，因地制宜、有针对性地进行植物筛选及种植，才能保证场地植物的生存及正常生长（王富等，2009）。

二、桥阴空间绿化生境因子研究

高架桥桥阴地的生态环境是筛选桥区植物品种的关键参照，也是植物良好存活发育的根本。高架桥桥阴空间的温度、湿度、光照条件、粉尘污染等生态环境是决定桥阴植物生长效果的关键因子，部分研究学者对其进行了测量，并总结出了相应的规律（张辉等，2011; 王瑞，2014）。

在光照方面，陈敏等（2006）、王雪莹等（2006）指出光照条件是桥阴绿化植物生境条件中不可或缺的环境因子，认为不同走向的桥体对光照影响大，种植植物前应先进行光照测试，以此筛选适宜的植物并进行合理的布局。殷利华等（2014）、安丽娟（2012）从光照强度、光照时长等方面分析不同走向高架桥的光照情况。

在水环境方面，陈庆泽等（2016）将高架桥空间与雨水生态收集利用设施结合，为桥阴水环境改善及相应的植物选择开辟了新的研究方向。

在土质方面，陈新等（2002）指出高架桥桥区土壤多为建筑回填土，普遍 pH 值较高、肥力差。刘弘等（2008）发现乔灌草群落的平均增湿效应在土壤中表现最明显。

三、桥阴空间绿化植物配置模式研究

立体绿化占用的土地资源非常少，故目前针对高架桥立体绿化的研究较多。陆明珍等（1997）选取 5 种上海地区常见的攀缘植物进行桥阴环境试种，结果显示，五叶地锦对光照有极强的适应性，剩余 4 种植物则不理想。徐晓帆等（2005）、丁少江等（2006）归纳了深圳高架桥常用垂直绿化植物，并以此罗列了几十种攀缘植物的配置模式。于坤等（2013）研究了适合不同墩柱类型高架桥的植物品种，分别提出了相应的配置模式。在平面植物配置方面，关学瑞等（2009）就桥阴空间的生态环境、植物品种筛选、后期维护等方面进行了分析和探讨；李莎（2009）以长沙市为例，对长沙的高架桥绿化进行了调研，并推荐了不同功能的绿化模式，包括防护类、娱乐休闲类、耐阴类、立体形态类及保持水土类。

第二节　桥下绿化利用的基本形式

一、立体绿化形态

高架桥立体绿化涵括了墩柱绿化、桥面绿化、桥侧绿化三类。根据上述对桥阴绿化研究范围的界定，本书只对墩柱绿化加以阐述。高架桥的墩柱材料多样，最常用的材料为钢筋混凝土，为避免吸附类攀缘植物根系对墩柱的侵蚀，同时增加攀缘植物或缠绕植物的生长附着点，墩柱绿化的主要做法是设置围绕立柱一圈的塑料或铁丝防护网，供地锦、五叶地锦等藤本植物生长。

鉴于高架桥下光照条件不佳，高架桥下墩柱的光照条件受其形式及桥体净高的影响较大，两侧双柱式相对中央柱式的墩柱光照条件更好，受照范围及时长相对更多，因此墩柱绿化在两侧双柱式墩柱上应用情况最好。

二、平面绿化形态

平面绿化泛指高架桥下与桥面平行的地面的绿化，平面绿化形式与桥阴空间的利用方式关联性强。除纯绿化外的 6 大桥阴空间利用方式中，道路交通、休闲娱乐两类对绿化的要求相对较高。

道路交通类的平面绿化以带状绿化为主，线性特征明显。根据车道位置及墩柱形式，绿化带形态可分为中央分车绿化带、两侧分车绿化带及全幅绿化带三类。中央分车绿化带多适用于中央双柱式或中央单柱式的墩柱类型，植物种植于中央墩柱周边，两旁走车；两侧分车绿化带多适用于两侧单柱的墩柱形式，绿化植物种植于两侧单柱周围，中央走车；全幅绿化带将桥阴空间地面全部铺满植物，不兼容道路交通及其他使用方式，一般适用于土地不紧张的城郊地块或桥面窄、净高低的桥段，多出现于城郊接合部（图 4-1）。

休闲娱乐类利用方式的占地面积大，对绿化要求高，形式多样、灵活性强，带状、团状、镶嵌、规则、自然等形式的绿化均可适用。该利用方式对场地景观的美感、舒适度要求最高，植物种植需要满足种类丰富、层次分明、色彩交叠、季相分明、舒适宜人等要求。

在种植形式上，尽可能采用小乔木 + 灌木 + 草坪及地被的立体式植物群落的形式。如华中地区城市高架桥下绿化推荐选用的上层植物为山茶、羽毛枫、龙爪槐、茶梅、海桐、小檗、紫珠、阔叶十大功劳、洒金珊瑚、日本桃叶珊瑚、八角金盘、南天竹、常春藤、万

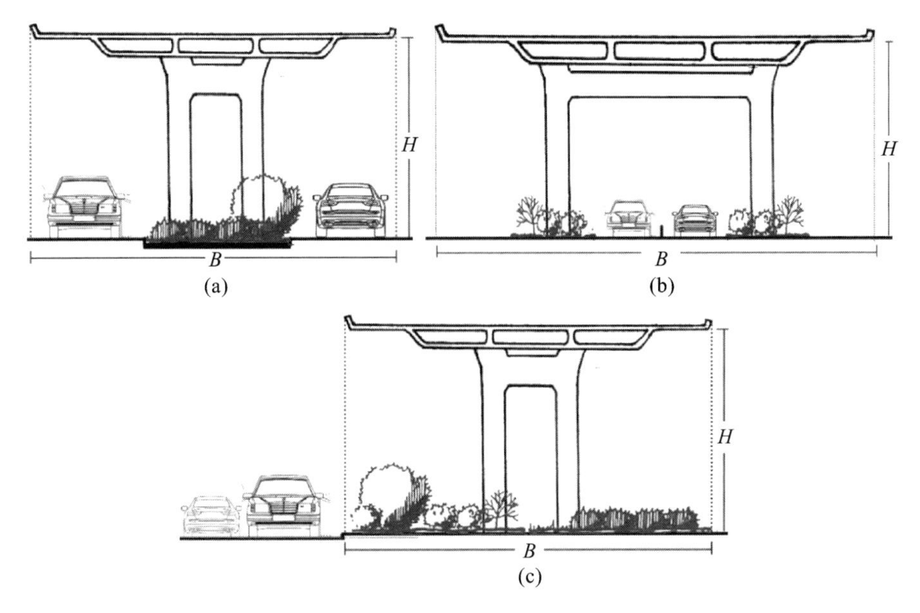

图 4–1　桥阴绿化平面绿化形态

（a）中央分车绿化带；（b）两侧分车绿化带；（c）全幅绿化带

（图片来源：课题组绘）

年青等；推荐选用的下层植物为假俭草、结缕草、阔叶麦冬、山麦冬、玉簪、连线草、络石等。对于桥柱部分，推荐选用薜荔、络石、扶芳藤、金银花、地锦等植物，都具有较为良好的效果。

第三节　桥下绿化利用景观的问题及解决方法

一、桥下绿化空间环境问题调研

（一）缺水

我国大量桥阴绿化处于有水不可用、无处留、缺水严重的尴尬境地。现阶段，我国桥阴绿化水主要来自自然飘雨、桥面雨水落水管排放两方面。由于桥面的遮盖，除靠近外部空间的桥阴边缘土地能接收到自然的飘雨外，中央部分的桥阴绿化均无法接受天然雨水的浇灌，内部土壤干旱板结严重（图 4–2）。而对于高架桥桥面的路面径流，我国桥阴绿化对其利用率基本为零，现行方法多将其收集后通过管道下排至桥阴地面或指定的市政管网，甚至排至桥阴外侧道路中（图 4–3）。而径流下排至桥阴用地的做法依然有着较大问题：一方面，若不对排放点进行适宜的引导，暴雨天气会使排放点周边土壤受淹，使桥阴土壤存在局部干旱、局部短时湿涝等不均衡情况；另一方面，桥面雨水径流有一定的冲刷力及大量的污染物，会阻碍桥阴植物的生长，甚至破坏桥体的基础（图 4–4）。

图 4–2　桥阴内侧及外侧绿地水分情况

（图片来源：王可拍摄）

图 4–3　高架桥桥面径流的排放形式

（图片来源：王可拍摄）

图 4–4　桥面径流直接排放至桥阴土地

（图片来源：王可拍摄）

（二）少光

高架桥桥板的遮挡使得桥阴绿化常年处于阴暗状态。植物生长情况与光照条件息息相关，与露天绿地中的植物相比，受光照限制的桥阴植物生长明显处于劣势。不同高架桥桥阴的日照规律有着较大的差异，结合日常生活，笔者观察发现，同一桥阴绿化两侧受照情况好于中间部分，桥阴两侧植物长势也明显强于中间（图 4–5）；在高架桥的中间位置设置导光缝的桥阴绿化的中间部分植物生长则会有一定的改善（图 4–6）。在不同高架桥桥阴植物生长情况对比中，南北走向的高架桥桥阴植物长势呈现明显的对称性（图 4–7）；而东西走向的高架桥桥阴南侧的植物长势要好于北侧；桥阴净高较高、桥宽较窄的高架桥桥阴植物长势优于净高较低、桥宽较宽的高架桥桥阴植物（图 4–8）；位于建筑密集的闹市中的高架桥，常常被近旁的建筑遮挡，桥阴植物生长情况较位于空旷城郊的高架桥桥阴植物差。以上情况说明桥阴光照条件受高架桥的走向、桥体宽度与净高比值关系（*B*/*H*）、导光缝设置、周边环境等方面影响较大，且存在一定规律。

图 4–5　桥阴中间与两侧植物长势和东西走向高架桥桥阴植物长势

（图片来源：王可拍摄）

图 4–6　有中央导光缝的高架桥与植物长势

（图片来源：王可拍摄）

图 4–7　南北走向高架桥桥阴植物长势

（图片来源：王可拍摄）

图 4-8　不同桥宽及净高的高架桥桥阴植物长势

（图片来源：王可拍摄）

（三）多污染

1. 尾气污染

高架桥主要承担城市机动车交通功能，高架桥桥面以及桥阴交通空间中有大量机动车通行，汽车排放的油性尾气、粉尘等污染物类型多且浓度大，这从桥阴植物叶片的大量滞尘中便可见一斑（图 4-9）。汽车排放的尾气污染物主要成分为一氧化碳、氮氧化物、二氧化硫、碳氢化物、固体颗粒物等。

图 4-9　武汉高架桥桥阴植物滞尘情况

（图片来源：王可拍摄）

2. 雨水径流的污染

由于高架桥的交通功能，桥面径流里常混有有机物、亚硝酸盐、固体悬浮物、重金属、总氮、总磷及油类等污染物质。就目前研究成果来看，北方城市由于年降雨量较少，污染情况较南方城市更严重，其中污染物主要以固体悬浮物、有机物、亚硝酸盐为主，氮磷类较严重，重金属成分则较复杂。其中，重金属污染物的含量与高架桥的车流量有着密切的关系，例如，铅源自汽车尾气，锌则源自轮胎的细碎磨损成分。这些重金属颗粒粒径在 0.01 ～ 0.03 pm，有着显著的吸附能力，常吸附于固体颗粒表面后沉积在地表上，降雨时便随雨水径流转移，以此扩大污染范围。

（四）土壤贫瘠

我国未经改造的高架桥下的泥土多为建设后期的回填土，内部空气少，混有较多金属、塑料等人工合成物。资料显示，一般建筑回填土的 pH 值约为 8，土壤溶液中可溶性盐的含量约为 4.2 mS/cm，远超过植物适宜生长的可溶性盐浓度 0.05%，且盐碱程度高；同时土壤内有机质含量为 1% ～ 1.5%，远远小于植物生长要求的 2% ～ 4%。可见高架桥桥阴土壤贫瘠程度较高，对植物生长有一定的限制。

（五）交通阻隔

高架桥桥阴空间形态多为长条连续形，以道路交通类的分车绿化带为典型代表，庞大的长条桥阴绿化带阻断了桥体两侧地面交通的联系。人们在使用中追求便捷性，常常会横穿、踩踏桥阴绿地，对桥阴绿化有一定破坏性。

（六）缺管理

城市高架桥桥阴绿化是市政绿化的一部分，但由于各主管部门对高架桥桥阴绿化管理工作缺乏相应的重视，目前我国高架桥桥阴植物及园林小品的后期维护管理工作不到位。以灌溉为例，人工灌溉是目前我国高架桥桥阴绿化人工补给水的主要方式，常见手段为洒水车灌溉、滴灌等（图 4-10），然而人工灌溉的现实情况并不理想，城郊的高架桥桥阴绿化无人管理，闹区内的高架桥桥阴绿化又面临着责任单位将高架桥桥阴绿化外包给社会企业，企业在绿化过质保期后撤手不管的尴尬局面。

图 4-10　桥阴绿地滴灌

（图片来源：王可拍摄）

二、桥下绿化利用的景观问题

李海生等（2009）从桥面绿化、墩柱绿化、桥阴绿化三方面对广州市城区内高架桥下的植物绿化现状进行调研，发现高架桥下种植的植物主要存在种类单一、配置方式机械化等现象。

1. 设计盲目与滞后

在城市高架桥建设中，绿化大多都是采用“见缝插针”式的设计方式，绿化景观元素之间往往缺乏合理的联系与呼应，忽略绿化的整体性、变化性及持续性，导致绿化整体形象的单一。有的路段、节点多是为了绿化而绿化，没有融入城市的历史文化、展现城市的窗口形象，远没有满足人们的生理与心理需求。目前的城市高架桥下绿化通常是在高架桥修建好以后单独进行的，不仅未能留下足够的绿化用地，使得有些桥下绿化只能使用一些挂篮或攀缘性植物，而且市政管线铺设不到位，导致浇灌困难，通常只能采用人工浇灌技术，消耗不必要的人力与财力。随着生活水平的提高，人们对于城市高架桥下绿化的追求不仅仅限于单纯的装饰美感，还包括其本身所具有的“精神”层面，如怀旧感、历史感、亲切感、舒适感及愉悦感等。每个城市都拥有着不同的历史、不同特色的风土人情，道路景观是体现城市风貌最直接、直观的方式之一，但现今的桥下绿化景观还没有充分把握好这个契机，设计相对滞后。

2. 植物选择、配置与应用不科学

植物是绿化的主体性元素，科学合理的植物选择与植物配置对绿化设计具有积极的作用，可以达到事半功倍的效果。因城市高架桥下绿化的约束性，选择的植物种类主要为抗逆性强的植物，以保证良好的长势。目前高架桥下绿化植物种类较少，桥下绿化单调呆板且缺乏城市特色，这也与对城市高架桥下适生植物的种类选择有待拓展以及研究和应用不够有关。如果缺乏对适合桥阴立地环境的耐阴或半耐阴植物种的筛选研究，为了达到新颖、独特的设计效果推陈出新，往往容易造成植物在短暂的景观效果后，陆续枯萎、死亡的局面，这样会与设计初衷背道而驰。

3. 绿化养护管理不到位

高架桥下绿化的养护管理，因为较难进入场地或水源管网配套欠缺，相对于常见的露天绿地，绿化管护难度要高，这也容易致使许多桥下绿化效果欠佳，造成人力、财力、物力的浪费。同时因疏于修剪，有些植物枝叶蔓延生长，会妨碍驾驶员的视线或刮擦来往车辆，给行车带来一定的危险。

城市高架桥下绿化养护的重点是水的管理，如果在修建城市高架桥时就预留绿化空间与安设喷灌设施，达到同步绿化，不仅可以避免后期的许多管护问题，还能降低成本。但实际情况是修筑高架桥时没有同步建设管网，导致桥下浇水成本高且难度大。这是目前国内许多高架桥下开展绿化改造需要重点突破的问题，可以结合桥面雨水收集、存储，以及预设配套管道等方式来解决。

4. 桥下绿化影响交通安全

城市高架桥作为城市交通的一个主体部分，组织交通、保障行车安全等是最基本的功能。但目前很多高架桥桥下绿化对流畅的交通形成了阻碍，给行车安全造成了一定的干扰，如在交叉口采用小乔木与灌木搭配的种植形式，增加了机动车辆转弯时的危险系数。或由于高架桥下绿化的养护管理不到位，致使桥下交叉口植物过密或过高，影响了来往车辆驾驶员的安全视距，增加了行车的安全隐患。人们的公共活动与桥下道路存在交叉性，极大地影响了行车流线与交通安全。因此，在绿化中应该为人们提供一个安全适当的穿越方式及足够的绿化空间以保证安全通过。

除上述问题，在桥阴绿化利用的景观问题中，还存在一些其他问题：①绿化设施功能性差且易老化，比如绿化设施的塑料钢结构及种植容器基质等超过使用寿命后，容易老化，造成高架桥的垂直绿化不可持续或高维护；②高碳浇灌养护问题，因为桥阴绿地缺少雨水浇淋，高架桥绿化普遍使用比较麻烦的洒水车加人工浇灌的方式，不仅绿化养护难，耗费人力、财力，人工浇灌过程中还可能影响公共区域的正常使用；③部分植物长势差，景观效果大打折扣，这主要是由于高架桥特殊的生态环境，比如废气导致种植土壤 pH 值偏高、盐渍化程度严重、灰尘大、土壤板结等，导致植物生长存活难、长势差。

三、桥下绿化利用的策略

（一）桥下绿化利用理论指引

园林植物生态学是高架桥桥阴空间植物景观营造的理论基础，在选择高架桥桥阴绿化植物材料时，应结合不同桥阴空间立地条件与不同植物生态位的匹配度，有针对性地选择对光照不足、雨水缺乏、土壤贫瘠、污染较重等不利生境条件的耐适性较好的植物。同时积极考虑乡土植物的应用，遵循植物的演替规律。可以兼顾多样化的地方性乡土植物为骨干树种，搭配适宜的不同类型外来植物。根据桥阴空间主要服务对象的不同，植物景观营造可以从以下三个方面考虑。

1. 以车为主要使用对象的桥阴空间绿化景观

（1）城市主干道及快速道。

道路空间视觉特性的相关资料表明，以车上人员作为主体对象，当车的移动速度低于 40 km/h 时，人的动视觉特性表现不明显，即速度对人欣赏景观无明显影响；超过 40 km/h 后，随着速度的增加，人的动视力及动视野随之下降，致使人眼辨识距离变短，欣赏到的景观会产生不同程度的变形。

在行车速度大于 40 km/h 的城市主干道及快速道上，桥阴绿化在提供保障隔离、防眩光等功能的同时，还需兼顾车上人员对车外绿化的景观欣赏。采取的措施为扩大植物景观的尺度，强调植物景观的整体性。通用的一种做法为设置大色块条纹绿化带：不同色块植物带间隔种植，间隔距离在 20 ～ 50 m，色块重复次数不宜过多，色块中间植物的形态、色彩、质感、花期、搭配方式等都应有一定变化，打造植物的时空景观。列植的小乔木及大灌木的高度都需要根据行车速度及植物树冠大小进行间距控制，以防止遮挡车内人员的视线及产生炫目现象。

（2）城市次干道及步行道。

城市次干道及步行道的植物景观营造以行人为主要考虑对象，强调构建宜人、富有生活气息的街道空间，利用植物色彩形态及包含的文化特色凸显道路特色，避免出现道路景观同质的情况。

配合高架桥桥阴空间周边环境的主题文化、建筑风格、道路铺装形式等内容，植物景观应与历史文化匹配，多采用乡土植物以及相应的造型，同时可适当加入主题性的艺术小品。

①若高架桥桥阴空间周边为商业街区，街道建筑色彩形态现代化气息较重，可采用灌木进行规则式、直线型或曲线型种植；若生境条件允许，可在街道入口或重点区域设置造型植物，丰富景观空间的对话关系。

②若高架桥桥阴空间周边为历史街区，需搭配相应历史文化主题的植物类型（如菊花、茶梅等），体现一定的古典雅致感，植物颜色根据历史主题搭配选择。

③若高架桥桥阴空间周边环境为郊野或自然地，植物栽植形式多采用自然形态，强调野趣，模仿乡土植物群落搭配。

2. 以人活动为主要特点的桥阴空间绿化景观

人们对桥阴空间的活动使用方式主要包括休闲娱乐、商贸经营、体育运动三类。休闲娱乐类的高架桥桥阴空间多为活动广场以及小游园，该类桥阴空间与人接触的时间久，使用频率高。植物景观营造的目标主要在于提升人在场地内的舒适感，满足人们在场地内进行各项户外活动的生理、心理、社交、安全等需要，环境行为心理学是该空间利用类型的主要指导理论。

在植物选择上，宜选择无刺、无刺激性气味等对人体无伤害的植物类型，选择充分调动人感官的植物，如香花类植物、色叶类植物等，可以给场地使用者提供愉悦的感受。需要强调的是，该类型的桥阴空间一般是街区地标性的景点，是彰显城市形象魅力的窗口，植物最好选择能代表城市文化特色和景观特色的当地植物。

在植物配置上，通过不同的组合可以营造私密、半私密、开放等三类空间，不同的空间在注意满足人们社交需求的同时，也要注意部分人对私密性的要求。需要注意不同地段的使用情况，桥阴空间总体应尽量减少私密植物景观空间的营造，否则容易形成可能的犯罪空间。

需要特别强调植物的季相变化、情感空间的打造，一方面通过色彩、花期、形态、气味激发使用者的联想，另一方面学会应用蕴含传统或现代文化意向的植物传达意境，如以“岁寒三友”来表达特定的主题等。

3. 兼顾桥下生物廊道的桥阴绿化

高架桥经过自然条件比较好的郊野或大面积绿地时，桥阴空间多为全幅式绿化。这些地方往往还可以作为部分野生动物栖息或通行的绿色廊道。在调研过程中，笔者研究团队成员在武汉三环线荷叶山段的高架桥下发现麻雀等鸟类在高架桥梁板与墩柱的缝隙之间停歇，甚至筑巢（图4-11）。

植物是生态系统中的生产者，是动物直接或间接的食物来源，也是动物躲避天敌的庇护所、繁殖栖息的重要场所，因此植物的多样性、盖度、树种丰度等都是保证动物物种丰度及数量的重要因素。衔接自然环境的桥阴空间植物配置可用道路生态学作为主要指导依据，具体要求可归纳为以下三类。

（1）选择降解污染物能力强的植物，灵活利用不同植物对污染物的吸收降解能力，对高架桥桥阴空间的土壤、空气、水质及声环境进行调节，从而逐渐改善并恢复周边的生态环境。

图 4-11　鸟在高架桥下筑巢

（图片来源：王可拍摄）

（2）充分利用场地内部地势、水文等资源，模拟周边生态环境及乡土植物群落进行植物选择以及搭配，确保各种植物在群落中的生态位，与周边生态系统过渡衔接。植物以灌木和多年生草本丛生为主，避免喜阳类观赏性草坪的设置，增进桥阴空间环境的自我更新能力。

（3）增加灌木及下层植物的丰度，充分考虑桥阴所处场地原有生态环境中的中小型动物，了解其生活习性及食物来源，种植符合场地内动物习性的植物，以此吸引动物在桥阴绿廊中安全生活，确保桥阴绿化生态系统的稳定性和可持续性。

（二）桥下植物景观策略

1. 适光策略

为了便于实际操作，依据笔者（殷利华，2016）对武汉桥阴阴生植物、阳生植物、耐阴植物需光度的分类，将桥阴光照区域分为四个级别：不适合植物生长区、阴生植物生长区、耐阴植物生长区、阳生植物生长区。

设计人员在对高架桥桥阴空间进行植物配置前，需对设计桥阴对象植物有效生长期的桥阴空间平均日光合有效辐射进行模拟，根据上述四个级别标准进行区域划分，对应不同分区在推荐的桥阴植物中选择相应的植物品种进行植物设计，可以辅以桥阴植物的适光性筛选。

2. 适水策略

（1）结合桥面雨水管理的桥阴绿化。

合理的高架桥桥阴雨水收集排放需妥善处理好雨水污染径流，同时还需兼顾雨水净化收集利用，以此达到雨水资源在缺水的桥阴空间中的最大化利用。理想型的桥阴空间雨水径流处理包含桥面雨水径流收集、净化、储存三个方面的内容。径流收集以雨落管作为承接设施，基于海绵城市建设的基本理念，为增加高架桥桥面及周边环境汇集的雨水径流的下渗、滞留及净化时间，构建“绿色地表雨水链”，如桥下绿地渗透带、层级落水带等；加设地下蓄水池等雨水存储设施，对暴雨期间的初步净化雨水进行集存，干旱时期则可利用水泵将集存的雨水上抽补给给桥阴绿化带，从而实现净化雨水径流及有效利用的愿景（图 4-12）。这种高架桥桥阴雨水收集方法适合桥阴绿化面积较大的绿化形式，可兼顾满足郊野段桥下空间可能的动植物利用。

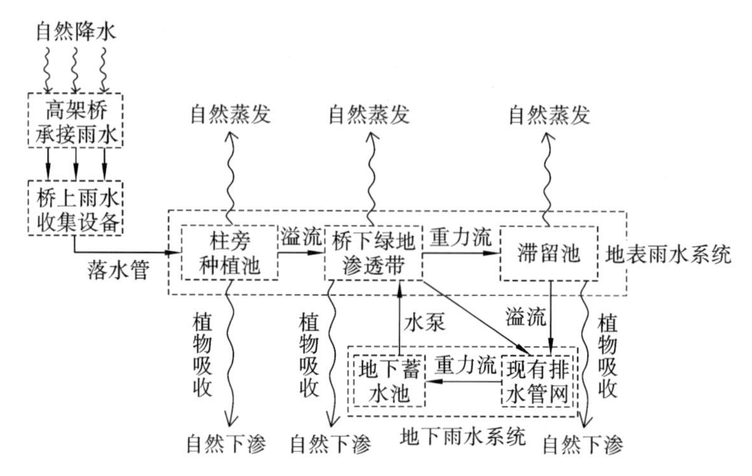

图 4-12　高架桥桥阴空间雨水径流处理循环系统

（图片来源：王可，2017）

（2）与植物需水量匹配的桥阴区域等级划分。

组成桥阴绿色地表雨水链的主要设施包括种植池、渗透带、滞留池。种植池及滞留池地表常年处于水充沛的情况，渗透带地表则存在暴雨期受淹、旱期缺水的情况，而雨水链外的桥阴则长期处于干旱缺水的情况。因此需要在种植池、滞留池中种植耐湿能力强的植物，在渗透带中种植耐湿又耐旱的植物，在雨水链外的桥阴空间，则选择种植耐旱能力强的植物。

3. 桥阴与水体结合的植物景观策略

桥阴空间的水体一般面积较小，可采用河渠、小水池、溪流、喷泉跌水四类形式灵活布置。

（1）桥阴河渠与小水池的植物搭配。

河渠与水池的植物配置注重对岸线的软化设计以及植物群落多层次结构的营造。沿岸植物强调前景、中景、后景等与水体的多层次立体交叠，丰富水中倒影。还可通过种植那些姿态别致、柔软的乔灌木及湿生花卉柔化岸线，以及加强植物与水体的对话关系（图 4-13）。若河渠、水池的面积较大，可适当种植浮水生物，但要注意控制种植密度及长势，避免吞噬大面积水面，同时还可在水中设置“植物小岛”，吸引观赏视线，达到以小见大的效果。

值得注意的是，河渠的水位线有着季节性的变化，包括丰水位、常水位、枯水位。常水位线是一年之中最常出现的水位线，这也是种植旱生或湿生植物的分界线。丰水位线及常水位线之间种植耐旱或稍耐湿的植物，常水位线及枯水位线之间种植长期耐涝、短期耐旱的植物，枯水位线以下种植水生植物。同时，根据这三个水位线还可布置相应的观景设施，丰富观景形式。

图 4–13　高架桥下的植物与水

（2）桥阴溪流、喷泉跌水的植物搭配。

溪流、喷泉跌水的水为动态水，水面较小，旁边的植物配置以凸显个体为主，建议以形体较小、花色艳丽的草本植物为主，不建议在水面种植过多的水生植物，少许点缀即可。

通过地势高差设置喷泉跌水，增加视线进深，扩大本身不够开阔的水面，营造出一种清爽的空间感觉，建议搭配形态丰富、体型小巧可爱的灌草（如棕竹），甚至可以使用造型感较强的植物。

溪流线型自由，岸线曲折，充满自然乡间的野趣，多与岩石搭配，还可利用植物对水体起到分隔及引导作用，强化水面的幽深感。在溪流缓慢平顺的地带，可种植柔软低矮的草本植物（如水葱、菱角）；湍急处，溪边的卵石可适当选用较大的，点缀湿生的水生灌木（图 4–14）。

4. 与园林小品结合的植物景观营造

（1）实用性小品。

高架桥桥阴空间中的实用性小品包括花架、亭、座椅、指示牌、垃圾桶等设施，植物的加入在满足小品自身的功能实现的前提下，还可缓和小品与周围环境的矛盾、丰富小品的艺术构图。高架桥下本身光照不足，因此并不需要特别的植物遮阴功能，植物可以对小品及灰色空间起到柔化边界及弱化人工气息的作用。

丰富的立体绿化也可为大型的实用性小品（如亭）提供绝好的半遮半隐的效果。而植物也可起到营造背景的作用，在小品背后种植与小品的颜色、造型差异较大的植物作为背景，可凸显小品（如指示牌）的存在感。通过色彩及香花植物的搭配，可改善垃圾桶、指示牌基座等小品的部分不良外观，使这些小品具备趣味及观赏性，同时还可掩盖垃圾桶及灰色空间的异味，清新空气，加强休憩环境的舒适性。

（2）装饰性小品。

装饰性小品大多反应场地的地方特色及文化主题，蕴含着场地景观的设计思想，充当着场地景观中点景的重要角色。搭配植物时，应注意植物的背景或前景化，切忌喧宾夺主。植物品种、高度、形态及配置模式需从小品的尺寸、色彩、风格等入手选择，强化植物对装饰小品的主题凸显作用，从而提升装饰小品的文化内涵与感染力。若装饰小品在空间中处于主导角色，如雕塑等以宏大气势为主的小品，那么植物将作为雕塑的铺垫，加强植物与小品之间色彩、材质、形态、层次等方面的对比，主要通过统一修剪、色彩的渐进、高差的错落等手法来引导人的视线，塑造并烘托小品的自身场地感。若装饰小品在空间中主要起到点景的作用，则需通过与植物的相互融合，加强空间的对话感，增进与人的亲近感（图 4-15）。

图 4-14　广州东濠涌高架桥下水体、置石与植物的组合景观

图 4-15　北京动物园高架桥下小品及旁边的植物配景

（3）与山石小景搭配。

山石是园林景观中的重要元素，是体现自然野趣、雅致等意境的重要元素。植物与石景的搭配布置切忌对称，同时搭配的植物类型及数量不少于三种，强调“麻雀虽小，五脏俱全”的效果。在桥阴空间中，作为局部空间的主景，山石小品观赏价值较高，此时的植物主要采用体量较小的灌木或以草本植物为主，还可适当加入攀缘植物，提升山石的环境协调感。山石与植物的搭配可形成不同风格的景色，如偏中式园林的典雅精致、偏高山草甸的多彩旷野、偏乡间的自然野趣等。风格以典雅精致为主的可加入适量的整形植物，常用的搭配植物有南天竹、变叶木、肾蕨、文殊兰、棕竹、络石等，注意色彩的衔接与过渡，另外视情况还可加入具有传统意蕴的松、梅、竹等植物。风格为多彩旷野的可以花为基调，植物多选用枝叶紧密、花小繁多、叶色丰富的草本植物、球根花卉或小灌木，常见搭配植物有紫背万年青、剑兰、金钱掌、络石等。风格着重展现乡间野趣的不可加入整形植物，常见的搭配植物有芦苇、狼尾草等芒类草本。当山石位于水边时，多种植不同的湿生或水生植物，苔藓也是营造意趣必不可少的要素之一（图 4-16）。

（4）与夜景灯光搭配。

桥阴空间的自然光较弱，对植株生长有较大的阻碍作用，需选用发出光线波长满足植物所需光谱（380 ～ 710 nm）的灯具（如植物生长 LED 灯），增加植株受有效光照的时间及强度，加强光合作用。

图 4–16　桥下水边的山石与植物配置

将夜景灯光加入桥下，在夜晚往往会吸引游人的视线，与植物相关性较强的园林灯具包括地射灯、草坪灯、园灯等。地射灯主要用于由地面向上投射具有特殊景观效果的树木及景观小品，因此在观赏效果较佳的孤植树种或植物群落处可设置地射灯，一般高度在 20 ～ 60 cm。为不影响射灯效果，周边植物高度应低于地射灯，但也要求对地射灯基部有较好的遮挡，同时亦不可种植过密的植物，以稀疏为主。草坪灯周边植物的种植原则亦是如此。园灯对植物的要求主要是对园灯基部的遮挡，缓解“头重脚轻”的视觉感受，配合园灯的高度，种植高度在 50 ～ 120 cm 低矮稀疏的花灌木为宜。另外，若场地条件允许，多彩的灯光、植物、静水三者的搭配往往是打造靓丽夜景的重要手段。同时还可在植物群落中布置造型艺术的园灯，丰富夜晚的植物景观。

5. 适配城市形象的桥阴植物景观

高架桥桥阴空间景观可以成为都市文化形象的重要展现窗口，高架桥桥阴植物景观空间的营造也不例外。从植物景观角度看，我国人民自古赋予了植物多种多样的文化内涵，植物在传达城市文化的同时，也牵扯着人们的情感。

（1）一定区域范围的人们对植物的文化含义有着一定的共同认知，如我国的梅、兰、竹、菊“四君子”，长久以来赋予的文化历史含义已成为大众的通识，这些植物的应用能给居民及游客传达相同的文化讯号。

（2）每个城市的特色植物有一定差别，乡土植物的生命力较强，在城市中出现频率较高。在桥阴植物景观中，应以乡土植物为重要材料，参照乡土原生群落的构成进行配置。

（3）对小范围地域来说，由于地域历史的不同及文人骚客的经典诗句及民间故事流传等，不同地区的人们常常赋予植物特殊的文化含义，当地居民甚至游客对该城市的记忆中总是伴有这些特殊的联系，成为该城市的固有符号与记忆，如菏泽的牡丹、洛阳的菊花、济南的荷花等。因此在桥阴植物景观设计中，可以充分运用这些特色植物所赋予的文化含义，打造空间文化景观。如果立地条件不满足栽种要求，也可以采用这些富有文化蕴含的元素作为墩柱或梁顶的彩绘材料、元素等，起到装饰和宣传效果。

四、桥下绿化利用的建议

高架桥下绿化是环境绿化的重要组成部分，设计时要了解车流、人流的情况，有害物质的污染，地上、地下设施的位置、高度、深度等。绿化应满足遮阴、防尘、降低噪声、不影响交通安全及美观等要求。

（1）城市建设管理机构需高度重视，也需要城市居民的积极参与。

绿化不仅能在城市建设中达到立竿见影的效果，更重要的是还会持续产生社会效益、生态效益。高架桥下空间绿化是城市道路绿化的一种，也是桥下空间利用中的一种相对简便、生态效益较好的主要途径，同时也有利于提升城市形象。在城市建设管理机构对高架桥进行最初的规划立项时，桥下绿化景观就应该作为一个主要的组成内容考虑进去，如果绿化占较大的比重，应将其建成后的维护管理一并考虑进去。

在城市建设管理机构高度重视的同时，也需要城市居民的积极参与，这对高架桥景观绿化的维护和养护管理，都能起到积极的作用。高架桥下适宜种植常绿灌木，品种应向多样化发展。利用这些植物本身优美的造型，给城市环境营造美的意境，还有利于空气的净化，例如八角金盘、日本桃叶珊瑚、常春藤、鹅掌柴等。

（2）需要充足的财政建设资金支持。

城市建设管理机构要对高架桥下绿化加大资金投入。燕山立交桥的绿化投资约为每平方米300元，最终建成的效果良好。绿化不是建成后就万事大吉了，它后期的养护管理仍然非常重要，也需要资金的投入，如浇水灌溉等。

（3）需要将交通功能作为建设的主要目标。

高架桥的绿地要服从交通功能，保证驾驶员有足够的安全视距。出入口要有起到指示性作用的绿化种植，以指引行车方向，使驾驶员有安全感。不宜种植遮挡视线的树木，不允许种植过高的绿篱和大量乔木，应以草坪为主，点缀常绿树和花灌木，适当种植宿根花卉。

（4）高架桥绿化配置应因地制宜，提升配置艺术水平。

桥下植物种植应因地制宜，采取多种配置形式，注重按植物群落结构进行科学配置，扩大绿地的复层结构比例，并提升配置艺术水平，美化街景，从而提升整个城市的交通绿化景观水平。

（5）需定期维护管理。

由于高架桥下植物无法受到雨水冲淋，污泥粉尘很容易黏附在叶片上，既影响了外观，又对其自身生长不利。因此护绿工应对其进行定期护理，可通过洒水车喷淋将叶片上的污泥冲落，恢复叶片的正常生长和发挥生态功能。

（6）加强养护管理技术的研究。

由于高架桥下植物生长条件特殊，立地条件、光照条件、灌溉条件等都不同于正常区域种植的植物。因此，养护管理人员应加强养护管理技术措施的研究探索，建立起一套科学的养护管理技术规范体系，满足高架桥绿化工程技术的需求。

（7）注意光热条件的改善。

由于高架桥下空间环境阴暗，光热条件不理想，因此在布置桥下导视照明系统时需要注意不同走向、不同桥梁结构的高架桥下采光条件，同时，布置桥阴绿化植物时也需要考虑桥下特殊的气候环境，选取耐阴的适应桥下水热环境的植物。

五、桥阴空间绿化实践导则

1. 港台地区

台湾的城市高架桥下空间用途以小型车停车场、商场、消防、居民活动场所等为主。香港地区高架桥的基数较大，穿越市区的快速干道多采用高架桥的形式（图 4-17），因此香港在高架桥立体绿化方面颇有建树，并已有明确的政策规定高架桥墩柱的 20% ～ 30% 须覆盖绿色植物。

图 4-17　香港城市高架桥下绿化及景观（爱秩序湾桥下公园）

2. 大陆地区

大陆城市中最开始实践除交通利用外的高架桥桥阴空间利用形式的是 1990 年左右的北京市，其在高架桥空间下辅以办公大厅、汽车销售、餐饮、休闲、娱乐等形式，应用的高架桥有赵公口、天宁寺、菜户营、玉泉营、白纸坊等高架桥，但餐饮、娱乐、商业等利用形式终因桥阴空间环境恶劣、安全情况堪忧等问题被逐渐废止。直到 21 世纪初，大陆地区才开始了较为成功的综合利用模式的探索，包括 2002 年四川成都的人南立交老成都民俗公园、2003 年山东济南的燕山立交广场、2006 年的上海五角场环岛立交下沉式广场等。

在桥阴空间绿化营造的技术规则制定上，2002 年深圳市制定了《立交桥悬挂绿化技术规程》，规范了高架桥垂直绿化的技术要求；2007 年广州市开始对高架桥立体绿化进行专题研究，出台了相应的绿化种植养护技术规范，随后杭州市、上海市等城市纷纷效仿；2016 年 10 月，深圳市首次在《深圳经济特区绿化条例》中将立体绿化单独设章，并强制规定新建高架桥必须实施绿化。

综上可见，国内对高架桥桥阴绿化空间营造的关注程度越来越高，但现有的研究成果多集中在高架桥立体绿化理论及实践研究方面，对桥阴地面绿化的研究以及环境的研究则相对缺乏。

第四节　桥下绿化利用及景观优秀案例解析

一、新加坡海滨公园旁桥下景观

新加坡是世界闻名的花园城市，绿化覆盖率达到 50% 左右，人工绿化面积达到每千人 7000 m^2，园林面积达到 9500 多公顷，占国土面积的近八分之一（图 4–18）。而这样的绿化成绩绝非先天使然，新加坡曾经是个杂草丛生、沼泽地多、居住环境恶劣的国家，经过几代人的努力，新加坡早已实现了“华丽转身”，骄傲地打上了“绿色”的标签。

图 4–18　新加坡景观及部分城市高架桥下绿化

［图片来源：前两张来源于新加坡海滨花园官网（http://www.visitsingapore.com.cn），其余为课题组拍摄］

时任新加坡总理的李光耀就提出了“绿化新加坡、建设花园城市”的构想。他认为环境的改变可以逐步地提升人民的素质和生活品质。1965 年，新加坡政府就确立了建设“花园城市”的规划目标。在人口密度大、土地资源十分紧缺的情况下，提出了人均 8 m^2 绿地的指标，并要求“见缝插绿”，大力发展城市空间立体绿化，不断提高城市的绿化覆盖率。

在之后的约半个世纪里，新加坡政府始终坚持着“绿化新加坡”的目标，在不同的发展阶段制定了不同的具体规划并严格实施。对区域性公园、绿化带、街心邻里公园、停车场、高速路、人行道、高架桥、楼房立面等的绿化位置、面积、标准、责任人等都逐步设立了明确规定。

新加坡的高架桥在桥面、桥下、桥墩等处都进行了大量的绿化，茂密的桥墩绿化集中体现了新加坡立体绿化的特点。

二、广州市桥下绿化景观

广州市在 1985 年动工兴建了中国第一座高架桥——小北高架桥，第二年大北高架桥也动工建设，两座高架桥均于 1986 年 8 月建成通车，紧接着 1987 年又在市中心区建成了人民路高架桥和六二三高架桥。20 世纪 80 年代广州市已完成 4 座高架桥的建设。广州市的高架桥穿街过巷、纵横交错，长度总计超过 40 km，使广州市成为全国高架桥最密集的城市之一。

广州市是我国较早进行高架桥绿化建设的城市，在 20 世纪 90 年代初，广州市就对大北高架桥进行了绿化，当时只是在高架桥桥底种植植物，对高架桥桥体没有进行绿化，从 1999 年开始，广州市开始进行高架桥桥体绿化，机场路高架桥是最早进行桥体绿化的。2013 年，广州市对全市 100 座立交桥和天桥的桥梁绿化及配套设施进行了升级改造。现在我国高架桥正处于不断的建设中，而高架桥的景观绿化步伐却没有跟上高架桥建设的步伐，主要表现为高架桥无绿化和绿化不合理。

广州市高架桥景观绿化主要集中在天河路、环市路、东风路等路段，内环路高架桥垂直绿化长达 20 km，桥下有大片绿化，植物非常茂盛，桥体如绿色走廊，绿意盎然、充满生机。广州市高架桥绿化可以说在全国处于领先水平，现对广州市高架桥绿化处理手法进行分析。

高架桥绿化主要以高架桥下空间绿化、路侧挡板绿化和桥墩绿化的形式存在。目前从多个发展高架桥绿化的城市来看，广州市的高架桥绿化具有一定的借鉴与参考价值。

1. 空间处理手法

利用高架桥下的有效土地种植空间进行规划，选择合适的植物进行栽种，形成成片的绿化。高架桥挡板绿化是通过在桥体两侧安放有效栽植空间，提前安放水管，填装植被所需的土及养料，进行植物栽种，形成带状的绿化。高架桥桥墩绿化是通过在桥墩表面安装网状结构的植被辅助攀爬栏，从而使植被有效地在攀爬栏进行生长与覆盖，形成柱形的绿化。

2. 选择景观效果良好的植物

广州市结合自身复杂条件，选择了 13 种植物，并广泛地用于广州市的高架桥城市绿化中。三角梅又叫作叶子花、九重葛、宝巾、三角花等，是属于紫茉莉科、叶子花属的常绿攀缘灌木，在温暖的地区常见它们在室外攀缘生长（图 4–19）。目前已培育出一些矮生品种，不需要特别管护也能保持灌木的形状。三角梅观赏的部分并非真正的花，而是小花下色彩艳丽的纸状苞片，苞片颜色有白、黄、橙、粉红、红和紫等。

3. 广州市高架桥养护措施

（1）针对没有绿地空间的高架桥空间，采取设置挂篮和种植攀缘植物的方式。

图 4-19　广州市很多高架桥和人行天桥上三角梅争相绽放

（图片来源：2016-10-16，南方网，http://gz.southcn.com/content/2016-10/16/content_157637440.htm）

（2）浇灌方法得当。广州市林业和园林科学研究院的专业人员通过换土、采用喷灌技术、加强施肥等措施，将高架桥的绿化发展起来。

（3）广州市在接下来的高架桥建设中充分考虑到绿化的问题，在设计时就提前进行路侧挡板设计，便于进行高架桥的路侧挡板绿化。

三、成都市二环路高架桥下绿化景观

成都市二环路高架桥是在原有二环路上修建的高架城市快速路，于 2013 年 5 月 28 日正式通车运营，全长 28 km（图 4-20）。以“建管并重、公交优先”为原则建设的二环路高架桥有效地缓解了成都市主城区的交通压力，方便了成都市民出行。

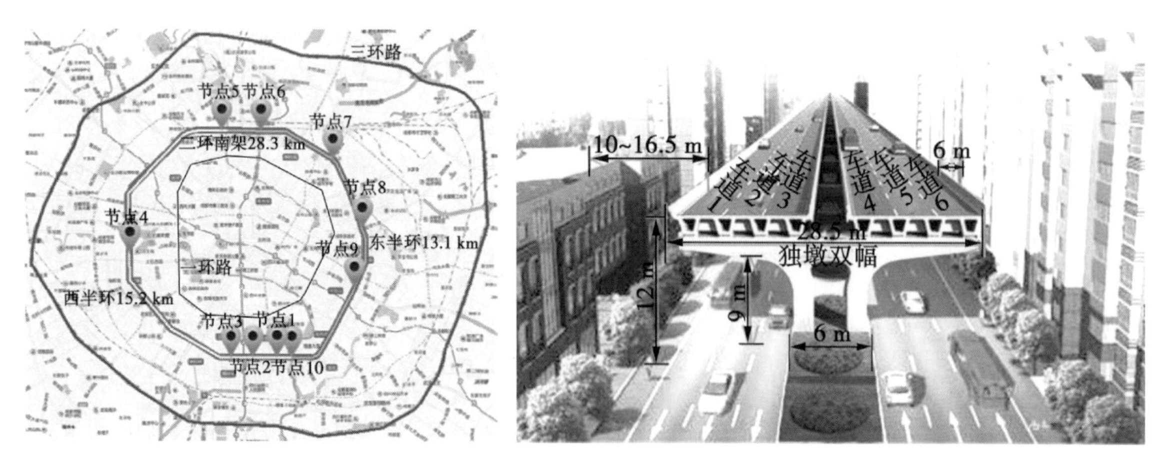

图 4-20　二环路高架桥平面（左）和剖立面（右）示意图

（图片来源：吴华等，2015）

成都市二环路高架桥下绿化主要采用双向车道隔离带形式，全环绿化隔离带宽度约 6 m，以开放式草坪和爬藤植物绿化为主，在重要的交通岛呈绿化斑块并栽植有防护乔木、草坪地被及美化花卉等。绿意盎然的地锦已经长满桥墩，让整个二环路拥有了与这座城市相吻合的文艺气息（图 4–21）。

图 4–21　成都市二环路高架桥下的绿色走廊

（图片来源：http://news.yuanlin.com/detail/2017712/256605.htm）

初夏，成都市二环路高架桥下一片片绿油油的植物让每日穿梭于钢筋混凝土丛林之中的市民赏心悦目，这些植物紧紧拥抱着水泥柱子，就像一件件绿色的衣服把灰色的柱子装扮得春意盎然（表 4–2）。这种有顽强生命力的植物叫地锦，又称捆石龙、枫藤、红葡萄藤等，其在绿化中已得到广泛应用，尤其在立体绿化中发挥着举足轻重的作用。它不仅可达到绿化、美化效果，同时也发挥着增氧、降温、减尘、减少噪声等作用，是藤本类绿化植物中用得最多的植物之一。

表 4–2　成都市二环路高架桥下植物种类

植　物	科　属	栽植地段
美国黑麦草	禾本科黑麦草属	全环
沿阶草	百合科沿阶草属	全引桥下
万寿菊	菊科万寿菊属	科华立交桥交通岛
波斯菊	菊科秋英属	科华立交桥交通岛
韭兰	石蒜科葱莲属	科华立交桥交通岛
矮牵牛	茄科碧冬茄属	人南立交桥交通岛
扁竹根	鸢尾科鸢尾属	老成都民俗公园

续表

植　　物	科　　属	栽 植 地 段
一叶兰（蜘蛛抱蛋）	百合科蜘蛛抱蛋属	老成都民俗公园
肾蕨	肾蕨科肾蕨属	老成都民俗公园
地锦	葡萄科地锦属	全环
野牡丹	野牡丹科野牡丹属	人南立交桥交通岛
牡丹	芍药科芍药属	老成都民俗公园
月季	蔷薇科蔷薇属	西南交通大学门外
海桐	海桐科海桐花属	老成都民俗公园
三角梅	紫茉莉科叶子花属	双桥子立交桥交通岛
香樟	樟科樟属	双桥子立交桥交通岛
杜英	杜英科杜英属	人南立交桥交通岛
芙蓉	锦葵科木槿属	人南立交桥交通岛
白兰	木兰科含笑属	老成都民俗公园
女贞	木樨科女贞属	刃具立交桥交通岛
刺桐	豆科刺桐属	刃具立交桥交通岛

（表格来源：吴华等，2015）

四、南京市盐仓桥广场高架桥下绿化景观

盐仓桥位于盐仓桥广场西北，南起中山北路，北至北祖师庵。据说，明代的时候曾经在现新民门附近设有盐库，故称“盐仓”，且仓前有小桥，这条街就取名叫“盐仓桥”。

南京市于 2014 年 5 月在盐仓桥广场高架桥桥墩上“见缝插绿”，首次种植鲜艳的垂直绿化植物，它为现代化的城市高架桥增添了特别的美丽风景。5 个桥墩种满色彩斑斓的季节性花卉和本土植物，形成花柱，被赞为“最美桥墩”（图 4–22）。

图 4–22　盐仓桥广场高架桥下的多彩花卉桥墩

高架桥桥墩上的绿色方块“草皮”和花卉的施工工艺为典型的垂直绿墙，通过布置好预制的种植袋、种植盒，利用其中的营养土栽种。这套垂直绿化系统跟桥墩没有任何接触，离桥墩

的距离为 30 cm，是在桥墩外包一层钢架，再铺上一圈厚厚的“种植毯”，表面是植物种植袋，不会影响桥墩的结构安全（图 4–23）。

图 4–23 桥下墩柱绿化施工

（图片来源：《新闻午报》）

5 个桥墩增绿 100 多平方米，其中绿色植物只占三分之一，由吊兰、花叶蔓组成，花卉占三分之二，有矮牵牛、海棠、美女樱等，约 1500 盆。厚“种植毯”起到土壤的作用，存储营养水，为花卉提供养料。密密麻麻的水管遍布在种植袋后面，定期给植物提供营养水，浇水的过程同时也是施肥的过程。根据桥墩的高度，5 min 后，营养水刚好渗透全部区域，又保证肥料不外溢污染路面。在这套“全自动水肥一体化远程控制系统自动滴灌”系统中，水管滴头能照顾到每棵植物的根，且能确保每棵植物得到的水是同样多的。浇水时间和水量均由计算机控制，通过手机可远程控制水管滴头的开关。这套远程控制系统在停水、停电时，会及时以邮件和短信的形式通知管理人员，以便及时解决问题。与普通植物不同，这些花卉和绿色植物适宜在高架桥下种植，且有抗高温等特质，适应南京市的生存环境。

五、南京市雨花西路地铁高架桥下绿化景观

南京市雨花西路地铁高架桥的地锦每年夏天挂下来，像绿色的窗帘，宛如一条漂亮的绿色长廊，又如倾泻而下的绿色瀑布，将整个高架桥包裹在绿色里，令人赏心悦目（图 4–24）。

图 4–24 南京市雨花西路地铁高架桥下绿化景观

（图片来源：惠农网，http://news.cnhnb.com/rdzx/detail/228510/；我新闻，http://mynews.longhoo.net/forum.php?mod=viewthread&tid= 842503）

除了地锦，南京市还将常青藤等植物用于高架桥的绿化景观营建（图 4–25）。在高架桥上种地锦，不仅有利于夏天降温、减尘，还能减轻驾驶员的驾驶疲劳，在城市垂直绿化、破损山体植被恢复和水土保持等方面具有其他植物难以替代的作用，这也是很多城市喜欢在高架桥及高架路下种地锦的原因。

图 4–25　南京高架桥上的藤本绿化

（图片来源：国搜江苏，http://js.chinaso.com/tt/detail/20180705/1000200033118751530784052141417914_1.html）

对于高架桥下生长的地锦，南京市绿化园林局的养护工作人员日常都会进行浇水、施肥等养护措施，盛夏地锦长势旺盛时，容易遮挡驾驶员的视线，工作人员就会对其进行修剪。夏天天气干燥，地锦容易枯黄，他们会将藤蔓剪短，减少蒸腾作用。高架桥下片片绿叶赋予钢筋水泥体以生命。

南京市现有市政桥梁 300 多座，立交桥下的空间面积超过 10 万平方米。近两年，园林部门完成了不少主要干道立交桥的立体绿化工程。高架桥上的绿植养护难度大，桥梁立体绿化一直很单调。除了地锦、常青藤，基本无别的植物。目前，园林部门也在进行植物抵抗力科研试验，以期筛选出更多可供选择的植物。备选的植物都要经历耐寒及防晒的试验，只做简单的养护，如果能存活下来就可以进入名单。如南京市有种乡土植物佛甲草，通过试验筛选出最具抗逆性的品种，应用在立体绿化上，夏季能抗 60 ℃高温，在 –10 ℃的冬季也能存活，平时无须浇水。金银花、茑萝、扶芳藤等植物也值得推广。

六、福州市二环高架桥下绿化景观

2010 年初，福建省委、省政府作出“四绿”工程的战略部署，建设“绿色城市、绿色村镇、绿色通道、绿色屏障”成为全省上下的目标。福州市街头绿化大改造在完成 200 处立体绿化的基础上，在二环道路沿线已建绿地，包括省体育中心绿地、省体育中心渠化岛、二环—杨桥路路口图书城绿地、菏泽绿地、乌山西喇叭口等 23 块绿地上，重点实施局部的彩化和花化提升。2015 年，福州市实施的双湖互通和奥体中心区域的园林绿化设计和施工项目，建成了福州市内最大的立交桥绿化景观。福州市高架桥绿化选择以大叶榕树为主，以开花乔木黄花风铃木、木棉、紫荆为辅。高架桥桥身绿化即在道路两侧的护栏外，挂篮栽种三角梅、波斯菊、硫化菊等，种植的面积达到几千平方米。高架桥下面，种植的乔木为四季常绿的樟树、春季开满花的红花羊蹄甲和季相分明的鸡蛋花（图 4–26）。

图 4-26　福州市奥体中心旁高架桥绿化

（图片来源：搜狐网，http://www.sohu.com/a/225586013_100089366）

为提升二环路沿线高架桥下绿化效果，福州市政府同意福飞路、铜盘路、杨桥路高架桥下绿化由福州市规划设计院（现福州市规划勘测设计研究总院）统一提供设计方案，由鼓楼区政府负责引入三家有实力的开发商捐资并组织施工建设。现有二环路高架桥下的桥墩，虽有较好的垂直绿化效果，但桥墩间用地未能充分利用，缺乏景观衔接。改造重点是在高架桥下通过砌筑花池来充分利用桥墩间用地，同时种植色彩丰富的色叶植物和开花灌木，形成花境，与桥墩的地锦，桥面的三角梅、长春花等共同营造富有特色的高架桥景观。西二环铜盘高架桥下的花圃中有一大一小两座长颈鹿雕塑，还有一座梅花鹿雕塑（图 4-27），这些马路“动物园”中的动物雕塑，看上去栩栩如生，给车辆穿梭不停的马路增添了几分生气。

图 4-27　二环线高架桥下绿化和美化

（图片来源：腾讯·大闽网，http://fj.qq.com/a/20100823/000044.htm）

上述案例都属于结合当地气候条件和植物种类资源，尽量将“色彩”“形态”及立体绿化方式引入桥下绿地空间，丰富桥下绿化景观和增加其生态效益的优秀案例，值得各城市在对桥下绿化景观进行规划设计和建设时借鉴。

第五章　城市高架桥下游赏休闲利用及景观

第一节　桥下游赏空间利用的基本条件

1. 较高的使用需求和可达性

在高架桥下开发游赏空间的前提是需要有游赏的诉求，并有足够的游赏人群，因此所在位置的便利性和可达性是人群使用的基本条件。不同的地理位置、周围游赏环境质量等都影响人的使用需求，缺乏游赏空间的地区，开发桥下空间、进行游赏利用的积极性更大，较好的可达性也会增加使用效率。

2. 足够的净空

高架桥下空间太矮易使人产生压抑的心理感觉，光线较差易使人产生不安全感，如果白天还需要进行灯光补给，将造成不必要的资源浪费，故可利用的空间最低不宜低于 2.8 m，接近普通的室内环境。不同的高度也可开展不同类型的活动，如高度只有 2.8 m 时，可以开展散步休闲、乒乓球等简单的活动，高度超过 6 m 时，可依托高架桥墩柱设置攀岩等活动设施。

3. 适当的活动场地

开展游赏休闲活动需要的活动场地大小与活动内容有关，不同形式的活动对场地要求不同。如简单的骑行道、漫步道只用桥下墩柱之间较窄的部分就足够；静坐观赏、小型球类运动等对场地面积要求不高，普通线性空间便可以开展；休闲公园等需要一定面积的游赏空间，则对高架桥周边环境有一定要求。

4. 较好的绿化

较好的绿化不仅能提升桥下空间的视觉效果，还能改善桥下的微气候环境，提升游赏环境的舒适度，好的绿化是开展游赏休闲活动的基础性条件。

第二节　桥下游赏空间的基本形式

一、按空间形态分

1. 点状空间

以桥下局部单元做特殊的景观视觉中心或者小场地游园，面积小而集中，其内开展的活动通常以简单的休息观赏或历史文化体验为主。一般直接从两侧道路通过人行道进入，活动空间是一个整体，没有明显的游赏路线（图 5–1）。

图 5–1　桥下点状利用空间

（图片来源：杨茜拍摄）

2. 线状空间

桥下空间窄且长，多设置为以线性动态游赏为主的漫步道或骑行道。主要由一条单向游路串联各个小型景观或休息空间，游赏空间环境与感受较单一（图 5–2）。

图 5–2　桥下线状骑行空间

（图片来源：杨鑫提供）

3. 面状空间

桥下面状空间结合高架桥周边自然环境，建成大片面状游赏公园，以自然型或弧线型道路连接，呈环状或网状（图 5–3），空间环境多变、游赏内容丰富。

图 5-3　武汉三环线高架桥下与周边绿地结合的面状空间

（图片来源：张明明拍摄）

二、按游赏方式分

1. 文化欣赏类

文化欣赏类桥下空间以桥下空间为载体，宣扬地方历史文化，将历史特色融入高架桥实体设计中，开展的活动多为静态的，如漫步欣赏。可游赏的内容不仅包括桥墩壁画、涂鸦、景观浮雕、雕塑，历史景观亭、桥、廊，还包括丰富的文艺汇演活动等（图 5-4）。

图 5-4　北京动物园路高架桥下开辟为文化欣赏用途

（图片来源：秦凡凡拍摄）

2. 休闲游赏类

休闲游赏类桥下空间依托桥下空间及周边较好的环境，布置大小与类型各异的活动空间，为游人提供亲子活动、散步、打牌、下象棋、看书、练习乐器、休息、聊天等较为零散的休闲活动空间（图 5–5）。若周边环境有水体，则可以因地制宜地开辟各种滨水游赏活动空间。

图 5–5　郑州大石桥下的自发休闲活动

（图片来源：秦凡凡拍摄）

3. 运动健身类

根据桥阴空间规模与周边环境需求，可在桥下空间设置不同类型的运动健身活动空间，在空间较局促的情况下，可以在特定地点进行太极拳、太极剑、健身操、攀岩、乒乓球、羽毛球等占地小的零散型集体活动，或者将高架桥下线性空间设置成以晨跑或骑行为主要活动内容的桥阴绿道，场地足够大时则可以考虑开展足球、篮球等大型体育活动。

三、按环境需求特点分

不同的游憩活动需要不同的游憩空间，对桥阴设施和景观的要求也各有不同。将桥阴内休闲者的活动类型按环境需求特点分，可分为移动型活动、固定型活动和随意型活动。

1. 移动型活动空间

如跑步、散步等随时移动的活动，所需单体空间面积较小，但总体活动范围较大或距离较远。一般在高架桥两旁绿化较好的地方设置散步道或跑步道，还可在线型桥阴空间内布置自行车骑行道。

2. 固定型活动空间

固定型活动指广场舞、踢毽子、下棋等要求活动空间相对固定的活动，此类活动所需空间有大小之别，如广场舞、广播操、踢毽子等就需要相对较大面积的活动场地，而下棋、打牌、看报等活动所需空间面积相对较小。可根据高架桥所处位置与周边环境因地制宜地开展活动。

3. 随意型活动空间

随意型活动指聊天等既可移动也可固定的活动，实际空间利用方式由利用者自行决定，对空间没有特殊要求，但一般会选择环境较好的空间。儿童游乐需要方便到达的公共空间，娱乐设施较齐全，安全有保障；演奏乐器、集体跳舞活动可在交通便利的附属空间的树荫下进行，人气足，比较热闹，形状规则，场地开阔。周边环境较开阔、绿化较好的高架桥下空间更有优势。由此不难看出，不同的活动类型需要不同类型的活动空间，活动空间应满足不同类型活动的需求。

第三节　桥下游赏空间及景观建议

一、桥下游赏空间及景观的问题

1. 与周边环境割裂的问题

位于不同环境的高架桥周边分布着复杂各异的景观要素，即高架桥下空间并非单一景观，其景观面貌深受周边环境的影响。丰富迥异的周边环境要素对桥下空间的使用方向、市民的使用意向等会产生深刻的影响。从宏观的城市景观格局出发，若各类高架桥下空间两侧或一侧与城市绿地、水体等自然环境相邻，或与城市重要功能建筑、历史文化建筑等人工建成环境产生关联，使得桥下空间具有较好的可达性与景观利用价值，便可以通过整体性的景观规划设计，协调统筹桥下空间与周边环境，满足附近居民的游览需求。

但我国大量高架桥下空间在利用上并未充分考虑如何承担交通运输之外的“连接城市”功能，未妥善整合高架桥两侧城市空间环境要素。这类单一孤立的规划设计使得桥下空间的利用独立于环境中，大多数高架桥下空间利用与周边环境的关联性较差。其中，两侧邻近城市公园、绿地等公共景观的高架桥下空间的利用，与大环境的整体性联系最弱，此处桥下空间并未进行绿地公园等城市景观公众游览功能的外延探索，多数桥下空间被利用为封闭式的交通服务类与市政设施类空间。封闭式的管理模式阻碍了两侧的交通联系，空间内停放的公交车与环卫车阻挡了两侧的视线沟通，位于一侧的行人难以感受到另一侧空间的存在。桥下空间并未承担连接两侧城市公共空间的过渡功能，也丧失了开展游览活动的可行性。多数桥下空间被利用为封闭式的静态交通场地，这种利用形式阻隔了道路两侧与绿地公园等公共景观的交通联系，也在一定程度上遮挡了公园景观向两侧方向的景观渗透。

2. 建成后的管理问题

高架桥下空间作为曾经被城市暂时遗忘的区域，空间的围合性和遮蔽性特征使其具备良好的游览空间潜力，线性、平整的空间特征为市民的游览活动创造契机。

受限于建设方对桥下空间利用前期规划的不足及缺乏实践，当前我国大量的桥下空间通常处于废弃闲置、自发利用状态（图 5-6）。自发利用主要以违规建设、垃圾堆放、流动商贩、居民自发活动等形式存在，各类自发建设活动使得游览空间的日常管理难度拔高。高架桥下空间作为城市休憩空间的补充空间，意味着其将与其他城市公共休憩空间等同，共同从属市政部门管辖。但目前各级政府并未对桥下空间利用拟定官方建设标准、推行法规政策，整体监管缺乏成熟客观、公众认可的相关标准，同时居民对桥下空间的自发利用已根深蒂固，随意无序性的利用（如非机动车的随意停放）造成桥下空间的面貌凌乱，使得建成后的游赏空间日常管理极具挑战性。大量的流动人群占据了部分交通空间，在一定程度上会对交通带来干扰，也会影响到城市的市容建设与城市管理工作。

图 5-6　闲置废弃的高架桥下空间

（图片来源：彭越拍摄）

3. *功能布局问题*

在进行高架桥下的游赏空间营造时，一定需要充分考虑桥下空间功能的填充对高架桥桥体结构的影响。例如，桥下游赏空间通常不适合设置水景，无法及时更换水体而产生的污水不仅会对临近城市道路产生一定的影响，长期处于潮湿环境下的高架桥桥体结构也会受到一定的影响。若一定要设置水景，应注意对水质的维护管理（图 5-7）。同时，由于缺少对高架桥下空间利用的规定标准及防火类规范，游赏空间带来的巨大人流量使得场地存在较大的安全隐患，一旦引起火灾，不仅会对高架桥、道路交通及邻近建筑造成危害，甚至造成人员伤亡。此外，桥下空间净空较低，游憩场地的布置对桥下空间的地表要素进行了一定的改造，可能破坏桥下原有的生态景观系统，继而对周边环境产生不利影响。

4. *无障碍通行问题*

高架桥下空间作为高架桥的衍生空间，机动车交通对空间的影响占据绝对的强势地位。在调查中，笔者发现许多高架桥下经常存在人车混行的现象，这导致人们在通过或使用桥下空间时容易受到车流的干扰与威胁。此外，一些立交桥涵洞过暗且照明设备不完善，通道内昏暗潮湿，行人不愿通过，也为夜间行走的人群带来一定的安全隐患。对于处于居住区附近，人流量大的

图 5-7 南京中央门高架桥下水景

（图片来源：王颖洁拍摄）

桥下开放公共游憩空间，使用主体多为附近居住的老年人、儿童等弱势群体，快速通过的车流较危险。老年人不愿前往社区配建的城市公园，离家较近的桥下空间便成为老年人的首选之地。儿童喜欢攀爬、奔跑等运动，具有强烈的好奇心，热爱自然游憩活动。因此，对于开放游赏空间的设计，应着重考虑老年友好、儿童友好等相关无障碍设施的设计，处理好与周边步行交通系统的联系，满足老年人及儿童的无障碍通行需求。

5. 空间使用感受问题

现有的桥下游赏空间较多地采用大面积的硬质铺装，或与植物盆栽结合，较少对活动场所进行景观营造，空间空荡且缺乏生机、趣味，使人处于一种“被看”的暴露状态，带来心理上的不安与不适感。缺乏小尺度景观和无法满足私密性需求的空间环境，忽视了人的使用心理感受，难以体现桥下空间深层次的人文关怀。

大多数桥下游赏空间存在空间舒适度低、景观建设单调、服务设施匮乏等问题，但依然保持了较高的使用率，这是由于市民对公共活动空间的需求较大，而且周边缺乏合适的活动空间载体。但桥下游赏空间使用感受较差，品质有待提升。

6. 桥下游人的环境行为心理问题

心理学家 H.M.Proshansky 认为人只是整体环境的一个组成要素，并与其他各要素之间有着一定联系。丘吉尔也认为环境与人之间是相互作用、相互影响的。高架桥上车辆行驶产生的噪声和震动，以及尾气、灰尘等较差的空气质量会对游人心理产生较大的负面影响，易使人产生焦虑和不安全感。场地设计可以借用植物与水体等自然要素改善恶劣的交通环境。同时，道路类的游赏空间环境营造要尽量能够使游人得到环境的归属感，从而体现环境空间的人性化。

7. 出入口设置问题

桥下空间出入口的数量太多会影响交通，太少则不便于到达，其数量与位置应根据实际情况合理设置。还应保证人行道与出入口的视线安全，道路绿化环境要保证车辆不影响行人安全。

8. 桥下游赏路线及布局问题

桥下游赏路线的布置与桥下空间形态有关。较窄的带状空间主要以直线的单行道为主，呈线状或鱼骨状，多回头路，游赏感受较差；较大的面状空间则可以按照公园的游线布置方法来布局，呈波浪状或环状，以增加空间丰富度与趣味性，但此类桥下空间多与其他周边环境相连，在主城区较为少见。

9. 桥下游人的健康问题

高架桥下空间被高密度的车行交通包围，颗粒物与灰尘浓度大，恶劣的空气质量影响桥下游人的身体健康。

10. 公共游赏设施问题

高架桥桥面为桥下空间的屏障，不少市民在桥下乘凉、活动，行人在桥下歇息。但现状高架桥下公共活动空间形式与使用者行为模式之间欠缺对应性，未考虑到人群的使用需求，缺少座椅、厕所、标识等基础设施配置，给使用者的活动带来诸多不便。如桥下空间缺少休息座椅，市民基本都需要自带桌椅才能进行交流、开展活动（图 5-8），环卫工人蹲靠在墩柱旁休息。桥下空间布局缺少规划，交通工具随意停放在两侧道路辅道上，不仅对城市道路交通造成不便，也给市民带来安全隐患。桥下空间公共设施严重匮乏，缺少步行路径、垃圾桶、人行信号灯以及夜间照明设施等，与使用者的行为活动无法对应，降低了桥下空间的活力，影响市民积极开展游赏活动的心情。高架桥下空间服务设施性价比与相对能够带来经济增长的市政设施相比，几乎已经被建设和规划忽略。目前高架桥下空间较多为被动无管理的利用，供游人使用的基础服务设施十分匮乏，使得该空间利用率低。

11. 游憩特色不明显问题

城市公共景观是展现城市形象的重要元素之一，具有显著特点的游憩空间能给人留下深刻的城市印象。一方面体现在高架桥本身，国内大量高架桥基本上保持了桥体混凝土的本色，与国外多数城市对高架桥桥体的处理手法雷同，形成尺度较大且绵延数里单调、昏暗的整体形态。在桥下空间使用者的角度，看到的是桥下的阴影面，给人传递一种压迫感和视觉上的不适感，加之设计简单，桥体线性景观缺失，空间缺少丰富性与趣味性。另一方面体现在对高架桥下游憩空间景观的设计上，多数采用纯绿化的利用形式，多种植绿篱型灌木，零散种植中小型乔木。但是对于不同区域的桥下游憩空间，景观植物搭配、造型及布局等设计手段趋于同化，空间辨识性较低。

图 5-8　广州东濠涌高架桥下周边居民自带板凳到桥下休闲

（图片来源：张雨拍摄）

二、桥下游赏空间及景观建议

1. 注重空间整合

高架桥下空间作为城市空间的有机组成部分，对桥下空间进行改造利用时，不能只将其作为交通附属空间看待，而应该站在城市或区域的大环境中，从城市整体格局出发，合理统筹规划周边土地开发与环境要素，通过合理的前期规划、良好技术支撑的建设过程和完善的后期管理维护三个阶段的协同，对其进行适宜的开发利用，使其更好、积极地融入城市整体环境氛围之中，并与周边环境成为一个有机整体，创设连接周边环境的游赏空间。

2. 选择合适的桥下空间

当选择高架桥下空间作为游憩空间使用时，其主要使用群体为附近的社区居民与行人，在空间的选择上，应避免桥下空间两侧为城市干道的情况，选择步行可达性高且机动车干扰较小的区段。单侧道路式的桥下空间布局模式是休闲娱乐空间的首选之地，两侧或单侧为慢车道或生活性街道的情况，也较适合利用为休闲娱乐场地。

3. 创设适地的游赏活动

在游赏活动类型的选择上，要结合高架桥的结构特征，在高架桥下空间有足够净空的条件下（空间高度不宜低于 2.8 m），可以根据桥下空间场地的形态与规模，设置为不同游赏类型的活动场所。当桥下空间较窄且长时，如桥下支撑柱之间较窄的空间，可利用为线性动态观赏类的慢行步道或骑行道；对于规模不大且相对集中的点状用地，可以设置为休闲广场；对于规模较大且净空较高的桥下空间，可以开发为公园空间，建设可以承载城市地域文化特征的文化创意空间。

4. 完善无障碍通行

现状桥下开放空间的使用主体具有弱势性，以老年人与儿童为主。桥下游赏空间作为城市公共休憩空间的有力补充，在建设时需要不断思考如何为老人、幼儿等社会群体提供符合生理、心理特点的公共交往活动所需要的舒适、愉悦、安全、便捷的承载环境。因此，在对高架桥下空间进行改造利用时，也应当注重对无障碍设计的考虑，从弱势群体作为空间使用者的角度出发，评估桥下空间的安全性、可达性、舒适性和愉悦性等。

5. 发挥景观协调作用

高架桥下空间常见各类服务类设施，如各类检查井、桥下照明系统、排水系统、道路交通信号系统、监控系统、电力设备系统等。从空间规划角度考虑桥下空间的构建时，需对其分布范围、服务半径等方面进行合理组织和梳理，形成系统性强、秩序性高的桥下公用设施空间，激发其服务功能的巨大潜力和效率。在保证设施正常运行的前提下，注重公用设施的景观效果，通过一些景观元素对其进行装饰、美化、亮化，使其更好地融入周围环境中，在发挥其本职功能的同时，成为游赏空间中的亮点。

6. 公用游赏一体化

城市高架桥下的公用设施，除了保证其固有的服务功能，还要关注单体建筑及构筑物的整体景观面貌与城市空间的协调性。例如，高架桥下的公交场站、环卫站、抢险站、环卫工人休息室、交警休息室及公共卫生间等，应从造型、材质、色彩及植物配置等多方面考虑，设计公用设施与桥下游赏空间，以及与城市空间环境的协调发展，避免成为桥下空间的突兀体。

7. 负面影响最小化

高架桥邻近居住区时，首先应考虑到高架桥对居民的影响，即高架桥带来的环境（噪声、空气污染）问题。此时桥下游赏空间应强调城市景观绿化的过渡作用，加强对桥下空间的平面绿化与立体绿化的建设，在减缓桥下污染与改善环境质量的同时，也能美化城市环境，构建城市景观廊道。不仅达到了绿化、美化、减尘、降噪的效果，同时给在城市中穿梭的市民以赏心悦目的感受。

8. 增设空间围合设施

高架桥下空间边界开放，若使用者以较为危险的横穿马路的方式出入游憩空间，存在一定的安全隐患。同时开放的边界对游憩空间活动也有一定的影响，车流与人流对游憩活动的干扰较大。为了保证桥下游憩空间安全、舒适的使用，应将外围边界以低矮绿化或其他形式的围合设施封闭处理，避免过多穿越空间的行为，保障空间的边界安全，增加空间使用者的安全感。

9. 增强环境管理

桥下游赏空间要强化对环境的监测，提高智慧感知，减少能耗，提高空间环境质量，普及环境监测、实时监测，监测沿街噪声、空气质量、温度等。在环境卫生体系中引入智能环境设备。在桥下空间人群集中的区域，配备智能感应式卫生设备，监控数据应该与交通安全数据结合，对交通安全、环境安全进行综合考量。

10. 完善游赏绿地

高架桥空间中的绿地是街道绿地系统中的重要组成部分，但由于存在阳光照射不足、雨水缺乏、污染严重等问题，小尺度介入建成的景观环境中，充分利用因转弯视距安全预留的路口空间，因地制宜，优先种植本土性植物，合理配置低矮灌木和花境，形成街头小游园。在净化空气的同时，调节局部地段微气候。

11. 增加照明

照明设计是繁华都市中必不可缺的一项重要元素。城市高架桥下灯光点亮了高架桥下剩余空间，同时可以产生变幻的光感照明。在设计中要坚持选择合适、合情、节能的光，得到温馨的光的原则，更加强调个性化、文脉化及针对性。

12. 增加色彩

在构成城市环境特征的各个因素中，城市色彩凭借其“城市第一视觉”的特性成为创建和谐城市、管理城市形象、树立城市个性、提升城市竞争力的重要构成因素。

城市高架桥下剩余空间色彩增加设计要遵循传承地域特色文化、表达地域个性特征、展示现代城市形象这 3 个主题原则，以城市自然景观色彩为参考，结合人文色彩特征，把握未来色彩发展动向，进行科学有效的设计，使城市整体景观环境各要素的色彩和谐统一。

13. 适当增加必要的城市家具

城市家具是指城市中的各种户外公共设施。城市家具虽然没有建筑物体量大，但却是城市环境和城市景观的重要组成部分，是城市文化的组成部分，体现了一个城市的文化细节。

在城市高架桥下剩余空间家具设计中，要注意几个方面的问题。

①设计要与城市环境匹配，城市家具选择上要彼此风格统一。比如在一条高架桥下的街道上，路灯、候车亭、垃圾箱、座椅等城市家具出现四五种不同的造型和风格，这种“混搭”的效果会显得杂乱无章。

②注重对使用者的人性关怀，比如现在城市家具的使用者范围不断扩大，有老人、小孩、孕妇以及残疾人，要注重在其周围适当设置可供休息的座椅。

14. 优化植物种植

桥下绿化处理是高架桥下等城市剩余空间景观营建的常用手法，但最为普遍的做法是将多种阴生植物种植于桥下各个空间角落，任其生长。这既浪费了植物资源，又没有起到美化景观的效果。要合理选择植物，遵循因需分配的原则。

①光照条件：依据桥下空间位置及净空高矮的不同，合理选择稍耐阴或喜光的植物，丰富植物景观。

②色彩搭配：由于桥下光线较暗，且材质多为灰色混凝土，极为单一，可适当挑选颜色较浅的植物以增加视觉上的明亮感，用多层次、多色彩、多质感的植物区别搭配，营造丰富的绿化景观。

③抗性选择：道路绿化多选择抗性较强的植物，尽量采用有革质光滑叶片的植物做基础种植，定期用水喷洒叶面以维护其清洁。尽量避免大量堆砌种植植物的情况，优化资源配置，丰富景

观功能。

15. 加强规划意识

在高架桥规划与设计之初，一并考虑桥下空间结合周边环境的合理利用，最大限度地服务于周边用地，将桥下空间的综合效益发挥到最大，能有效避免人们对桥下空间的闲置或低效利用，利于对消极景观进行处理，从而激发空间活力，服务民众。

第四节　桥下游赏休闲利用及景观优秀案例解析

一、多伦多桥下公园

多伦多桥下公园位于加拿大多伦多市中心的 West Don Lands 地区，东大街—里士满与阿德莱德大街交会于立交桥下方。该公园始建于 1971 年，翻新于 2006 年。桥下空间占地总面积约 1.05 hm^2，主体桥下净空高度平均为 6 m，桥墩形式为 T 形墩。

该处曾经是一片无人问津的荒废土地，在北美城市纵横交错的高架路网之下，是人们视若无睹的灰色空间。也正是由于这些忽视与遗忘，导致其无法为相应区域的空间改善贡献任何价值。长久以来，多伦多水岸开发公司一直在尝试振兴这片滨水地带，让曾经的工业地带转化为极富活力的 West Don Lands 居民区。PSF Studio 设计团队也抓住了这个机会，将位于东大街—里士满与阿德莱德大街交会处的立交桥的桥下空间从无人问津的负面地段，变为了社区所共享的宝贵资产。[1]

改造前的场地正如所有这类废弃空间一般，因为普通民众的视而不见而充斥着违章停车与非法活动，潜在的安全隐患越发让人避之不及（图 5-9）。而如今，这个占地 1.05 hm^2 的桥下公园（图 5-10）已成为区域内最重要的两个公园之一，打通了 Corktown 公园、河滨广场以及高架路两侧社区的联系，在多伦多的东城建立起一个生机勃勃的完整社区公共公园空间，成了社区文化活动中心。本项目是著名的多伦多 West Don Lands 区域滨水空间复兴计划中不可或缺的重要部分，为周边住宅区的居民提供了一个安全、充满活力的公共空间。当前城市的人口数量与密度急速增长，开放空间被逐步挤压，而本项目证明了对于诸如桥下空间这种荒废地块的设计应极富远见，可为片区内的生活质量带来质的提升。

空间规划和活动区的布置考虑了立交桥的结构及其支撑立柱的位置。由于受到桥面的保护，桥下空间不受天气影响，公园内的休闲设施十分受欢迎，而暴露在外的空间则被设计师转化成了绿地。改造途径主要有以下几种。

1. 注入色彩与设置活动场所

通过添加形形色色的功能、颜色和新颖的景观元素，将生机和活力带到人们身边。本项目的成功归功于设计团队对现有空间支撑结构潜力的充分挖掘。上方延绵的道路造就了下方极富秩序与节奏感的状态，承重梁柱网格结构与内嵌的小型空间交替出现，桥下公园的空间结构与

1　本案例图文均转载自谷德设计网。

图 5-9　原先废弃、危险的桥下空间

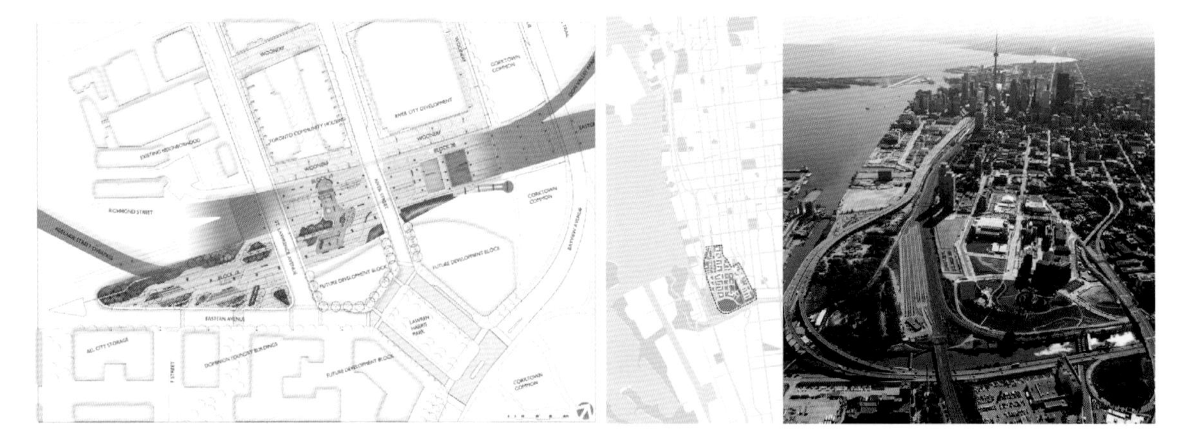

图 5-10　桥下公园平面图（左）、鸟瞰图（右）

功能规划的最终确定也受到了这种略带历史气息的交通设施空间格局的影响。高架桥为桥下空间遮风挡雨，塑造出一片全年无休的活动场地，无论白天或夜晚，篮球、曲棍球、滑板等种种活动激活了公园空间，甚至在多伦多常见的极端天气状况下也不例外。环绕场地边缘与点缀在高架路间空地上的茂盛植被，将这片曾经充斥着毫无生气的灰色混凝土结构的棕地变为了绿意盎然的休闲场所，为场地带来了丰富的肌理与美好的勃勃生机（图 5-11）。

图 5–11　改造前和改造后桥下公园色彩、活动与植物应用

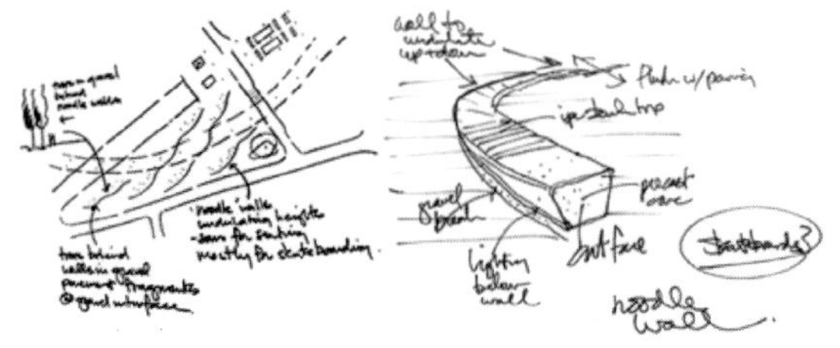

续图 5-11

2. 丰富竖向设计，增加休息设施和灯光

一道道蜿蜒的带状矮墙，为满足交通功能和多样化的活动需求，将公园划分为不同的活动区域，引导着人们穿行其中，并提供了休息的座椅。夜晚，长凳下方的灯光亮起，映照在木质的座椅之上，显得温暖而明快，与交通设施冰冷而沉重的质感产生了鲜明的对比。高低起伏、迂回曲折的低矮墙体为空间增添了不少趣味性，而伴其左右、繁盛生长的高茎草丛与本土植被则为这片城市中心的公共空间带来了一些野趣。儿童游戏设施则为整个空间带来了更丰富的色彩、形式与功能。

改造策略中最引人注目的一点当属场地中兼具艺术气息与实用性的灯光设计。夜晚，略显夸张的明快色彩映照在延绵的柱廊之上，赋予了这片场地与白天截然不同却仍不失吸引力的全新面貌，在丰富场地夜间空间体验的同时，还指引了路线，带来了安全感。色彩、排布形式不一的 LED 地灯增加了照明系统的层次，也带来了变化无穷的视觉体验。夜晚的灯光效果在保证游客安全的同时，带来了奇妙的动态空间体验（图 5-12），同时也有助于削弱上方厚重桥梁带给人的压迫感。公共艺术装置被放置在高架桥底部以呼应照明系统，由 Paul Raff Studio 创造的“海市蜃楼”占据了部分桥底空间，将公园中存在的一切倒映其中。这套镜面装置极具魅力，在白天折射着不断变化的自然光线，而在夜晚，明快而夸张的灯光亮起，仿佛在镜面中创造了一个迷幻的魔法空间。

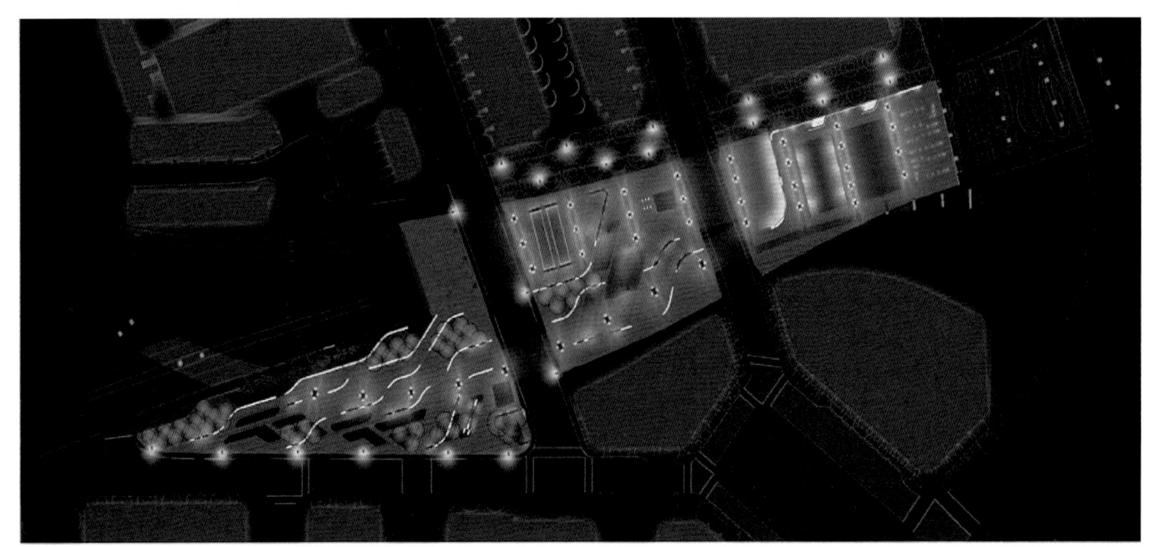

图 5-12　桥下灯光夜景观

3. 拥有丰富的活动设施并鼓励公众参与

通过多层次的功能规划、灵活的空间组织以及极具冲击力的灯光与公共艺术设计，桥下公园已经成为城市中独树一帜的公共空间，不仅能够为社区提供安全而宜人的外部空间，同时也成了城市居民休闲生活的目的地。这片兼具社区设施与城市舞台两种职责的公园也得到了无数艺术活动举办者的青睐，无论是自发性的表演、滑板活动、舞蹈演出，或是音乐视频和广告的拍摄皆在这里进行。

在管理部门的倡导与鼓励下，Street ARToronto、Mural Routes、Corktown Residents、Business Association 以及 Friends of the Pan Am Path 等多个艺术组织作为“先头部队”，用大量街头涂鸦覆盖了冰冷的混凝土桥墩，创造出一个独特而充满活力的城市艺术走廊（图 5-13）。明亮的色彩与风格多样的作品凸显了这片社区空间的参与性，仿佛呼吁每一位使用者都加入其中，携手合作促进这片公共空间的发展与转变。

图 5-13　桥下活动与涂鸦景观

桥下公园证明了通过有效的设计手段，城市中的废弃荒地将能够被转化，并完全融入城市肌理，成为城市开放空间系统的一部分。除了上述多样化的社区用途，每日带孩子前来游玩嬉戏的父母，则是本次设计成功与价值展现最简单、直接的例证。随着城市密度的日益增加，从传统公共空间的角度去寻找建设新型公园空间的难度也日益增加，挖掘无人问津的场地并赋予其活力和价值，让其成为公共领域中不可或缺的一部分是景观设计师最重要的职责之一。

二、北京市动物园路高架桥下游赏休闲空间

北京市动物园路高架桥南北纵穿于北京动物园东侧（图 5-14），覆盖动物园部分的高架桥长约 820 m，2007 年建成，为双向四车道，宽 18 m，通过动物园段桥下净空高度为 5~6 m。

桥下空间与动物园的设施及游览活动融合紧密，从南到北分别经过猴山、狼圈、豪猪圈、熊科动物馆、猫科动物馆、休息与餐饮点。

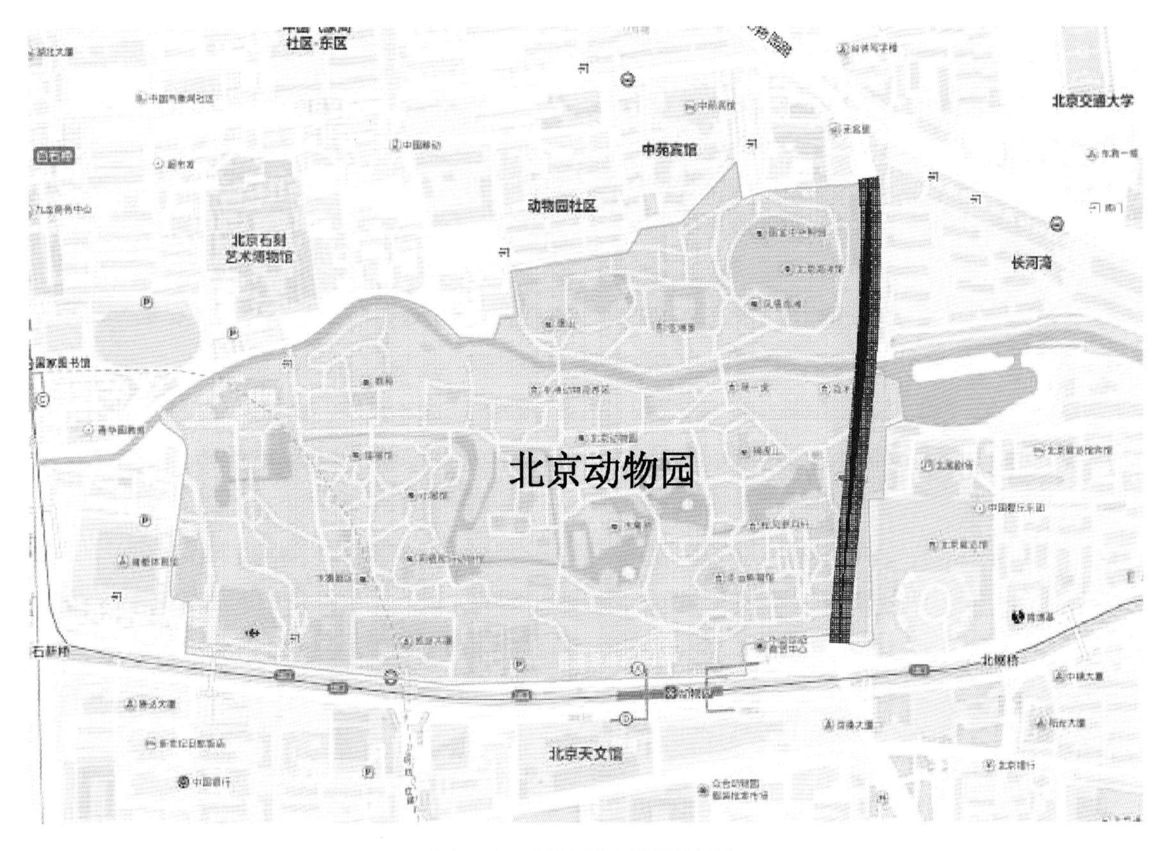

图 5-14　动物园路段高架桥位置

桥下最南侧是猴山，四周由钢化玻璃封闭式围合，游路两侧的立柱以猴子雕塑装饰，既呼应场地主题，又起到拦路石的作用。狼圈与熊科动物馆之间有一段高于地平面近 1 m 的平台，有以狼为主题的各种姿态的雕塑，旁边提供休息座椅。

熊科动物馆由特色景墙起始，里面是一个较大的主题广场，桥墩上还有北极熊和棕熊“比高”的卡通画，中间有尺寸刻度（图 5-15），在科普不同种类熊的体型的同时，还能让自己或孩子参与其中，量下身高，与熊比高增添了游园的趣味性。广场的北边有一大片旱溪，上面有各种形态和大小的熊的雕塑（图 5-16）。再往北走，高架桥西侧是熊山，东侧是北极熊馆，桥下很长一段都是道路，道路两侧的桥墩上仍然有很多“熊比高”的图画以及相关的科普展示牌，以趣味性的语言介绍各种熊的特点和生活习性。

往北是猫科动物馆，整体展示区分布于高架桥中线以东，西边缩进约 6 m 的通行道路，以橱窗的形式进行动物展示，二楼还设有室内展示馆。猫科动物馆旁边到南长河岸也是餐饮与休息设施的集中地，有高架桥遮阴，旁边有河流，夏日环境凉爽舒适（图 5-17）。桥下配置的休息座椅很受欢迎，很多人在这里停歇休息、其中大多是大人带小孩的家庭出行。

图 5–15　熊科动物馆旁的景墙和墩柱卡通画

（图片来源：秦凡凡拍摄）

图 5–16　北极熊馆旁的旱溪与石雕

（图片来源：秦凡凡拍摄）

图 5–17　猫科动物馆和餐饮、休息处

（图片来源：秦凡凡拍摄）

三、郑州市大石桥桥下空间休闲利用

郑州市大石桥于1994年底“四桥一路”工程中建设，曾荣获中国建设工程最高奖——鲁班奖。该桥位于金水区，在金水路与南阳路交会点，跨越金水河。金水路段为双向四车道，南阳路段为双向四车道，匝道为单向两车道。周边剧院、医院、学校等公共设施齐全，紧邻郑州市人民公园，居住区遍布区内（图 5–18）。

图 5–18　郑州大石桥位置及桥下使用情况

（图片来源：李文博，2015）

大石桥是郑州市最热闹的高架桥之一，为丰富市民的文化生活，河南电台戏曲广播娱乐976、河南电视台新农村频道主办，河南锦绣梨园艺术团承办了“河南戏曲名家周末公益大戏台”——《大石桥有戏》，每个周日下午请名家表演、唱大戏（图 5–19），越来越多的人周末有了新去处，到大石桥见名家、看大戏，都喜欢上了郑州市这张闻名省内外的文化名片。截至2017 年年初，已经成功举办了 47 期，观众累计达近百万人次。

桥下戏曲现场总是人山人海，甚至常见爬树看戏的观众。“好多年了，都没见过这样爬树看戏的”，这是大石桥戏迷发出最多的感慨！于痴心戏迷而言，能在大石桥近距离观看戏曲名家们的演出，他们在感动中收获了浓浓的满足感。对现场那些艺术家来讲，朴实、热情、执着的戏迷也带给了他们太多意想不到的感动。桥的东南角还有个老杂技馆，晚上的酒会表演也很精彩。

2017 年，由于郑州市地铁的修建，西侧最大的桥下附属空间被占用，戏曲节目暂停，其他桥旁路段沿河绿化和景观面积有限，质量一般，但桥下日常休闲活动仍然很丰富，人气旺盛。附近的居民，尤其是老年人都自带折叠小板凳集中在桥下阴凉处、桥旁小游园里下象棋、打牌、围观、看报、喝茶等，还有租赁便携桌椅和茶水的流动摊铺，为人们提供便利（图 5–20）。

图 5-19　大石桥桥下戏曲演出场景

图 5-20　桥下日常休闲

（图片来源：秦凡凡拍摄）

四、成都市人南高架桥下空间游赏休闲利用

随着城市交通高速发展的迫切需求，成都市陆续修建了一系列高架桥工程，据不完全统计，全市至今共修建了 40 多座立交桥，包括 2002 年建成的三环路工程，2013 年正式通车的二环路高架桥和近些年来不断完善的一环路工程。成都市依托这 3 条环线与放射状干道形成了立体交叉的道路交通网络，有效缓解了主城区市民出行的交通压力。成都市高架桥与其底蕴深厚的文化也相互巧妙融合，典型代表有：①沙湾路高架桥；②二环路高架北二段；③人南立交桥；④羊犀立交桥；⑤苏坡高架桥（图 5-21）等。

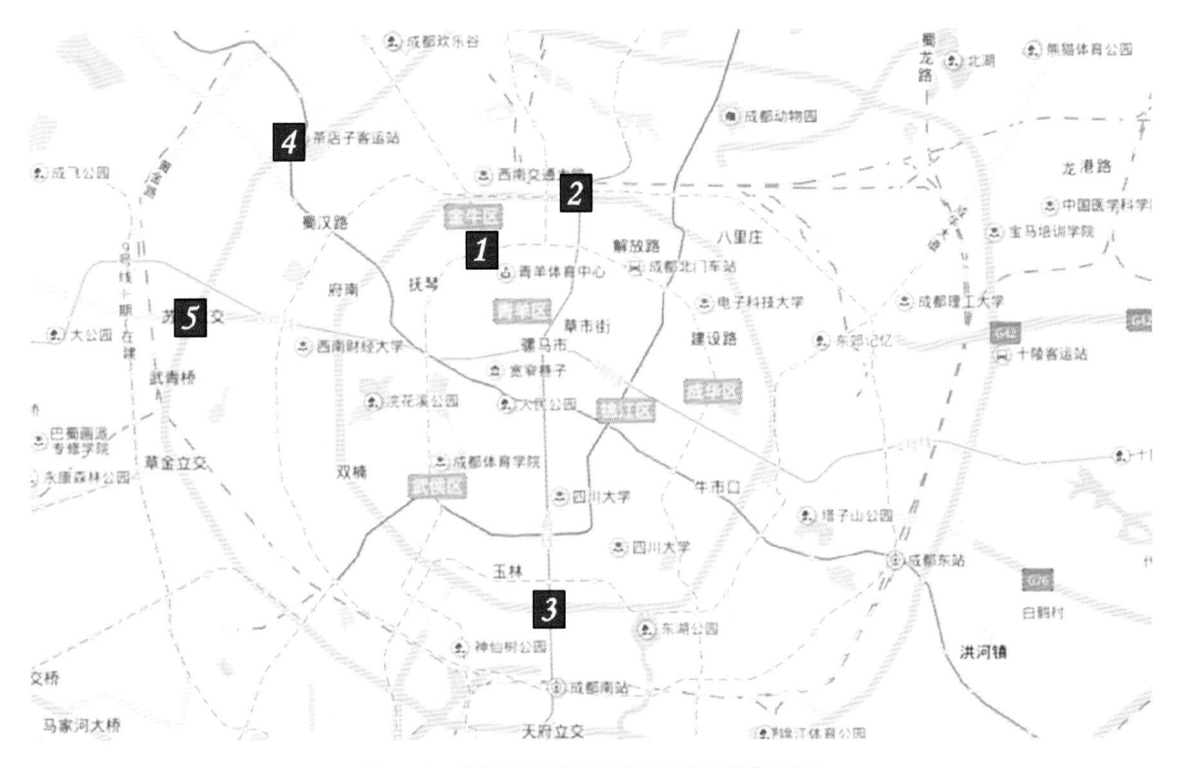

图 5-21　成都市高架桥下空间文化休闲代表区位图

成都市的高架桥下空间利用方式除去一般的城市道路交通与绿化市政设施外，多是与城市地域文化结合修建桥下园，如老成都民俗公园、川剧长廊等，尤其注重川蜀地方特色的发扬与传承，将古都文化转化成具象的景观符号，通过景观语言的方式表达出来。

人南立交桥位于成都市武侯区二环路与人民南路交叉口，处在成都市重要的中央商务区（CBD）之中，长 210 多米。2002 年，成都市武侯区政府利用其桥下附属空间建成了老成都民俗公园，正式对市民免费开放。2005 年再次进行修复改造，至此老成都民俗公园成为成都市乃至全国第一个利用城市高架桥下空间修建的，带有强烈地方文化特色的休闲公园，向民众展现着老成都的乡风民俗与历史文化，地域文化的保护与城市化进程这一矛盾在这里得到有机融合。

老成都民俗公园主要采用了绿化与休闲公园相结合的利用模式，兼有杂货、茶馆、艺术商城等商业形式。它以现代高架桥附属空间为依托，通过雕塑、浮雕、彩绘等艺术手法，刻画出老成都的墙垣城楼、桥梁古渡、茶馆民居、会馆公所、老街小巷、寺庙古迹、方言谚语以及市井民风等。栩栩如生的雕塑，古色古韵的浮雕与诗词镌刻，诉说着老成都昔日的市井风情与古老城市的沧桑变化。

美国建筑学家 E. 沙里宁（Eero Saarinen）说："让我看看你的城市，我就能说出这个城市的居民在文化上追求的是什么。"成都市被誉为"休闲之都"，老成都民俗公园正传达了成都市民闲适安逸的生活气息，理所当然地受到周边居民的喜爱，大家把它看成一张记录成都市历史民俗生活的文化名片。这个巧妙利用城市立交桥下的闲置区位而开创的新型艺术展示场所，像一座凝聚千年历史文化的时间长廊，一点一滴说明着为何"成都是一座来了就不想离开的城市"。

1. 仿古老桥

古时成都有江城之称，大河小流穿城过，应运而生的是"江众多作桥"，长桥、短桥上百座，桥和水自然而然地构成了成都市的一大特色景观。在成都市，几乎每一座桥都有着自己的故事，这些桥静静地卧在河上，记录着成都市的历史，见证着成都市的变化，承载着成都市的未来。不过随着历史和城市的变迁，不少古桥原来的面貌已不复存在，老成都民俗公园就在老桥老街文化区中，以这些曾经有名的古桥为蓝本，修建了 9 座仿古青石小桥（图 5-22），多为 1~2 m 宽，尺度相对较小，这些微缩景桥再现了成都万里桥、磨子桥、青石桥、卧龙桥、驷马桥等历史悠久的老桥，向人们讲述着老成都的故事。

图 5-22　成都人南立交桥下的"桥"

（图片来源：杨茜拍摄）

2. 桥墩浮雕

桥下墩柱上雕刻的反映街巷文化的浅灰色水泥浮雕，描绘了鼓楼街、桂王桥街、暑袜街、府南街、宽巷子、同仁路、古城墙、春熙路大舞台等几十幅场景，重现了成都老街、老建筑的风貌，勾起老成都人对曾经喧闹街巷的记忆。这些老街同老桥相互呼应，游人仿佛徜徉在老成都的市井风情之中，感受成都这座古老城市的沧桑变化。

3. 南门牌坊

成都老皇城其实是清代成都府科举的贡院，位于今四川省成都市的四川科技馆、天府广场一带。皇城外面的石牌坊，正中是“为国求贤”四字，为表达科举考试的宗旨，两旁的题字分别是“会昌”“建福”，寓意“会当兴盛隆昌”。在 20 世纪六七十年代，老皇城不幸被拆除，“为国求贤”的牌坊也随之消失。而在地理位置上，人民南路作为轴线连接了老皇城遗址与二环路，于是在与二环路交界的人南高架下重建了南门牌坊（图 5-23）。同样采用青石材质，遵循比例仿造四柱三间冲天柱式牌坊结构，由于桥下净高的限制，上方柱头高度和吻兽较原型稍做简化调整。

图 5-23　重现南门牌坊

（图片来源：杨茜拍摄）

4. 文化雕塑

公园内有 13 处 1 ：1 大小的青铜人物雕塑群，雕塑选材于老成都市民生活或某一熟悉的生活场景的瞬间，如拉大锯、推鸡公车、配钥匙、转糖画、唱竹琴、掏耳朵、看西洋镜、滚铁环、提茶壶、玩陀螺、斗鸡、打弹子、玩弹弓等。主桥跨下秦、汉、明、清时期的成都城池图，展示着成都 2000 多年来的城市历史发展脉络（图 5-24）。两侧有画轴样式的老成都通鉴，以文字和图画的方式镌刻着老成都的民俗风情、民间俚语等内容，如喝盖碗茶、逛集市、坐滑竿、抬轿子、乘凉、娶媳妇、回娘家、看灯会等。主桥跨下细高的方形桥墩被装饰成飞檐翘角的墙柱，墙柱四面撰写有从南北朝至明清时期历代名家描写成都的诗文名篇，有李白、杜甫、刘禹锡、李商隐、陆游、苏轼、司马光、杨慎、杨燮等 23 位名家的诗文 32 篇。

图 5-24　桥下文化主题雕塑

（图片来源：杨茜拍摄）

五、广州市东濠涌高架桥下空间游赏休闲利用

广州市是一个河涌密布的城市，据统计，仅广州市中心城区就有河涌 231 条，总长 913 km。但随着广州市现代化的不断发展，各条河涌附近的居民和企业产生的污水绝大部分未经处理就排入河中，每条河涌都是黑水横流、臭气熏天。直到 2010 年 9 月，为了迎接当年 11 月的亚运会，广州市的河涌整改才初具成效，其中东濠涌曾是广州市仅存的旧城护城河，两岸环境复杂、污染严重，是广州市治水工程的重要整治部分，也是整改的最著名的一条河涌。

东濠涌是珠江的一条天然支流，它发源于白云山的甘溪和文溪，入麓湖后在麓景路入地下暗河，经下塘西路至小北路，在北校场路附近转为明渠，沿越秀路一直南下，在江湾大酒店旁注入珠江，全长约 5 km。在东濠涌的环境整治中，借鉴了韩国清溪川的做法，引用处理后的珠江水作为东濠涌的水源，经过综合治理，通过采取雨污分流、净水补水、景观整饰等方法，恢复了河涌的原生态，在跨涌高架桥下建设两岸休闲带、绿化广场，种植大量湿地植物，创造亲水开放空间，涌畔建设了多个用汀步和小桥相连的滨水休闲广场，再造广州市“六脉通渠”的文化特色，游人和自行车爱好者都喜欢从此经过并逗留，堪称“一流的生态河涌绿色走廊”“典范的亲水生态休闲文化走廊”。

东濠涌许多景观段落都位于广州市的高架桥底，这也恰恰就是东濠涌景观的独特之处。整条河涌沿线向自然、生态、开阔、便民 4 个方向规划，精心打造“绿文化、水文化、健康休闲生活文化、广府文化、桥文化、城墙文化”。尤其是桥文化段落的打造，着实改变了一直以来高架桥附近居民的生活状态。

东濠涌高架桥越秀桥段设置有叠水瀑布，并且在东濠涌岸边设置了一些亲水码头，把河涌堤岸整体下沉 2.7 m，形成的高差将其与繁忙的道路相互隔离，同时使在高架桥下广场上活动的人们不会觉得很压抑。台阶中间的平台上种植了一些绿化植物，并配套花池设置一些休息设施，吸引市民在平台上停留。阳光照进桥下东濠涌的小溪边，自然置石的驳岸吸引了不少市民走进桥下的东濠涌戏水玩耍（图 5-25）。

图 5-25　东濠涌高架桥下人们的休闲活动及景观

（图片来源：张雨、彭越拍摄）

第六章　城市高架桥下商业利用及景观

第一节　桥下商业利用的基本条件

城市高架桥下沿线空间的商业利用，顾名思义就是通过在高架桥下进行空间改造或加建构筑物，将原本在高架桥影响下的闲置场地转化为商业空间的优化利用形式。这种利用形式显著提高了城市土地的利用率，加强了桥下空间土地开发强度，且往往能带来较高的经济利益，是桥下沿线空间主要的利用形式之一。

商业利用主要涵盖大、中、小各类商店、餐馆及小规模的工厂、小型的事务所等类型的应用。可以发现，这些利用形式多面向各种小规模的经营活动或是对人流依赖程度较高的商业设施。由此，可以总结出桥下空间商业利用的两大优势，即较为低廉的土地成本与大量人流所产生的消费能力。而在欧美等国家，在高架桥沿线空间中还出现了音乐厅、学生活动中心、交通管理中心等相对复杂且具有一定规模的公共类建筑，这说明，在一定的技术手段支持下，桥下空间中的建筑同样可以负担起更复杂和广泛的功能。

一、高架桥结构

从高架桥本身结构来看，桥下商业利用对桥面形态、墩柱形式、桥阴净高与桥宽比三者都有相应的要求。

1. 桥面形态

高架桥桥面形态对桥下空间的利用有较大影响。线状延伸型形态可植入的商业规模有限，但是通达性更佳，人流更易到达;点状交会型与网络混合型形态在空间上对桥下活动的干扰较大，即使桥下空间较线状延伸型空间规模更大，但就使用率而言远不及后者。

此外，桥面设置有分离缝，对桥下采光更加有利，更利于桥下商业活动的开展。

2. 墩柱形式

墩柱将桥下空间在水平方向上分割出柱与柱之间的若干个小空间，在单柱式墩柱的高架桥下，往往可利用柱体本身来布置商业点，在双柱式墩柱的高架桥下，分隔的桥阴空间宽度较大，可供选择的商业类型更多。根据商铺建筑与高架桥原有结构关系的不同，可依据对墩柱的利用形式将其分为独立式、分隔式、围合式（陈梦椰，2015）（表 6–1）。

表 6-1　桥下商业布置对墩柱的利用形式

类型	独立式	分隔式	围合式
	不依附于墩柱单独存在	由墩柱分隔围合空间	墩柱与建筑柱网相结合
示意图			
利用实例	巴西圣保罗 Minhocão 高架桥	巴黎高架桥艺术长廊商业街	日本中目黑高架桥
实景图片			

（表格来源：杨茜整理绘制）

3. 桥阴净高与桥宽比

桥阴净高与桥宽比（B/H）决定了桥下空间给人的心理感受。若桥下净空高度较高，空间较为通透开放，给人轻松明快的感受；反之，空间较为压抑，造成压迫感，不利于商业活动的开展。

当桥面较宽时，桥下商业利用的方式较多，包括进深较大的综合商业区以及商业楼等，但同时被遮挡的范围较大，会产生一定的压迫感。当桥面较窄时，会显得较为轻盈，但可利用的商业类型相对较少。

二、桥下空间利用形式

从改造建设形式上看，商业利用可以分为独立式和结合式两种（张文超，2012）。

1. 独立式商业利用

独立式商业利用是指完全脱开高架桥本体及其附属建筑物而存在，以建筑的形式将原本的室外空间转化为内部商业空间的优化利用形式。其核心特点就是建筑的承重结构及外围护体系是独立于高架桥及其附属构筑物之外的，这使得其内部商业空间受到高架桥的影响最小，一般除了建筑处于桥下的部分受到高度的限制，平面、立面形式都相对自由。

同时由于顶面独立于桥身，垂直围护结构也不必与墩柱发生关系，高架桥运行时产生的噪声、震动等可以得到有效的隔离与缓解，对建筑物内室内空间的影响可以降到最低，是目前国内外桥下空间利用形式中最普遍也是最简单的一种。

比较典型的是日本下北泽站高架桥下的“鸟笼”临时改造项目——一个占地大约 200 m²、

高 6.5 m 的铁笼（图 6-1）。平时是个公园，每周有二手集市，偶尔被整租下来放映电影，逐渐成为青年文化活跃之地（图 6-2）。

图 6-1　日本神奈川高架桥下的“下北泽鸟笼”

（图片来源：http://www.sohu.com/a/128579664_465303）

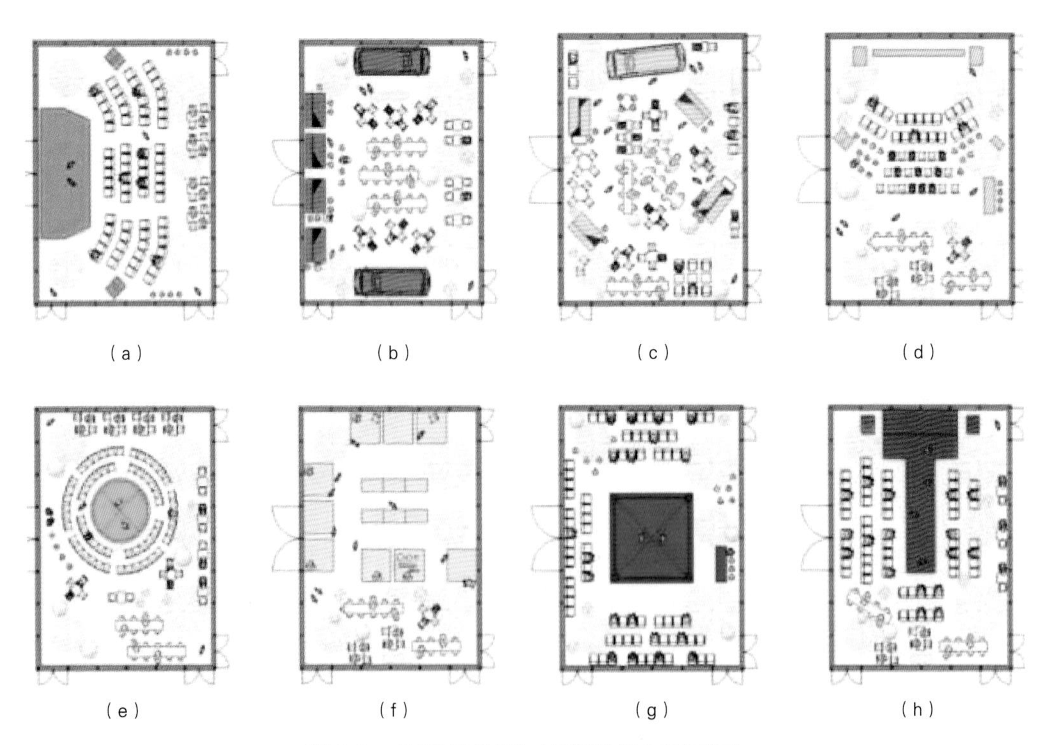

图 6-2　“下北泽鸟笼”中不同的商业布局形式

（a）剧院；（b）市场 1；（c）市场 2；（d）电影院；（e）圆形舞台；（f）街市；（g）拳击场；（h）T 台

（图片来源：http://www.sohu.com/a/128579664_465303）

与此同时，虽然独立式商业利用形式适用范围广，受高架桥负面影响小，但是也存在自身的一些缺陷。首先是建筑与高架桥的协调性一般较差。对于大量存在的小型的独立建筑，很难投入大量的财力与人力进行深入的造型比选与立面研究，容易与高架桥本体产生不协调的景观效果。特别是在一些地区已经出现的在高架桥下随意加建的小型商业建筑设施，严重破坏了高架桥区间沿线空间的完整性，虽然带来了一定的经济效益，却对高架桥景观产生巨大的负面影响。

因此，在桥下空间中进行独立式商业的利用时，应该以大中型建筑为主，或是呈族群形态的小型建筑，以方便进行设计与投入，同时与高架桥巨大的体量形成合宜的对比效果。

2. 结合式商业利用

结合式商业利用与独立式商业利用最大的不同之处，就是在这类优化利用形式中，高架桥下沿线空间中加建的建筑物的承重结构或外围护体系借用或部分借用了高架桥本身及其附属构筑物。

该类利用形式最具有代表性的例子莫过于日本秋叶原商业中心的高架桥下的空间利用（图6–3），其利用原本的桥洞结构，商铺只需在两侧增加两个立面，而项面空间和剩余的两个立面都直接借用了高架桥的墩柱与桥身，既节省了成本，又创造了一个极具特色和活力的城市街面，是结合式利用形式的优秀范例。

图 6–3　日本秋叶原商业中心的桥下商业空间

（图片来源：https://www.douban.com/note/584752347/）

还有东京新宿的高架桥，其外观形式极具艺术气息，绵延伸展达到几千米。不管是与高架桥本体结构的结合，还是立面的虚实对比和色彩搭配，以至广告招贴的设计，都可以成功地吸引过路行人的目光，是集约化利用城市土地、激活消极空间、营造宜人的都市气氛的优秀案例（图6–4）。

这种形式相对于独立式更有利于各类小型商业建筑在桥下空间中的应用。这样既可以减少投入，进而降低营业的成本，活化沿线空间的商业气氛，还能保持高架桥在空间中的主体地位，不会因沿线商业设施的出现造成沿线空间出现杂乱无章之感。

图 6–4　东京新宿高架桥下的商业街

（图片来源：http://blog.sina.com.cn/s/blog_4acf0a9701008hde.html）

从功能上分析，对于桥下空间的商业类利用，其首要问题就是如何解决商业与高架桥下空间结合带来的不良效果。就噪声、震动而言，对结合式商业建筑空间的影响远远大于独立式的空间，直接影响了植入商业的类型和空间布局形式。

其次是如何与高架桥充分融合。独立式商业建筑空间往往由模块化形态的构筑群组成，与桥体本身结合较差，但具有较高的灵活性，适合流动性较大的商业形式。而结合式利用方式需要商业空间与桥体本身的构件能够相互协调，如何巧妙利用高架桥的本体构件，形成富于韵律感的界面和支撑体系，是这类改造利用成功与否的关键问题。

最后是商业氛围的空间感受。独立式布局不受桥体净空高度的限制，可以最大限度地兼顾商业空间的通风、采光等要素，协调 *B/H* 值，以增强空间的通透性。结合式建筑则会显著降低桥下空间的通透感，在利用时既要丰富美化其立面，又要注意疏密结合，避免形成单调冗长的街面形式。

综上所述，独立式商业利用形式适用于布局灵活的小型商业服务类建筑，在一定技术手段的支持下也可以用于大型商业类型。结合式商业利用形式相对于独立式的应用，其适应范围更宽广，但是受桥体影响也更大，故而对建筑设计和施工的要求也会有所提高。

三、交通环境

便捷的交通是商业网点形成的前提，是提升商业活力的保证。合理的布局使人流与环境结合，使周边的交通能为商业所用。在周边地区交通条件一定的情况下，每个商业网点的建设规模都有其上限，换言之，商业网点的最大试建规模与周边交通供给条件呈正比关系，通达性越好的区域，商业网点试建规模的上限值越大（丘银英等，2006）。

高架桥下空间的商业类利用有两大优势，即较为低廉的土地成本与轨道交通线承载大量人流所产生的消费能力。若桥下商业空间同时兼顾一部分停车功能，无疑增加了商业网点的人流，是吸引消费者的一大诱因（图 6–5）。

图 6–5　东京新宿高架桥下的停车场

（图片来源：http://blog.sina.com.cn/s/blog_4acf0a9701008hde.html）

桥下商业针对的主体人群活动方式仍是以慢行为主，应根据人的活动路径来确定主要的流线。虽然桥下空间较为狭窄，但对于商业利用而言，内部交通以循环路线为佳，可结合两侧可利用的公共空间，将桥下商业空间与城市空间协调统一利用。

第二节　桥下商业利用的基本形式

一、平面形式

高架桥下空间优化利用是我国一个亟待解决的问题，关键在于如何“缝合”被城市高架桥分割的城市空间。现有的大多数商业建筑类利用方案中，为了能够充分地利用有限的土地资源，多采用满铺的形式，将桥下空间完全占据，形成连绵均质的建筑空间。然而这在事实上更强化了高架桥的分割作用，使高架桥两侧的城市空间更加疏远。同时两侧布置的人行道也容易与沿线的机动车道路相互干扰，降低此处商业空间的可达性。因此，若将沿线空间中的建筑朝向反置，使高架桥下形成一条统一的内街，可以更有效地联系高架桥两侧的城市空间。同时也使得内部人行空间更为舒适宜人，避免其与机动车道之间的干扰。通过这样的设计，与高架桥两侧城区中人的生活相结合，也减少了由于高架桥的出现对城市空间造成的割裂感（张文超，2012）（图6-6）。

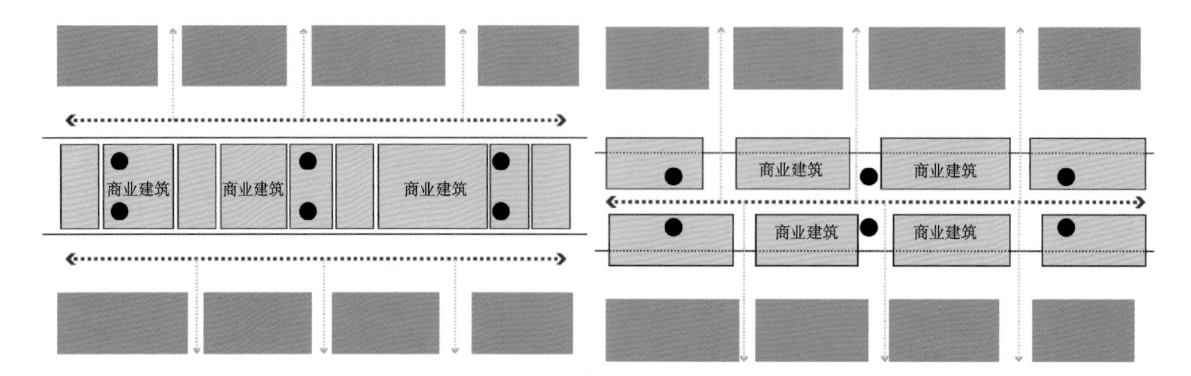

图 6-6　桥下商业利用中的商铺布局形式（左图为传统做法，右图为改造后）

（图片来源：杨茜绘制）

二、立面形式

在商业利用的立面设计中，最值得设计师认真考虑的部分应该是构筑物立面与高架桥本体墩柱及桥身的结合。我们以比较成功的神田万世桥改造为例。该项目在废弃的万世桥站原址上完工，在保持了原车站最大特色，即红砖外立面和建筑主要结构的基础上，对车站内部，也就是原来的铁道高架桥下空间，进行了全方位改造。改造后，餐饮店、画廊、纪念品专卖店等17家新店铺入驻。具有未来感的设计使得这里自开业以来，就成了东京市居民和外来游客的新宠（图6-7）。

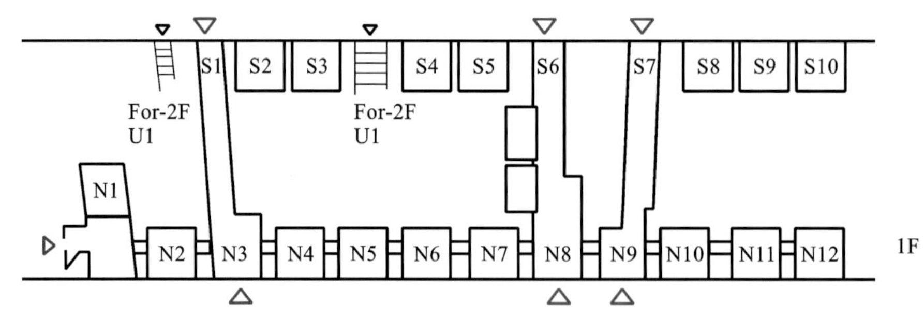

图 6-7　新万世桥下商业平面布局图

（图片来源：杨茜绘制）

该类改造设计有几个一般性的规律。首先是近地空间氛围的塑造应以通透感为主。高架桥作为一种具有时代感的建筑，其空间氛围的营造也应具有现代的气息。玻璃与金属框架的材质可以很好地诠释人们对于现代城市空间的感受，同时通透的流动空间设计可以减少高架桥巨大的本体对周边空间造成的压抑感。

其次是人性化的尺度分割。高架桥自身动辄 30~50 m 的跨度在给人使用的建筑空间中十分少见，其 7~14 m 的高度也容易给人压迫感，故此，将高架桥超人的尺度进行有效的分割，使其拥有更人性化的尺度，是立面设计中另外一个重要的任务。参考新万世桥的案例，可以认为在商业类改造中，跨度尺寸应控制在合适的尺度，而高度的控制问题可以通过材质的转换和装饰纹理设计来解决（图 6–8）。

图 6–8　新万世桥下利用玻璃与金属框架材质来增加空间通透感及人性化尺度空间

（图片来源：zh–hans.japantravel.com）

最后一点是在进行商业类利用的高架桥下，桥梁的墩柱和桥身宜采用相对简单完整的形式（图 6–9），如柱型可使用宝石型柱等本身极具观赏性的墩柱形式，否则可能会造成高架桥与加建建筑物之间的不协调。

图 6–9　新万世桥下商业利用中保留及加建的墩柱形式

（图片来源：zh–hans.japantravel.com）

三、业态形式

1. 简易市场形式

市场由一个个简易搭建的摊位组成，规模大小不等，摊位可方便拆卸，根据市场需求再进行重新组合。如台湾省台北市的一些高架桥下，在平日只是安静的停车场，到了周末就会成为繁荣的花市；宜兰东港陆桥下，白天是菜市场，夜晚则是喧闹的夜市（图 6–10）。根据当地人的不同需求，同样的桥下空间能够在不同时段植入不同的功能，为市民营造一个自由化的公共商业空间。同时，类似于欧美等西方国家兴起的跳蚤市场形式，在高架桥下也存在（图 6–11）。

图 6–10　高架桥下的花市与观光夜市

（图片来源：http://tw.haiwainet.cn/n/2015/0922/c232620–29188985.html）

2. 综合商业街形式

在保证高架桥下空间高度与宽度的比值，也就是 *B/H* 值合理的情况下，可以增设小型商业性建筑，形成界面，构成封闭的空间，营造相对轻松安静的购物氛围，以便带动城市局部的商业活动（郑园园，2017）。若是在较为狭窄的桥下空间，可以植入餐饮等占地空间较小的商业类型，利用桥旁空间充当行进通道，桥下形成连续对外的长街形式。

在寸土寸金的日本，桥下商业空间的利用是世界范围内的杰出代表。为了解决商业店面不足的问题，日本对桥下空间进行了改造和利用，将其建设成商业长廊，塑造为有效的城市商业空间。桥下的商业店面处理得整齐协调，不仅避免了卫生问题和安全隐患，同时也降低了高架桥对城市景观的破坏。日本高架桥下的商业种类繁多，是重要的购物场所和城市景观，相比原先单纯的交通功能，丰富了高架桥的使用性质，同时更加人性化（王莲霆，2017）。例如“2k540”职人街（图 6–12），位于秋叶原站—御徒町站铁道高架桥下。“2k540”职人街结合了商铺店面和作坊形式，有包括木雕、金工、陶瓷器、草木染等十几个品牌的店铺，每间店都是相关领域极具水准的设计工坊。散发着性感与美感的职人街聚集了大批传统手工艺人，旨在传承社区传统手艺，支撑国家产业的发展（图 6–13）。2016 年，日本优良设计奖——为未来而设计奖，也颁给了通过不同形状、不同样式错落组合以节约空间的商业设施，尤其适用于桥下商业街中不同商业空间的组合（图 6–14）。

图 6-11　美国爱达荷州华莱士高速公路下的跳蚤市场

（图片来源：visitnorthidaho.com/event/under-the-freeway-flea-market/）

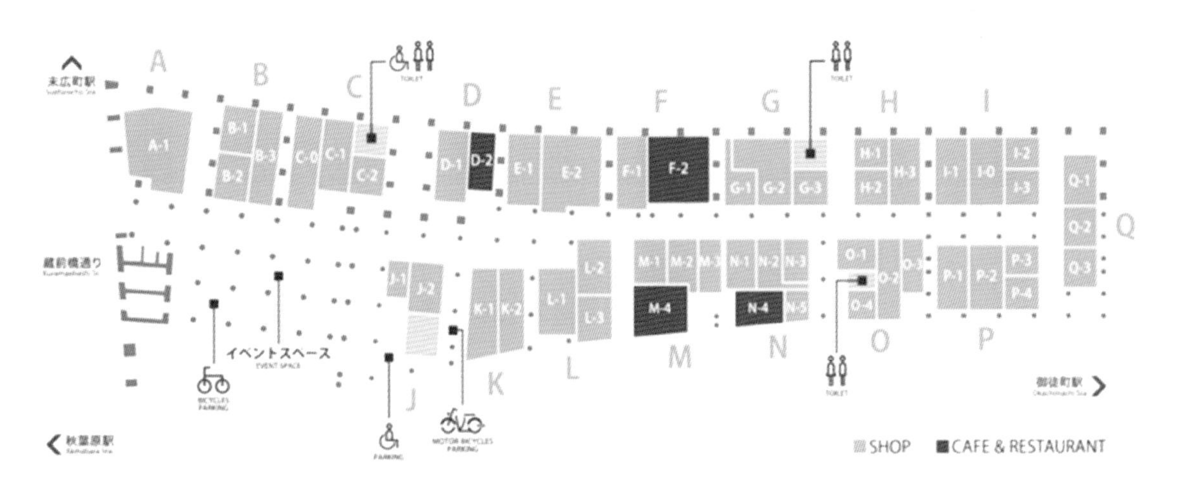

图 6-12　“2k540”职人街平面图

（图片来源：http://www.jrtk.jp/2 k540/）

图 6-13　手工艺作坊

（图片来源：http://www.jrtk.jp/2 k540/）

图 6-14　获 2016 年日本 G-Mark 设计奖的桥下商业设施

（图片来源：http://www.shejipi.com/133234.html）

综上所述，商业类的利用形式可以显著提高高架桥下空间土地的价值，使开发者获得直接的经济收益。对于私人投资者，特别是中小型投资者，这种模式利于激励他们参与对桥下闲置空间的开发利用，减少政府和交通运营公司的资金压力。但是这种模式下建成的商业建筑随着周边市区的不断发展和功能的不断完善，其竞争力有可能会逐渐下降，最终反而成为城市中的负面因素。

因此在推动商业类利用时，一定要保持一定比例的开敞空间，对其规模做出一定的限制，使桥下空间的功能能够顺利地随着城市的发展而做出相应的转变。

第三节　桥下商业利用及景观的问题及解决方式

在城市的存量发展阶段，城市规划和建设追求高质量、高标准和精细化。但是，城市中存在大量未被开发利用的消极和闲置空间，包括高架桥下的冗余空间、用途不明的废弃空间以及楼层顶部的闲置空间等。虽然整体存量空间很大，但开发利用率却较低。在城市用地中，交通用地面积的占比一般在10%以上，各类快速交通设施的建设往往采用高架桥的形式，因此高架桥下空间成为可挖掘的宝贵资源之一。

然而，高架桥下空间也带来了一系列的负面影响，如城市空间的割裂、城市景观的破坏和人与城之间的疏离等。因此，如何有效利用高架桥下空间，最大化其经济价值，并解决其带来的负面影响，已成为人们越来越关注的话题。为了充分利用高架桥下空间，可以进行多方面的开发和利用，如打造文化创意产业园区、建设商业中心、创建公共休闲场所等。同时，也可以通过增设绿化、艺术装置和公共设施，改善高架桥下的环境质量和管理秩序，提升场所的品质和舒适度，进一步刺激市民对于该区域的利用和消费。

自古以来，商业与文化共同服务于人们日常生活的例子屡见不鲜。古罗马的公共浴场能够同时融入图书馆、音乐厅以及商场等多种功能，我国传统庙会空间以宣扬宗教文化为主，将茶馆、旅馆、饭铺或集市等商业功能融入公共生活。不同于简单的拼凑形式，文创商业融合了现代创意，以商业空间为载体，以经济带动文化的传播与发展，凸显新奇独特的场所体验感，包含特色餐饮、创意衍生品零售、展览和体验空间等多种形式。文创商业模式不仅集约利用了城市公共资源，同时能够提供集艺术欣赏、购物、餐饮于一体的全时性消费体验。

在消费时代，为了迎合人们不停变化的生活方式，文化艺术逐渐走向大众化。在当代城市，复合型功能空间利用变成一种趋势，文化与商业相结合的桥下文创商业模式具备迫切必要性和现实可能性。

高架桥下空间相比其他区域具有一定减少外界交通干扰的特点，这种特性使其成为商业空间设计的理想选择。商业街的延续和发展需要大量的空间支撑，而高架桥下的空间可以避免传统商业街容易出现的卫生和安全难题，同时还可通过集约利用空间来营造商业氛围，优化城市商业景观。

然而，高架桥虽然能够带来便利性，但其所带来的负面效应同样严重影响到桥下的商业景观环境和使用体验。高架桥本身带给街道的巨大阴影干扰了人们的视线，使人们总是处于一种紧张躲避的心理状态之中，从而破坏了购物休闲的景观环境。与此同时，由于缺少可供停留休息的场所，也进一步限制了商业空间的利用率和空间景观品质。

为了提升桥下商业空间的利用率和空间景观品质，可以从以下几个方面进行改进。

1. 增强可达性

在商业街区中，吸引和聚集人流是其营造经济活力、社会活力的前提。然而，要吸引更多人来到商业街区，其中一个关键因素就是可达性。

可达性即人们在穿越一个空间时可选择的路线数量，它是使场所具有生命力的重要标准之一。在商业街区中，良好的可达性能够帮助扩大服务范围，使更多的人可以方便地到达商业街区并进行购物等消费活动。因此，在规划和设计步行商业街区时，需要考虑到可达性问题，以确保商业街区的活力和竞争力。

在提高商业街区可达性方面，一个重要的举措是组织便捷的交通网络。可以通过改善街区内部的步行环境和交通设施来吸引更多人步行出行，同时也可以通过完善公共交通系统，提供多样化的交通工具和便利的换乘系统等，为距离较远的人流提供高效便捷的出行方式，从而降低距离对人的消极影响，提高商业街区的可达性。

在商业街区内部，步行街道的可达性尤为重要。一个被划分为许多小块的步行街区，比简单划分为几个大块的街区更具有活力和吸引力，因为它能够提供更多路径选择的机会。每一条街道都能够通往另一条街道，而另一条街道又能通到其他街道，如此往复继续下去。这种不可预期性和引人入胜处，给人们带来变化丰富的感受，同时也激发人们多样化的行为。

从这个意义上来讲，街道的可达性强，表明建筑空间与街道空间的形态关系非常丰富。如果路网、公交系统、交通工具等方面存在缺陷，则意味着商业街区中公共生活、业务交流等方面的活动缺乏多元化的安排点，其活力则相应低迷。

在设计街道时，需要注重街道布局的连通性，以提高街道的可达性。适当划分街区，并加上适当的规划和设计，能够打造出一个完善的步行街区，为人们提供更多的购物和消费体验。此外，加强街道的景观规划和环境管理，能够增强人们对步行街道的归属感和认同感，从而提高街道的可达性，为商业街区带来更多的活力和吸引力。

2. 与周边环境的联动

高架桥生硬阻隔了桥两边的地块，使得沿线物业的商业价值降低。对周围的商铺而言，高架桥下空间带来环境的压抑感，使人们的购物欲望下降，商铺的收益下降。对周围的住宅小区而言，高架桥带来一系列物理因素的负面影响，更严重的情况在于高架桥割裂了住宅小区的配套和服务设施。从另一个角度来讲，高架桥也给周围商铺和住宅小区带来了通行的便利性和可达性，交通的发达便利度对商业的价值具有很大的影响，便捷的交通配套设施既是人气的保障，也是财气汇聚的基础，可以增加商业物业的升值空间。可以通过对高架桥下空间进行合理规划布局，与周围环境协调发展，放大积极影响，减少负面影响，最大化地激发周边版块的商业价值。

若高架桥下部空间的基面为自然地形或者高差起伏较大，如山城重庆洪崖洞滨江高架桥下空间（图 6-15），没有与城市道路直接连接，此时进入桥下商业空间必须设置专门途径，通过垂直电梯或附近其他悬挂扶梯进行连接，以提高空间的可达性。若桥下空间与城市道路有直接联系，或者自身就承担了城市道路功能，为人群集中活动提供前提条件，则在进行桥下空间商业活动时就具备优势。此外，在对商业利用空间进行选址和设计进入途径时，都应避免对周边道路交通的干扰。

3. 商业氛围的营造

高架桥作为城市的基础设施，一定程度上影响了地面商业景观环境。为此，可以将高架桥改建为“软性”商业环境，以提升商业环境质量和市民的使用体验。

“软性”商业环境是指围绕商业建筑的外部公共活动空间，与地面商业区无缝对接，具有更多的不确定性和可变性的商业环境，人们在此的交往活动更加无拘无束。因此，在改建过程中，可以采用具有围合感、层次丰富的开敞空间，把商业活动从内部延伸到外部空间，打破高架桥原本的封闭性，增强商业区的互动性和活力。

同时，在“软化”改建中还应考虑到市民和游客的使用需求，提供更加舒适和便捷的使用体验。可以在商业环境周边设置绿化带、座椅、休息区等，以及配备充电设施、无线网络等服务设施，吸引更多的人前来使用。在夜间，可以规划夜景照明，为商业区营造出浪漫温馨的氛围，吸引更多人前来欣赏。

图 6-15　重庆洪崖洞滨江高架桥下空间与周边商圈存在 40 m 高差

（图片来源：杨茜拍摄）

通过将高架桥改建为“软性”商业环境，可以提升商业区的互动性和活力，提供更加开放、舒适和便捷的使用体验，促进城市商业经济的可持续发展。桥下商业建筑之间相互呼应，共同围合、限定开敞空间。店铺均面向外部空间，彼此相连，形成连续的界面，增强开敞空间的围合感。强调外部空间系统的作用，实现系统的整体性、连续性、层次性。完整封闭的开放空间、连续规整的围合界面将为人们在桥下的商业活动提供更多的逗留空间，从而提高整体商业空间的活力（任兰滨，2005）。

除了消费购物，桥下空间也可以通过丰富空间的活动类型来提高市民和游客的留存率。可以在商业场所内部引入社交、游憩、餐饮等多元化的商业活动类型和服务设施，如复合型书店、画廊、文化主题馆等，并加强与周边社区、学校、文化机构等的合作，吸引更多的人前来参与活动。

以成都独有的各式特色店铺为例，如四川传统手工艺品店、小吃摊等，都可以纳入商业场所，打造出独具成都特色的商业氛围。这些店铺不仅可以吸引周边市民前来消费购物，还能够向游客展现成都的文化、历史和风土人情，提升商业场所的知名度和影响力。

设计有特色的建筑外立面也是打造商业氛围的手段之一。应该鼓励商家对商铺进行外观装修，打造出有特色的商铺外立面，增加商铺的美观度和吸引力。这不仅可以提升商业街区的整体品质，也有助于吸引更多消费者进入商铺。

若周边存在商圈，可将桥下商业与之联系起来，形成整体的商业空间，削弱高架桥构筑物对两侧商业交流的干扰。例如，在日本有乐町站铁道高架下的餐馆街，是桥下商业街形式的典型（图 6–16）。虽然桥下空间十分有限，但简易的招牌悬挂在桥梁侧面，配合灯光形成协调统一的界面，与对面商业店铺共同构成受人欢迎的开放空间，经过数十年的发展，不断累积的手艺和人气使得这里成为颇具人气的商业场所。

4. 光线

光线是桥下空间商业化利用的关键因素，由于桥板的覆盖，占地较大的桥下空间光线往往并不充足，这会导致人们在购物休闲时无法享受到户外的阳光和自然环境。因此，类似于大型商业空间的夜景照明规划，桥下商业空间在白天时也需要补充照明设施，以保证室内光线的充足。

针对这一问题，可以在高架桥下的商业场所周围设置大面积的落地窗等，让自然光线能够充分渗透进来。同时，还可以在商业场所内部设置开放式的庭院、花园等，可以考虑通过适当的多棱镜反射原理，将桥外侧顶上的自然光通过导光器导入桥下商业场所内，创造出更多的自然光线渗透路径，使得整个商业场所变得更加舒适宜人。

此外，针对光线不足的情况，还可以通过补充照明设施来弥补缺陷。可以选择使用高效节能的 LED 灯等，提高整个商业场所的照明效果，同时减少能源的浪费。在夜晚，还可以通过夜景照明规划来营造出温馨浪漫的氛围，吸引更多游客前来体验。总之，在充分利用自然光线的同时，补充照明设施也是桥下空间商业化利用的一项重要措施（图 6–17）。

图 6–16　有乐町站铁道高架下的餐馆街

（图片来源：https://www.thepaper.cn/newsDetail_forward_1762363）

图 6–17　成都市人南高架桥下商业街内照明

（图片来源：杨茜拍摄）

通过合适的景观设计，可以将其劣势转化为优势，灯光景观不仅仅在夜晚才能被感受，需充分营造独特的商业氛围和休闲氛围，同时也需要合理设置休闲平台、简易服务设施以及必要的引导标识，为人们提供舒适的购物休闲场所。

5. 地方文化的融入

在商业街区中，文化以各种载体来传达。建筑、空间、雕塑、环境设施，甚至人们的活动都在传递着文化的内涵。而文化参与构建着人们的精神世界，只有得到使用者的文化认同，商业空间才会更具有持久的吸引力。

获得文化认同的主要途径是对历史地域文化的发掘。这也为大多数使用者带来了亲切感，唤起了人们的记忆，同时也对外来使用者产生了独特的吸引力。例如，在天津鼓楼商业区，每逢元宵节期间，将赏灯文化赋予了商业消费价值，进行节日氛围的烘托，吸引人气，同时也容易形成“消费商品”，利于人们的文化认同。

因此，商业街区需要提炼中国传统文化的价值，并随着时代的发展赋予其新的意义。这可以通过将当地的历史文化融入商业空间设计、营销策略和活动策划中来实现。这不仅能增加商业空间的吸引力，还能弘扬当地文化，并增加公众对这些文化的理解和认同。

高架桥下空间会因其建筑形式及与周边道路关系的不同而具有一定的差异性。对其进行开发利用时，应注意因地制宜，不可盲目复制。桥下交通的影响、桥下空间的舒适性等都会对利用产生一定的影响。不同城市区域的高架桥下功能需求也会不同，因此，在进行高架桥下空间开发利用时，需要对周边用地状况、交通状况、人们的需求等方面进行深入分析，然后做出针对性的设计。

在当今商业发展的背景下，人们对于千篇一律的商业文化空间已经开始感到审美疲劳。这些商业场所缺乏地域特色，不能真正反映出城市或地区的独有文化。为了满足当代人对于个性化、多样化的需求，可以将城市或地区独有的文化分别融入商业空间的人群主要汇集区，通过互动景观装置等手段来重塑商业场所的地域性，同时突出体现独具特色的地域性商业场所。

通过这种方式，商业场所的地域性将得到重新彰显，既能体现出该地区的特色文化，也能在人群中形成较强的认同感和归属感。在设计上，可以运用当地的建筑风格、历史文化元素和本土材料等，让商业场所与周边环境相协调，更加符合人们的审美诉求。同时，各类互动景观装置的设置还可以增加商业场所的趣味性和互动性，加强人与空间的交流与互动，打造一个具有社交性的商业场所，满足人们日益增长的娱乐需求。

6. 配套设施的完善

商业街区是一个综合性的商业区域，通常包括各种类型的商业设施、服务和娱乐场所，如商店、餐馆、影院等。商业街区一般位于城市中心地带或繁华的商业区域，是人们购物、娱乐和社交的重要场所，因此需要完善的配套设施。

（1）需配置配套的非机动车停车点。现代城市用地紧张，停车空间严重不足，利用高架桥下空间停车可为人们提供便利。但应对停车需求空间面积进行调研，合理规划，杜绝散乱停放，提高桥下空间利用率。应适当添加围挡设施与雨篷，设置停车规则，设立标识，维护好城市街道景观。

（2）设置市民服务站。城市商业街区普遍缺乏公共服务设施，造成来往行人的不便，建议针对商业街区内活动人群的实际需求，结合高架交通设施下的闲置空间，设置公共休息点，设置导航地图、手机加油站和急救箱等设施，为公众提供方便。

（3）设置景观小品与市民休息空间。街道景观是城市面貌的重要组成部分，更可带给人们愉悦的精神感受。调研显示，市区普遍缺乏公共空间供市民驻留，线性的街道空间抑制了自发与社会性活动的展开，导致街道空间的单调。利用商业街区内高架交通设施下的空间设置带有景观小品的市民小憩空间是一个较好的改造方式，在改善街道景观、丰富街道空间层次的同时，促进了公共活动的展开，为街区增添活力。

7. 增加绿化

随着城市化的加速，人们对城市生态环境与景观品质的要求也越来越高。商业综合景观作为重要的城市公共建筑，应该在设计中注重绿化空间的营造，从而提高城市的生态环境和景观品质。

第一，增加绿化量。在商业街区周边增设植物、花坛等，可以使桥下商业空间更具生气，同时也提升了商业街区的整体品质。例如，在商业街区中可以种植适宜生长的小型树木，如香樟、枫树等，以及一些富有热带风情的绿植，如鸟巢蕨、龟背竹、紫薇等，不仅可以起到美化环境、净化空气、降低气温等多重作用，还能为城市景观增添一抹生机和活力。

第二，强化景观特色。商业综合景观所处的位置一般位于城市最繁华的街道，因此，在绿地景观设计时，应注意如何使绿地与周围环境协调统一。例如，在桥下商业空间中可以引进有特色的花草植物，同时还可以营造出不同季节、不同主题的绿化效果，如根据不同的节日来点缀绿化环境，让人们在欣赏美丽的花草之余，也能感受到节日的气氛。

第三，考虑节约用地。桥下商业空间的用地面积往往不太宽敞，增加绿化设施时需要遵循节约用地的原则。例如，在商业空间的边角处可以设置特殊形态的绿化设施，如垂直绿化、墙体花园等，利用墙面、天花板等空间来进行绿化，同时也可以起到隔声、隔热等作用。

总之，桥下商业空间的绿化设计不仅能够提高城市的生态环境和景观品质，还有助于改善空气质量、降低周围气温、减少噪声等，为人们创造一个更为舒适和宜居的城市环境。在实际进行绿化设计时，应该结合商业街区的实际情况和需求，科学规划、精心设计，在增加绿化的同时也要注重商业街区的整体品质提升，为人们带来更好的使用体验和生活品质。

8. 打造混合使用的商业空间

营造富有活力的商业街区的前提是有足够的多样性，使不同的土地用途和活动在空间和时间上集中，易于形成步行环境。这些主要功能及它们吸引的次要功能，可以确保人们在不同时间段进行活动，也提供了更多生活方式的选择。

构建适宜的街区功能，避免“混杂使用”的步行商业街区环境，设计师需要对场所的用途和活动有十分细致的计划，以引导或控制城市的发展。许多吸引人的设施，如路边的咖啡厅、艺术画廊、专业店和娱乐、休闲场所等，需要战略性的布局方式。

注意开发密度，密度作为商业场所特征的度量，可以被人们直接体验到，对于商业场所而言，没有高密度的存在，多样性也不可能存在，活力更无从谈起。高密度开发的商业空间可以用来容纳和促进混合功能和自我生成的多样性，高密度的混合使用不仅在商业街区内，而且应当在一个商业建筑水平或垂直方向内体现。

注重场所使用的多样化，无论在白天还是晚上，一个健康的商业街区的混合使用可以促进人们对场所使用的多样化，并创造有安全感和有目的的活动。林奇提出：“时间和空间是我们体验环境的基本框架。”营造全天候的场所需要理解人们的行为模式，知道如何鼓励人们在不同时段进行活动，以及协调同一空间和时间中的活动。

第四节　桥下商业利用及景观优秀案例解析

一、中国台湾省某高架桥下假日市场

中国台湾省台北市某高架桥下假日市场包括假日花市和假日玉市。假日花市简称花市，位于台北市信义路至仁爱路之间的高架桥下。济南路至仁爱路间另设有假日玉市，与假日花市相望，紧邻号称台北市最大的大安森林公园。花市平时于周六、周日两日营业，集中开放，由台北市周边县市各地而来的园艺人士会集设摊，贩售植物与花艺相关用品（图 6-18），周一至周五则作为停车场。

图 6-18　高架桥下花市

（图片来源：刘志慧拍摄）

台湾古玩店蓬勃发展，就台北市而言就超过 100 家。假日玉市原位于光华商场旁，1989 年，因位于红砖道上影响交通，由光华商场迁移到济南路到仁爱路之间的高架桥下，更名为假日玉市，以假日市集形态出现。在北京的潘家园市集还未开业之前，假日玉市曾是东南亚最大的古董文物市集，规模大到有七八百个摊位。商品琳琅满目，主要经营翡翠、白玉及古玉、水晶、玛瑙、珍珠、金银饰、印材、石雕、竹木牙角雕、宗教法器、西亚银器及各类其他宝石、古董艺术品等，五花八门、琳琅满目，还有锦盒、木座和古董文物相关书籍贩卖。其中以传统的玉器及宗教文物为最大宗，此外，天珠、珍珠、珊瑚、玛瑙等人们喜爱的各式珠宝饰品也不在少数，除了欣赏不同漂亮璀璨的玉石，每件玉石的雕工也各有千秋，可以说是一座开放式的半宝石博物馆，吸引了无数游客来此朝圣与挖宝（图 6-19）。如今生意虽有下滑，但规模仍在，每到假日依旧游人不减。

图 6-19　台湾某高架桥下玉市

（图片来源：刘志慧拍摄）

为了避免市民鉴赏力不够，买到假货或者是与摊主发生买卖纠纷，台湾玉石协进会设置专门的服务台，买卖的玉器皆可帮忙鉴定，也可帮忙调解纠纷。同时玉石协进会也会不定期在此举办各类玉器文物展，介绍中国历代的玉石或宗教中的佛像雕塑等，这座台湾最大的玉石市集是国内高架桥下商业利用的典型代表，同时也背负着承接传统文化的使命[1]。

1　http://www.taiwandao.tw/wiki/index.php?doc-view-1326.html。

二、日本中目黑高架桥

2016 年 11 月 22 日，在东京市新开业的中目黑高架下商业区（图 6–20），成功利用长期封锁的东急东横线和日比谷线下全长约 700 m 的狭窄空地，以中目黑站为起点，往代官山站方向共新设 6 间商铺，往祐天寺站方向共新设 24 家商铺，汇集了日本最美书店、咖啡厅、餐厅、服饰店等多元化人气元素，极大程度上颠覆了人们对一般高架桥下空间的想象。在传统商业受到网络购物的冲击，传统商业整体不景气的时代背景下，东急开发的中目黑高架桥下商业成为东京市最亮眼的新商业代表，获得 2017 年日本设计界最高荣誉 Good Design 奖，成为名副其实的史上最杰出的桥下商业空间项目之一。

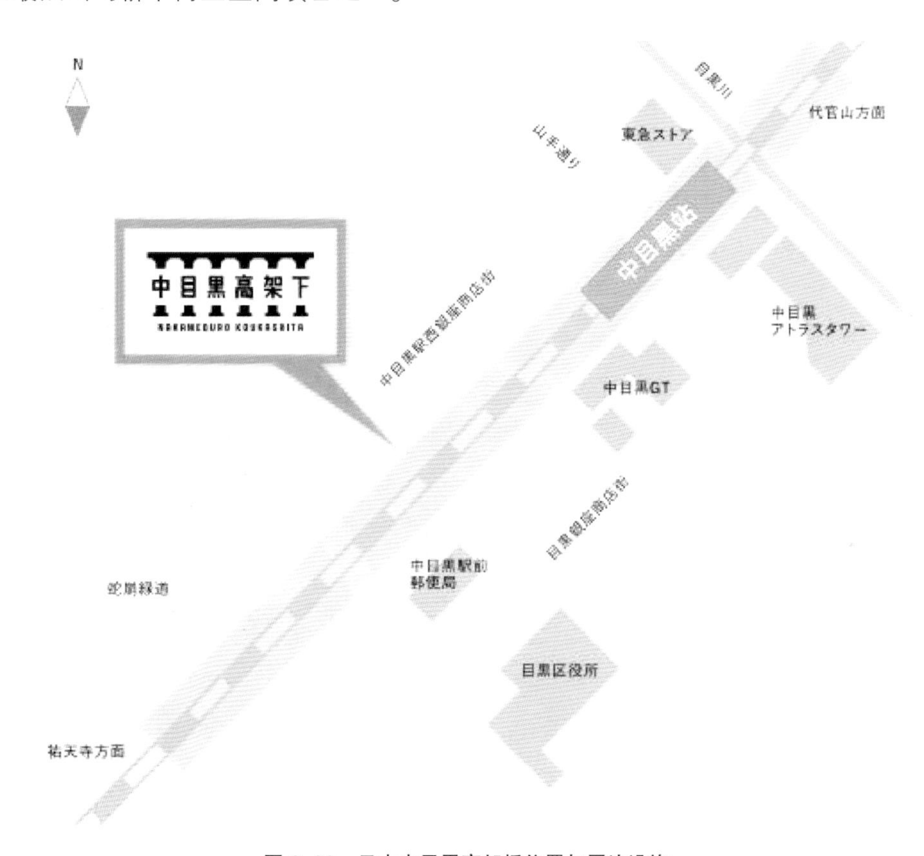

图 6–20 日本中目黑高架桥位置与周边设施

（图片来源：http://www.sohu.com/a/227102160_260595）

目黑区是东京市的高级区之一，中目黑泛指东急东横线与日比谷线交会的中目黑站周边区域，距离代官山、惠比寿只有一站的距离，到六本木、银座也只要约 10 分钟，交通非常方便，是东京人休闲聚会时最喜欢去的一处低调又时尚的潮流集中地。中目黑环境优雅，街道两旁林立着各类餐厅、咖啡厅、杂货店和甜点铺（图 6–21）。此外，目黑川两旁种了 800 多棵染井吉野樱，在樱花季时形成一条连绵 3 km 的樱花隧道，构筑成迷人的城市一景，近年在日本赏樱胜地排行榜上连续几年排名稳居第一。

图 6–21　中目黑高架桥下商铺改造空间

伴随中目黑站附近的铁道高架桥抗震加固工程以及东急东横线和东京地铁副都心线的直通运行的原站台延长工程建设，建设方对长期以来封闭的高架桥下空间进行了开发利用。“中目黑高架下”项目将全长约 700 m、占地约 0.83 hm^2 的铁道高架桥定义为一个大屋顶，各种各样的特色店铺共享“同一个屋顶下”的空间，在这里人们开心共享“时间、空间、想法”，创造出新型商店模式，成为中目黑新特色文化的发源地。另外，“中目黑高架下”项目的开发丰富了排名东京赏樱名所第一的目黑川至佑天寺方向的步行空间，增加了周边城市公共空间商业街及绿道的回游性。

铁道高架桥下商业区的总建筑面积约 0.36 hm^2，统一采用钢结构，用于包括店铺、办公、非机动车停放等用途。各种式样的店铺外部经过精心设计（图 6–22），店内空间各有特色，面对目黑川的各个店铺设计的开放室外用餐空间促进了内外空间的互动。支撑高架铁路的结构柱和结构墙采取了灵活的设计，通过照明亮化设计消除高架桥下空间的压抑感带来的负面影响，形成具有高级感的空间。独具匠心、各具特色的店铺展示空间和休憩空间模糊了步行空间和商业空间的界限，高架桥下商业融入了周围城市空间。

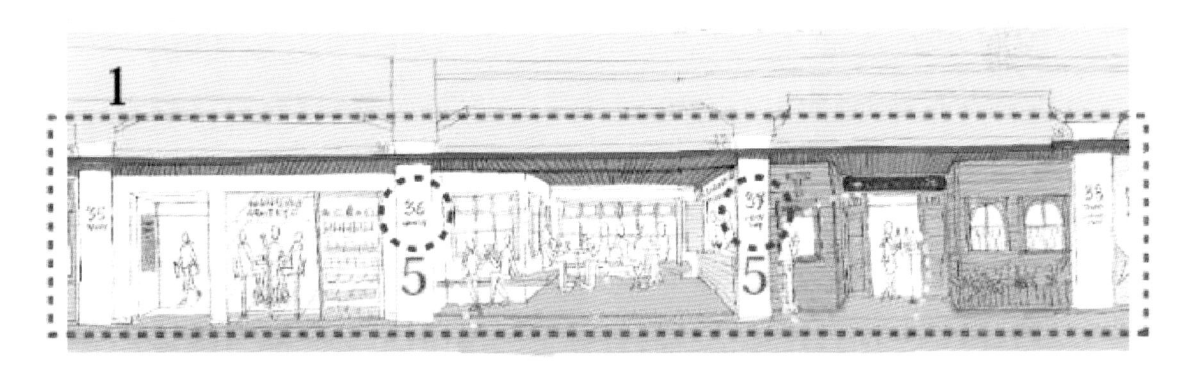

图 6–22　桥下商铺的连续界面

（图片来源：http://www.sohu.com/a/227102160_260595）

“中目黑高架下”的店铺主要由特色店铺和地方原有店铺构成，设计最大限度尊重每个店铺的个性，并且尽量保留下来。在外观上通过连续性的屋顶设计，并融入中目黑的独有特色，使 700 多米的高架桥下商业街形成了一个整体，并和周围的城市空间充分保持协调。将高架桥下灰空间加以利用，创造出了具有活力的新型商业街（图 6–23、图 6–24）。

中目黑高架桥下商业的出现，改变了这里原来的阴暗面貌，为原本的消极空间甚至是周围城市空间带来了显著的积极影响。据当地的房屋中介说，中目黑高架桥下的店铺租金比周边店铺租金高出两成，可见其人气和揽客能力之高。实际上，“中目黑高架下”自开业以来，揽客率持续上升，很多店铺从第一天开始就连续达成了销售目标，也给周边的店铺带来了溢出经济效益。项目开发同时丰富了排名东京赏樱名所第一的目黑川至佑天寺方向的步行空间，并加强了车站和现有商业街和住宅区的联系，极大丰富了城市步行空间，避免高架桥在城市中产生的割裂效果。

图 6–23　中目黑高架桥下空间改造前后系列对比

（图片来源：http://www.sohu.com/a/227102160_260595）

图 6–24　中目黑高架桥下的特色展示空间

（图片来源：www.g-mark.org/award/describe/45337?token=Jnpq6yr4oh）

三、巴西圣保罗市中心高架桥

几乎在所有的城市中，高架桥都是灰色大动脉，巴西圣保罗城市中心1971年建设的Minhocão高架桥也不例外，但在2016年，Triptyque景观公司与园艺师Guil Blanche合作改造了这个区域，为这个3 km长的片区带来了宜人的生机与活力。桥下空间利用强健、耐光性能好、低维护的热带植物优化了环境，降低了二氧化碳污染。具体的措施是在高架桥的桥墩下、桥墩上、路面侧部和下部都布置植物，这些植物主要利用新设计的雨水收集系统收集的雨水而成活，可过滤20%的二氧化碳排放量。水的蒸发具有空气清洁作用，还可清洁桥面，为桥下空间创造良好的活动条件（图6–25）。

图6–25　Minhocão高架桥下良好的空间环境

（图片来源：www.gooood.hk/triptyque-revitalizes-3 km-of-urban-marquise-in-sao-paulo.htm）

同时，Minhocão高架桥采用线状延伸型桥面和中央单柱式墩柱，桥宽7 m，间距33 m的墩柱将桥下空间分成若干区块，这些区块被编号，并使用不同颜色以作区分（图6–26）。每个街区都有4个程序模块：文化、食品、服务和商店。模块尺寸有1.8 m×3.15 m、1.8 m×4.15 m和1.8 m×6.15 m等。模块之间包括生活休憩空间以及自行车停放空间（图6–27）。

图6–26　Minhocão高架桥下区块间的交叉口路标

（图片来源：www.gooood.hk/triptyque-revitalizes-3 km-of-urban-marquise-in-sao-paulo.htm）

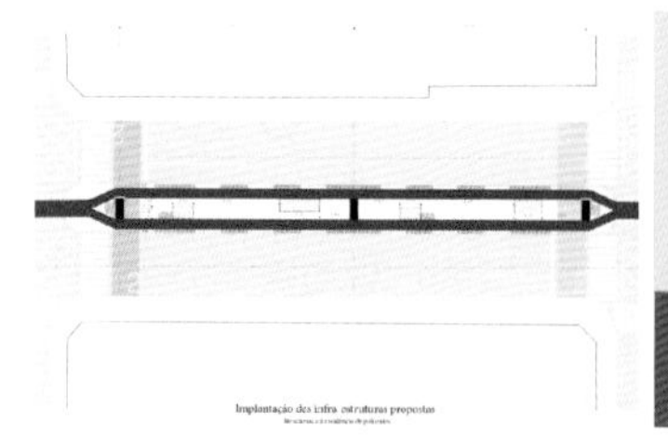
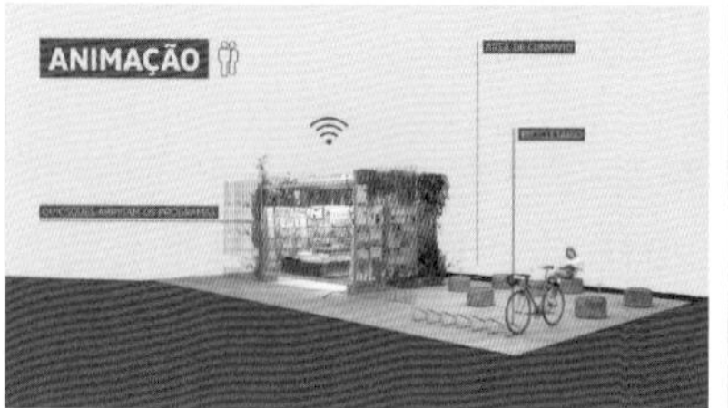

图 6-27　区块中的功能模块分布、装置与组合

（图片来源：www.gooood.hk/triptyque-revitalizes-3 km-of-urban-marquise-in-sao-paulo.htm）

四、法国巴黎十二区高架桥

位于巴黎十二区的高架桥艺术长廊是法国人最爱逛的艺术区之一。它如此成功，以至于得到纽约、苏黎世、伦敦等国际大城市的纷纷效仿。这里汇集了各种各样的艺术品店和小商店、咖啡厅，当然也有卓越的艺术家和设计师（图 6-28）。

图 6-28　巴黎高架桥下商业街

（图片来源：http://www.leviaducdesarts.com/fr/viaduc-361.html）

1853 年，“巴黎 • 斯特拉斯堡”铁路公司建了一条铁路，终点站就是巴士底狱。1859 年，巴士底狱线建成通车（图 6-29），但在 1969 年，巴黎全区快速铁路网 A 号线建成后，停止了“巴士底狱线”的使用。在 20 世纪 80 年代初，巴黎决定修复这个地方，致力于保护这些工艺品艺术。1994 年第一个拱券启动施工，1997 年最后一个拱券完工，最后高架桥在建筑师 Patrick Berger 的帮助下于 1990 年至 2000 年间恢复。高架桥艺术长廊展示了巴黎的工艺和当代的创作，目前拥有 52 名工匠，他们在时装、设计、装饰、文化、艺术等各种专业中发挥才能。

充分利用拱券分隔出桥下空间，在高架桥末端设有楼梯（图 6-30），大部分拱券之下都是表达当地卓越技艺的地方，同时也是一个生产、展示和销售的工作室。有的拱券则继续作为交通通道使用。这里的工匠热情洋溢，既可以保护和恢复遗产，也可以创新、设计和创造未来。同时这里也成功举办了研讨会，集展厅、餐厅、画廊及商店于一体，并且提供悠闲的散步和运动场所（图 6-31），充满了探索性、幻想和个性。

图 6-29　巴黎—巴士底狱高架桥通车时原有面貌

（图片来源：http://www.leviaducdesarts.com/fr/viaduc-361.html）

图 6-30　作为交通通道的拱券以及末端的连接楼梯

（图片来源：http://www.leviaducdesarts.com/fr/viaduc-361.html）

图 6-31　桥下艺术商业街步行空间与桥上运动场所

（图片来源：http://www.leviaducdesarts.com/fr/viaduc-361.html）

五、日本新宿高架桥商业街

在日本的城市中，公共交通网络扮演着非常重要的角色，尤其是铁路系统。由于日本国土狭小、人口密集、城市化程度高，因此发达的铁路网络成为人们最主要的出行方式之一。同时，铁路也深刻地融入日本人的文化中，成了一种特殊的象征与情感纽带。

一方面，在日本的城市中，每一个车站都可以被视作整个街区的中心。虽然车站本身并没有特别的所指，但它与同一条线路上的其他车站构成了一个默契的“能指”系统。这个系统紧密而有序，让人们在错综复杂的城市中轻松找到自己的路线。在这种“能指”系统的基础上，人们得以规划自己的行动和生活，从而形成一种独特的城市文化。

另一方面，铁路系统也成了日本城市文化的重要组成部分。铁路在很多方面体现了日本人注重效率、规范和纪律的精神。日本铁路的准时率极高，列车内部的设施也十分先进，这些都让人们对铁路产生了信任和依赖感。不仅如此，日本铁路还有着极高的文化含义，被视为一种流动的“街道”或“河流”，它连接着城市中的各个角落，载着人们的心愿和习惯，在城市中形成了一条条良好的纽带和景观带。

比如，罗兰·巴尔特在他论述日本文化的著作《符号帝国》中，曾专门讨论了日本城市中作为具体地点和抽象符号的车站（駅）。在巴特看来，每个车站是它所在街区的中心，但这种中心却是一个空洞的存在。它本身并不存在特别的“所指”，而是和同一条线路上的其他车站之间，形成了一个“能指”系统，都市人就在这种系统之中作息起居。

当然，巴尔特的论述建立在自己的符号学理论之上，并且暗含了对西方文化进行批判的意图。但他对车站和铁路系统在日本城市生活中重要性的判断，却十分真实。

而铁路高架桥下的空间，可谓是车站这个“表”（おもて）背后所存在的“里”（うら），它对城市生活的影响同样不可小觑。

新宿高架桥商业街是位于东京都新宿区的一处具有独特风格和历史背景的商业街区（图6-33）。这个商业街区从高架桥下开始，绵延几千米，充分利用了高架桥下的空间，并且通过密集的店铺建设积聚了浓厚的商业氛围。商业街区的建设还解决了城市中商铺不足以及出现卫生和安全“死角”的问题，同时也有效地减轻了立交桥对城市景观的破坏。

该商业街区从20世纪50年代开始迅速发展，成了当时日本经济繁荣时期的象征之一。商业街区的建筑风格和布局极具创新性，融合了地理环境和社会文化特点，并以更加人性化的设计理念为基础，呈现出了一个独具特色的城市商业空间。商业街区内的店铺种类繁多，包括传统的酒楼、茶室、剧场等，同时也有咖啡馆、服装店、音像制品店等现代化商铺。这些店铺在商业街区内呈现出错落有致的布局形式，形成了一个集中展现日本古典与现代文化的综合性商业街区。

新宿高架桥商业街的建设历程是对城市建设和商业发展的有益探索，具有一定的借鉴意义。这个由百货公司龙头Lumine策划的新宿高架桥下空间“SANAGI新宿”，位于新宿国道20号下约900 m^2 的空间，被规划成一处结合屋台美食、餐酒咖啡、艺术展演的复合式新形态场地。平常除了提供餐食，也不定时举办艺术展览、音乐表演等次文化活动，高架桥下的空间发挥了极大效用。该商业街区通过不断创新和实践，成功地将高架桥下的空间转变为具有浓郁商业氛围的城市商业中心，同时也成了日本经济发展历程中的一道亮丽风景线（图6-34）。

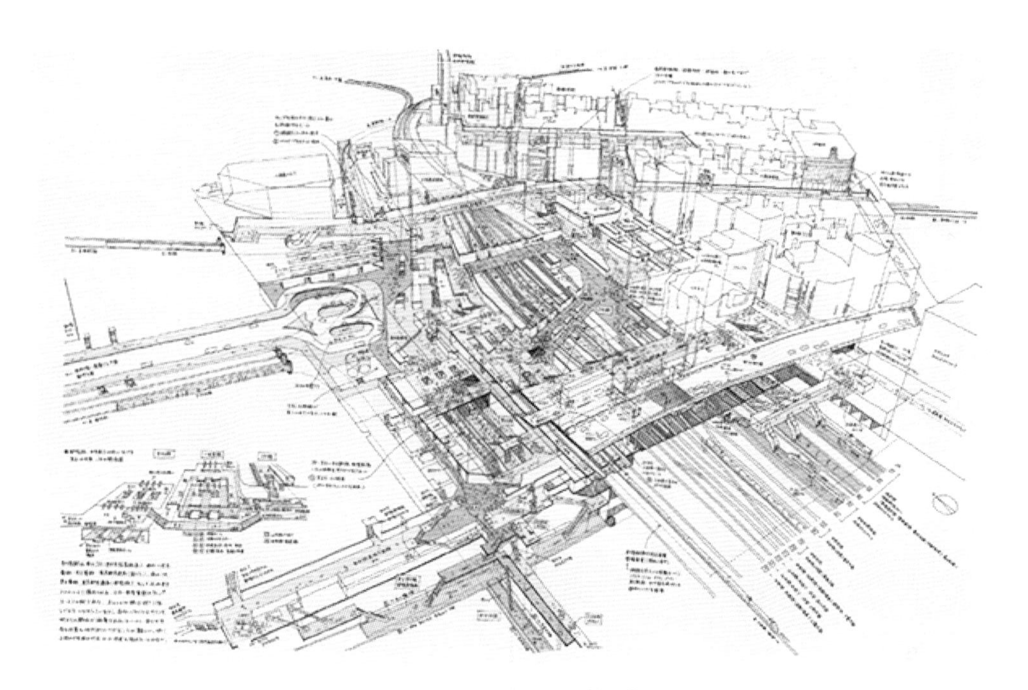

图 6-33　新宿站“解体图”

（图片来源：http://yuedu.yiyuen.com/yuedu-h5/item/24812925）

图 6-34　日本新宿高架桥商业街

（图片来源：https://weibo.com/ttarticle/p/show?id=2309404639228834480155）

六、日本东京神田川 mAAch ecute 神田万世桥

桥下综合商业区 mAAch ecute 神田万世桥建在东京历史最为悠久的车站基址之上——神田万世桥站（图 6–35）。从秋叶原站走出来，往南边电气街方向步行约 3 分钟，即可看见一座复古的砖红色桥墩，在满是电子商品林立的街道上显得格外鲜明。这里便是 2013 年一开幕便备受瞩目的文创空间“mAAch ecute”。

连结神田与御茶水的万世桥站高架桥，初建于 1912 年，曾是中央线上的重要转运车站，但从 1943 年起撤站，列车不再经停。在 1936—2006 年，它被当作交通博物馆使用。后来政府拆除大楼，只保留桥墩部分，久而久之这里成了“城市伤疤”，命运多舛的万世桥一度停摆。

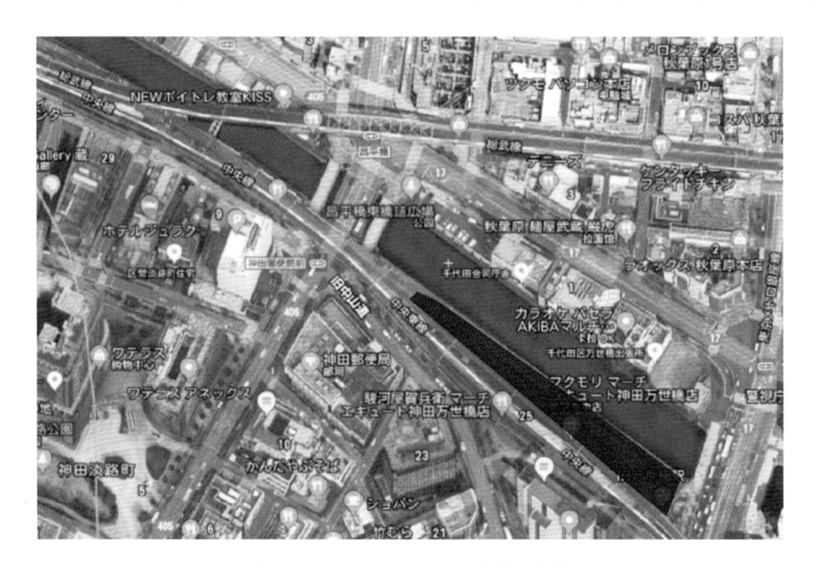

图 6–35　mAAch ecute 神田万世桥

（图片来源：谷歌地图）

直到 2013 年，由日本铁路公司主导重建古老的桥墩，并让商场进驻，为百年古桥注入了新灵魂，使得封存了 70 年之久的老桥墩终于能重现于世人眼前（图 6–36）。

图 6–36　mAAch ecute 神田万世桥的历史照片

（图片来源：https://baijiahao.baidu.com/s?id=1647508980312147913&wfr=spider&for=pc）

改造保留了原车站的红砖外立面和建筑主体结构，砖石砌成的拱券结构围合出的桥下商业空间吸引了画廊、餐厅、艺术纪念品售卖店等 17 家店铺入驻。桥上的铁路干线仍在使用，轨道间设计了一间露天咖啡厅，使用玻璃幕墙营造视线通透的开放空间，可欣赏周围的城市风景。

当初的红砖房现已摇身一变，成为神田川沿岸御茶水站到神田站途中的一处购物与餐饮综合设施。mAAch ecute 神田万世桥这个名字虽与众不同，但却十分好记，综合设施内有商店、快闪店、餐厅、咖啡厅，以及提供有机咖啡、精酿啤酒等各式餐饮的饮食店。项目将桥墩下空间拓建为一楼商场，北侧以大片落地窗引入自然光线，有露天座位区可眺望神田川及远处的秋叶原街景。在一楼商场进驻了 10 多家文创店铺，部分为常驻店家，也有部分为短期限定出展品牌。一走进 mAAch ecute 神田万世桥，如洞穴屋一般的清水模拱形门映入眼帘，穿梭在其中探索不同的店家，别有乐趣。

除了设计品牌与餐厅，这里也设有主题书店“LIBRARY”，摆放着日本大正时代的万世桥车站缩小模型。二楼更保存了昔日万世桥站的车站月台，并改建为如玻璃盒一般的瞭望台，可近距离观看电车呼啸而过的景象，在这里小坐休憩、品尝咖啡，气氛相当舒适（图 6-37）。

图 6-37　mAAch ecute 神田万世桥下商业空间及露天咖啡店

（图片来源：zh-hans.japantravel.com）

本项目改造亮点集中体现在如下四个方面。

1. 对历史元素及记忆片段的选择性保留

该项目的改造以对历史文脉的尊重、对百年记忆的片段性保留及还原为改造理念的原点。项目改造中，对神田站第一时期（火车站）及第二时期（交通博物馆）的各阶段历史遗存的精华部分都进行了保护和还原。

2. 巧妙处理“新”与“旧”的关系，对新建设施整体控制到位

改造项目无可避免会遇到“新”与“旧”交织、碰撞的问题。日本的 MIKAN 事务所设计师在新元素植入上采取了“在项目中最低限度地去表现新的材料和细节”的设计理念，保守中体现了对历史的尊重和敬畏。

3. 以功能更新后的城市界面再塑造提升区域活力

被赋予“地域活性化”任务的神田万世桥项目在植入新的功能后，火车站原有的交通属性发生了根本性改变，其与城市的关系也发生了微妙的变化。设计师在建筑北面临河一侧塑造了连贯、通长的木甲板小路，紧凑的空间在极大程度上提升了建筑的亲水性，尤其在夜晚时分，建筑内部摇曳的灯火浸润至水面，形成一幅醉人的画面。也使建筑背面发生了一定程度的翻转，令城市景观界面更具积极意义。

4. 关注特色业态及商户引入，商户遴选遵从项目整体定位

神田万世桥项目摇身一变，成为包含休闲餐饮、创意名馔及充满设计感的文化时尚功能等商铺构成的商业设施“mAAch ecute 神田万世桥”，其艺术性、文化性及创意性为该项目带来全新定义及精神内涵。其中 N3331 咖啡店则号称是“全世界最近距离欣赏电车”的地方，是许多铁道迷喜爱的空间。此外，除了广纳设计新颖的商品，商场内时常举行各式文艺活动与讲座，并将铁路相关礼品店、日本手工艺品店等文化、艺术内容融入其中，完美打造出一个高品位的消费空间。

在改造过程中，团队从整体性出发，采用系统性规划的方式，日本铁路公司把它定位成小型社区规划，而不只是历史建筑修缮。改造分成几部分，包含日本铁路公司神田万世桥大楼、旧万世桥结构整修，二层展望台建设，一层屋顶景观、桥下空间、广场等的设计（图 6-38）。

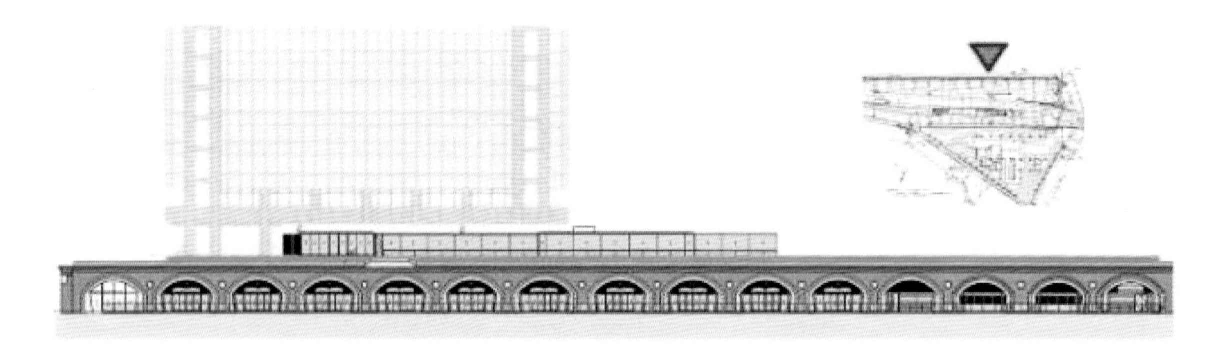

图 6-38　mAAch ecute 神田万世桥的立面规划图

（图片来源：https://baijiahao.baidu.com/s?id=1647508980312147913&wfr=spider&for=pc）

项目北侧紧邻神田川，将周边河道资源加以利用，不仅可以为周边环境增加一份自然的美妙，还能为城市的发展增添亮丽的色彩。项目设计出挑钢结构，设置亲水甲板，延长店铺空间，在沿岸立面安装落地大玻璃，保证视野最大化。将步道尽头扩大成半室外空间，可容纳更多人。

项目沿着河畔修建绿道、步行道、景观带等，可以打造出一个人与自然和谐相处的开放式公共空间，为市民提供一个休闲、运动、观光的好去处。此外，对于开发商而言，充分利用河畔资源还能为项目注入更多的附加价值，提升项目的知名度和竞争力。加以利用神田川这一水资源，既符合人类和自然的和谐发展理念，又能够实现城市和项目的可持续发展（图 6-39）。

老车站作为一座有着悠久历史的建筑，其充满年代感和独特魅力的设计让人们赞叹不已。在过去的岁月里，老车站曾经历了多次改造和重建，而其中最近的一次重新开放，则更加注重充分利用建筑的内部空间，满足人们对现代化、时尚化生活方式的需求。

图 6–39　mAAch ecute 神田万世桥对周边河道的利用

（图片来源：https://baijiahao.baidu.com/s?id=1647508980312147913&wfr=spider&for=pc）

据悉，老车站的凹室是其最为独特的设计之一，这一次重新开放则将这些凹室再次打通利用为商店，进一步丰富了内部的空间。这些小店既可以独立营业，也可以联动形成内环路，增强了商业氛围和交流互动的机会。同时，这些凹室所形成的拱形洞口层叠，具有很强的节奏美，是老车站的标志性建筑之一。拱形结构在装饰上也不遑多让，采用清水混凝土进行装饰，使整个建筑更具质感和品位（图 6–40）。

在室内设计方面，老车站也充分考虑到了人们的需求和便利性。抬高室内地坪，降低了管线对于空间美观度的影响，使空间更加纯净。同时，对于租户的家具高度也做了一定的规定，即不高于 2.1 m，因为这是拱券的最低点。这一设计既能保证空间的美观度，也能让租户的生活更加方便。

综上所述，老车站这一次重新开放，不仅充分发挥了其独特的历史文化价值，还顺应时代发展，将建筑内部空间充分利用，打造出一个现代化、时尚化的商业综合体，成为城市里不可或缺的一道风景线。

当顾客顺着楼梯走到二楼时，会发现这里的采光比一楼更好，这也给人带来了另一种感觉。眼前出现的是一间十分独特的咖啡店——N3331，这家咖啡店位于两条铁路之间，形成了一个连接咖啡店和城市的独特通道。

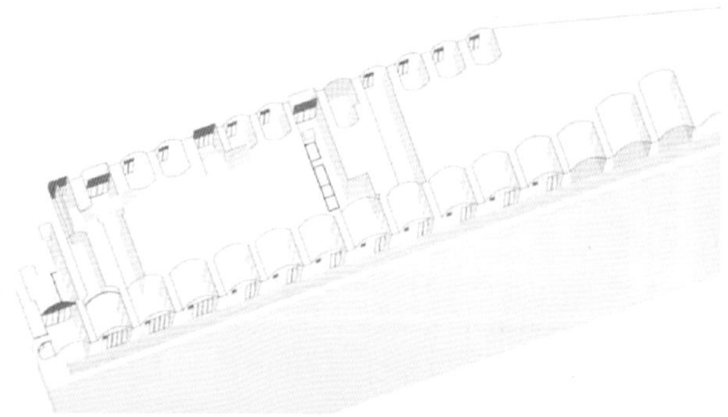

图 6-40　mAAch ecute 神田万世桥对老车站凹室的利用

（图片来源：https://baijiahao.baidu.com/s?id=1647508980312147913&wfr=spider&for=pc）

这家咖啡店的设计形式更是独具匠心，它有着玻璃盒子的外形，可以让人在品尝咖啡的同时欣赏铁路上穿梭而过的列车。这种体验十分奇妙，让人仿佛置身于繁忙的都市生活之中，感受到时间和空间的交错与碰撞。在晚上，这家咖啡店还可以通过改造变成一个酒吧，为城市的夜生活增添一份别样的风情（图 6-41）。

图 6-41　N3331 咖啡店

（图片来源：https://baijiahao.baidu.com/s?id=1647508980312147913&wfr=spider&for=pc）

总之，N3331 咖啡店不仅是一家独具特色的咖啡店，更是一座连接城市和铁路的桥梁，它用自己独特的方式将人们带入了一个充满生机和活力的世界。

该项目曾于 2014 年获得日本 GOOD DESIGN AWARD 百大最佳设计奖，入选了“为未来设计”的分类。这一荣誉不仅彰显了该设计的卓越性和创新性，更体现了 MIKAN 事务所对于设计品质的高度追求和对未来社会的深刻理解。

MIKAN 事务所作为改造旧万世桥老车站的设计公司，其设计团队成员均具有 20 多年的设计经验，其中不乏大学教师等知名设计师。设计团队还展望了下一个 100 年的理想：通过不同标高与空间组织形式的设置，形成一个活动丰富、充满生机的大型公共空间，为城市的发展注入持续的动力。

正是由于 MIKAN 事务所在设计上的用心和创意，才使得旧万世桥老车站得以焕然一新，充分体现出历史文化价值和现代时尚气息的完美融合。事务所以最柔和的方式让老建筑起死回生，充分发挥了设计改变城市的力量，使得老车站成了城市不可或缺的地标性建筑之一。

七、郑州维他幸运桥

维他幸运桥位于中国郑州的维他左岸商业街上，其独特的地理位置是设计师打造一个充满独特体验商业空间的重要优势。作为进入商业大街的主桥，设计师将其命名为“幸运桥”，希望它能够成为来这里的年轻人寄托情感的象征（图 6-42）。

图 6-42　维他幸运桥的整体外观

（图片来源：https://www.gooood.cn/vita-the-fortune-bridge-china-by-arizon-design.htm）

在幸运桥上，人们可以用锁锁住自己的幸福。他们可以在锁上写下自己的名字和愿望，并把锁锁在专属的“桥栏”上，最后把钥匙扔进河里，以示永不打捞。这个寓意非常美好，意味着人们在这座桥上可以留下自己的愿望，并以此锁住自己的幸福。

这座桥的设计灵感来源于一个独特而优美的概念——浮岛“汇聚”，它传达了“幸福的一点一滴都是爱的汇聚”的寓意。整座桥长达 100 m，桥内聚满了密集的浮岛图形，这些图形像一张由爱织成的网，让人感到浓浓的爱意。它们黏住快乐、锁住幸福，成为人们心中的情感寄托。

在这座桥上，天花板、墙身、地面都采用了同一秩序的系统设计语言，以保持极强的视觉一致性。整个空间充满了统一的几何元素和节奏感，以达到传达设计理念的目的。整座桥看起来非常具有现代感和动感，引人入胜。

除此之外，浮岛图形的设计也为这座桥增添了一份神秘感。每个浮岛都独特而美丽，像一朵朵盛开的花朵，蕴含着不同的寓意。它们组成了一个巨大的艺术品，让人们在欣赏美景的同时，能够感受到深刻的情感体验（图 6-43）。

图 6-43　维他幸运桥充满密集浮岛图形的桥内部

（图片来源：https://www.gooood.cn/vita-the-fortune-bridge-china-by-arizon-design.htm）

这座桥的设计挑战之一是如何在有限的交通流线上增加尽可能多的商业使用空间。为了最大限度地发挥其在商业方面的优势，设计师在内部功能设置上做了全新的分配。设计师将中心步道贯穿两侧对称的桥洞，形成了多功能的空间系统。这些空间可以在不同的时间段、不同的功能下使用，包括常态休闲、节日美食街和承接文化活动等。这样，这座原本仅作为人行道单项交通功能的桥变成了一个多功能的空间，为项目增值。

在中心步道上，人们可以欣赏河流美景，同时，在两侧的商业空间里，人们可以购物、吃饭、参加文化活动，享受不同的体验。商业空间的设计非常灵活，可以在不同的时间和节日中随时变化（图 6-44）。例如，在圣诞节期间，商业空间会被布置成一个温馨的圣诞市集，在那里人们可以欣赏到美丽的圣诞灯饰，品尝到美味的圣诞美食，购买到独特的圣诞礼物。

图 6-44　维他幸运桥的内部细节

（图片来源：https://www.gooood.cn/vita-the-fortune-bridge-china-by-arizon-design.htm）

这座桥的内部空间可根据不同需求灵活组合，成为商业街上人流凝聚的一个主题元素空间。这种设计可使商业街内的消费者之间产生更多的联系和互动，营造了一种心灵上的对话和情感上的互动。

桥洞的开放式设计为室内展现了不同角度的室外风景，同时也为室内带来了充足的自然采光。这样的设计让人们在购物和休闲时，能够感受到阳光、自然和美景带来的愉悦感受。此外，桥洞的开放设计也增加了通透感，为整个商业街带来了更好的氛围和舒适性。作为一个购物街上的扩展空间，这座桥的功能超出了原本所承载的单项交通功能。它的设计让原本有限的空间得到了无限延伸，为商业发展带来了更多的想象可能。商家可以根据不同的季节和节日，灵活调整展示空间，打造出不同的主题，吸引更多的顾客。同时，桥上的商业空间也可以作为社区活动、文化展览和艺术展示的场所，为城市的文化和艺术事业做出贡献。

这座桥的灵活组合和开放式设计让其在商业街上成了一个重要的主题元素空间（图 6-45）。它不仅为消费者带来了购物和休闲的便利，也为城市的文化和艺术事业做出了贡献，同时也为商业的发展带来了更多的机遇和可能。

通过对优秀的桥下商业空间利用改造案例进行学习，我们发现，高架桥下空间某种意义上如同一个优质的“城市插槽”。在最贴近城市居民出行、工作、居住的重要交通节点上，可以通过功能的切换和混合，响应城市不同的需求。

在不同的城市背景下，需求可能不尽相同，改造发生的场所及改造的功能需因地制宜。这些需求来自城市结构、居民生活或者是商业拓展要求，在回应这些真实需求的同时，高架桥自身也完成了单一交通功能意义到多元文化意义的转化。如日本的改造从城市中心经济活力最旺盛、土地价值最高的区域开始。在这类区域进行商业化的改造，满足了城市居民对于新消费场景的需求，解决了商圈的割裂问题，为区域带来了经济活力。同时在日本少子、高龄化导致铁路运营利润连年下降、增量土地严重受限的条件下，为铁路开发商找到了新的增长点，为企业带来了商业利润。

在高架桥下商业利用空间的打造中，可以采用以下几个策略。

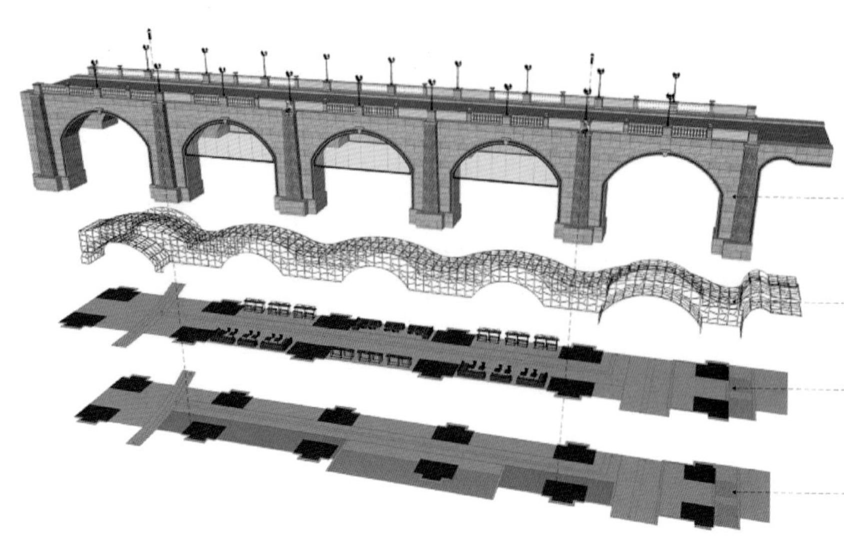

图 6–45　维他幸运桥的结构分析

（图片来源：https://www.gooood.cn/vita-the-fortune-bridge-china-by-arizon-design.htm）

1. 居民参与：从割裂社区到社会活动增量

由于高架桥下环境昏暗、人烟稀少，常常有垃圾堆积、流浪汉停留、犯罪等问题，是一个社区的割裂点。即使在治安优良的日本，也需要以设围栏、增设监控、加强巡逻等被动方式来解决这些问题。而高架桥下空间的改造能正面解决这一问题，改造产生大量的积极内容，最终这些内容都转化为优质的社会活动。

在一些优秀的改造案例中，在改造前的规划过程即加入了大量的在地交流及居民参与环节，借此增强居民的社区参与感，让改造后的内容更惠及居民生活。欧美地区的公共空间改造大力征集周围居民的意见，以提供能实现居民期待的公共空间为目的，充分尊重群众意见来进行规划。而日本的商业化改造也在规划阶段采访周围的居民，召开居民会议，引入社区需要的业态，禁止引入社区居民反感的业态。改造后的高架桥下空间为城市居民提供稳定的场所去发展社会生活，不管是运动、休息，还是购物、就餐等消费活动，都是一种社会活动。

高架桥下的改造过程是借原本的“社会阴暗角落”进行一次社区重塑的机会。不管是在改造前的居民参与还是改造后的使用环节，都在加深社区居民对场所的认知及对区域的纽带感。改造撕掉高架桥下令人避而不及的负面标签，变成可利用、有归属感的城市外向型空间。这类承载社会活动需求的外向型空间必须具备公开、有序、可达的物理条件，而高架桥下空间无疑是具备这些条件并可以直接置换出的城市空间之一。

2. 文化塑造：从城市之疮到城市品牌

随着世界经济的发展，过去单纯依靠劳动力优势发展经济的模式已经无法适应当今的城市发展需求。依托城市品牌发展经济能促进城市产业转型升级，促进城市经济发展。城市品牌必须有地域性和创新性，具有城市文化特色。城市品牌体现在多维立体的不同角度，有时是城市居民的精神文明特征，也是城市的建筑外观、交通布置的展现，更是各个细节处的生活体验。

高架桥下空间就是现代立体城市文明的不经意体现，没有经过改造的高架桥下空间很可能给人留下对城市的负面印象。而优质的高架桥下空间使人眼前一亮，展示着社区甚至是城市、国家的文化属性。从改造案例中我们可以看出对于在地文化的尊重以及加强文化塑造的努力，这样实现的成果才是具有自身区域性格，具有独特氛围的优质空间。在年轻白领社区加入文艺时尚商业内容的中目黑高架桥下，在临近银座的高端商务区加入精致夜生活氛围商业内容的日比谷高架桥下，抑或是在自由浪漫的下北泽加入张扬个性的商业内容，在靠近旅游名所秋叶原及上野的御徒町加入展现日本传统手工艺文化的商业内容，日本的高架桥下商业化充分展现着对不同区域文化属性的尊重。在热爱户外运动的荷兰小镇，将高架桥下空间改造为大型的城市户外活动发生地，在居民对文艺活动需求旺盛的多伦多，则直接把高架桥下空间打造成为没有墙的城市艺术中心。不管是欧美的公共性还是日本的商业性，通过文化塑造，高架桥下空间都进一步加强了不同城市、城市不同区域的独特魅力，塑造出具有多样氛围的城市空间。

第七章　城市高架桥下运动休闲利用及景观

第一节　桥下运动休闲空间利用的条件及要求

一、运动休闲的含义

以身体运动为手段来获取身心愉悦和健康的行为实质上就是一种休闲行为。这种休闲行为具有区别于其他休闲活动的特征，即它是以身体运动为主要内容和形式的休闲活动，其运动性非常鲜明。因此，休闲时代的“运动休闲”可以定义为“人们在余暇时间里自主选择参与的以身体运动为主要形式的休闲活动”（郑向敏等，2008）。

在当今社会，人们在工作之余的休闲时光里所参与的运动休闲活动内容形式丰富多彩，项目分类也多样。根据各种运动休闲活动在运动强度和娱乐性两个维度的差异性，基本上可以将图 7-1 中的虚线右上方活动看作是运动休闲活动。然而运动休闲活动的边界并不是既定的，它会随着不同时代运动休闲项目的演变以及人们生活方式的改变等因素发生变化。所以不能仅限于从运动形式、活动方法、运动强度时间、运动场所这几个方面来考虑运动休闲项目的分类（卢峰等，2006）。

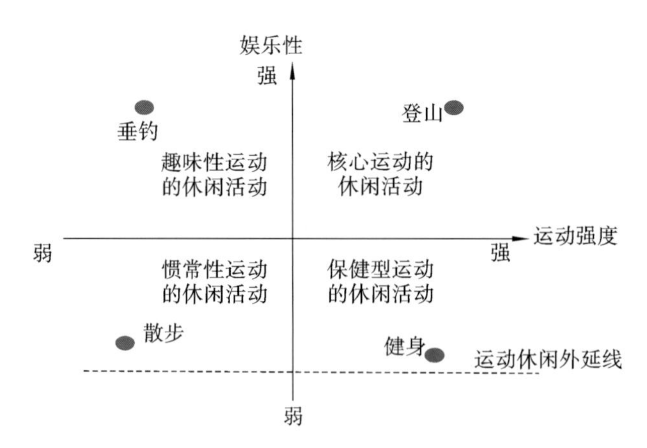

图 7-1　运动休闲中“运动强度与娱乐性”维度分类示意图

（图片来源：卢峰等，2006）

运动休闲活动依据不同的参考标准，可以有不同的分类形式，比如根据运动休闲活动的场所所在地可以分为室内与室外；根据是否需要一定的专业技能，可以分为技能类与非技能类，比如散步、爬山等活动就完全不存在特定的技能门槛；根据活动强度可以分为低强度、中强度与高强度，比如同一路面条件下的散步、慢跑和快跑对身体机能的消耗强度是不同的；根据对场地器械设备的要求划分，比如球类运动和跳绳对于场地的要求完全不同（刘松，2014）；根据运动休闲活动的特征，从动机和目的视角考察（栗燕梅，2008）；等等。由于分类的方法及研究视角的不同，本书关注的运动休闲活动是一种身体活动的休闲，但区别于激烈的专业体育竞技和静态的休闲养生活动。

二、城市中的运动休闲空间诉求

随着城市人口增加、社会竞争力加强、人口老龄化加剧等，现代城市居民迫切需要一个能够缓解紧张压力、调节放松的运动休闲空间环境，来获得健康快乐的生活，因此对城市运动休闲空间的需求量也越来越大。同时，城市可用土地面积逐年减少，城市用地越来越紧张，而现有的城市公共开放空间的数量远不能满足居民日常户外休闲活动的需要。为了创造更好的城市运动休闲空间场所及环境，提升城市居民的生活质量，需要对城市运动休闲空间进行深刻的研究，并开展相应的场地规划。

在时间上，双休日制度以及朝九晚六的上班作息制度提供了城市居民运动休闲活动的时间；在空间上，广大的风景园林、城市规划和建筑等专业人员正在努力创造出适合城市居民运动休闲的空间环境景观。将城市全民健身运动的主题引入城市运动休闲空间设计中，将景观学、生态学观念引入城市运动休闲空间景观环境设计中进行探讨，把城市运动休闲空间规划成既可进行体育训练和比赛，又可供居民进行健身运动和休息的人性化休闲空间（望晶晶，2016），从而创造出与整个城市和谐统一，具有特色魅力和可持续发展特色的城市运动休闲空间景观是我们目前迫切需要努力的方向。

发达国家相关的运动休闲公园逐渐走进大众的生活，从某一种专类运动公园到涵盖多种运动的综合性运动休闲公园，场地选取多种多样。而常被人们忽略的大量城市高架桥下空间，通过相应的改造设计，可以作为进行多种运动休闲活动的潜在空间，并表现出它独有的上层遮盖、专门线路、半开敞半围合等特征，可以创造出特色运动休闲空间。

三、城市中运动休闲空间建设的条件

城市居住区往往缺乏足够的体育场所，可在靠近居住区的高架桥下，根据周边环境差异，适当设置建筑型或开放型的体育活动场所，供周边居民使用。例如，广州市天河区奥林匹克中心附近的北环高速公路高架桥下的几家体育俱乐部，将桥下空间改造为足球场、篮球场、羽毛球场、溜冰场等，为周边的居民提供了足够而经济的活动场所。

（1）城市运动休闲空间环境景观构建中的规划与设计指导原则（望晶晶，2016）。从城市景观设计产业的蓬勃发展现状和我国大力发展全民健身运动政策的角度，对城市运动休闲空间景观进行合理布局。可将城市运动休闲空间规划设计选址原则分为两大部分（即选址和场地精神）。首先，在场地选址上首要考虑交通便利，以便于聚集人群，增加居民的参与度，从而得到更大的使用价值。其次，在场地精神上，要合理应用现有的景观，找到建设城市运动休闲设施的契机，并改造不良的景观建设用地，做出具体的实际状况分析。最后，将状况的分析结果与对策建议结合起来，概括出城市运动休闲空间景观构建中的具体规划设计指导原则。

（2）城市运动休闲空间环境景观构建中的空间构成条件。利用空间的限定，对构建空间时出现的问题进行梳理，归纳为底物、边界、围合物、尺度、形状、轮廓六大类，根据景观设计实用与装饰的两重性原则，将景观类用具划分为设备与灯光两大类，通过具体实例来逐门进行功能细分。

（3）城市运动休闲空间环境景观构建中趣味空间的生成条件。根据不同年龄段人群运动时的趣味性需求程度，将体育休闲空间为人们提供的娱乐氛围分儿童期、青年期、老年期进行研究，利用调查问卷法、专家访谈等方法，提出现状评价结果，同时利用文献资料和规范研究方法，阐述不同年龄段人群在城市运动休闲空间环境景观中的趣味表现程度。

四、桥下运动休闲空间开发的条件及要求

高架桥的修建首先是为了满足城市交通安全顺畅的需要，因而桥下运动休闲空间的景观营造也不得妨碍此基本点。本着交通优先的原则，在高架桥下附属空间的休闲运动景观营造中应注意以下两个方面的问题。

1. 避免视线遮挡

调研中我们发现，无论在哪个城市，在立交桥下俯视空间的景观营造中，均存在树叶密集的乔木遮挡行车视线的现象，这样非常容易造成交通事故。为了规避这一安全隐患，在营造立交桥下附属空间的景观时，应考虑必要的通视需求，并强化其对车行交通的视觉引导。以此为原则，可将植被按引导树、矮树和主树这三种类型结合，进行合理布置，匝道外侧的树要起到视觉引导的作用，分流端部的矮树以不遮挡行车视线为准绳，立交桥内部的空地可适当栽植乔木，而在合流区内应考虑通视需求，严禁植树。

2. 排除流线干扰

除视线的遮挡外，进入高架桥下场地的人流干扰也是影响车行交通，同时造成交通安全隐患的一大因素。尤其是在开放性立交桥下附属空间，为了将人流引入其中，往往存在行人穿越道路的情况，这种人、车混行的状况，不仅会影响车行交通的顺畅，同时也存在极大的安全隐患。因此在类似于开展运动休闲活动的开放性桥下空间的景观营造中应充分考虑立交桥所应满足的车行顺畅的需求，采用开辟地下通道、架设人行天桥或设置交通信号灯等多种形式对人流、车流的穿越路径或是时序进行引导和控制，达到排除流线干扰、维系交通安全、消除安全隐患的目的。

要确保桥下空间的安全性和可达性。桥下运动休闲空间的建设以安全性和可达性为前提，确保高架桥运营期间桥梁结构本身的安全，确保高架桥周边的环境对市民的健康不会造成不利影响。桥下运动场地常使用专门的防护网进行围合，有利于在安全使用的同时提供安全管理（图7-2）。立交桥下附属空间一般处于车行交通的包围之中，可达性较差。因此，必须选择一种

合适的到达方式以及适当的穿越位置来引导人们进入可入式桥下空间（刘骏等，2007）。

图 7-2　有专门维护管理和护栏隔离的桥阴运动场地

（图片来源：杨鑫拍摄）

在满足了安全性和可达性等硬性要求之后，立足当前我国社会发展状况并借鉴国外优秀的改造及建设高架桥附属空间的经验，城市高架桥下运动空间的营造还应充分考虑以下几点构建原则。

1. 以人为本的原则

20 世纪 60 年代末兴起的“公众参与”城市设计思想主张关注居民生活，了解他们的需求。在快节奏的城市生活压力下，城市居民在生理和心理上都承受着压抑与被动的感受，运动休闲空间已然成为人们休闲放松的重要场所，其建设应充分关注人们的运动休闲需求，追求人性化设计。利用造景手法，既重视其运动的功效，又要追求运动休闲空间景观简洁而美观的艺术效果，并与城市高架桥下的空间特点相结合，合理布局，充分发挥其社会效益，使之成为都市中有机的组成部分和新的内容，创造更富有活力和亲和力的各类运动休闲空间。

2. 文化导向的原则

没有文化特色的空间是没有生命力的。城市高架桥下运动休闲空间的构建应充分与城市历史文化资源、地方民风民俗等地域特色文化相结合，使民众在较长时间的运动休闲活动中对该运动休闲空间蕴含的文化象征产生一定程度上的认同。

3. 可持续发展的原则

城市高架桥下运动休闲空间设计应尊重历史文化原貌、自然生态环境，以保证下一代的休闲质量。空间建设风格决不能简单盲目追求时尚，而应从城市的历史文化、发展需求出发，创造既能传承历史，又具有时代特征的城市高架桥下运动休闲空间。

4. 多样化发展的原则

城市高架桥下运动休闲空间应针对不同人群的运动休闲偏好多样化发展，年龄、知识水平、对传统与现代运动形式的喜好、消费水平、时间成本等都应充分加以考虑。

5. 公正平等的原则

城市高架桥下运动休闲空间是面向全体市民的公共开放空间，每一个市民应该都能够找到适合自己特点的空间形式，这就要求在空间构建时要根据人口密度均衡布局，确保空间的平等性。

此外，在进行高架桥下运动休闲空间构建时，应保障残障人士、外来务工人群等社会弱势群体的运动休闲活动权利，建设适合他们特点的运动休闲设施及相应配套设施，为他们进入并进行运动休闲活动创造便利。

6. 公共效益优先的原则

作为全体市民的公共资源，构建城市高架桥下运动休闲空间时应将可进入性作为一项重要原则，多渠道地拓宽空间范畴，并联系其他运动休闲空间，如公园、商业综合体中的运动休闲功能区等（宋铁男，2013）。

结合对武汉市三环线内 10 座已经进行高架桥下运动休闲利用现场进行的调研，课题组发现这部分桥阴空间场地现状条件相对较差，但空间大小足够开展运动休闲活动，有 20 余种不同类型的运动休闲活动，课题组还对主要的使用人群年龄阶段进行了研究（表 7–1）。初步发现，承载的运动休闲项目越多，参与使用的人群年龄覆盖越广泛。周边的小区众多，人群运动休闲活动的场地明显不足或者现状运动休闲场地不能满足居民的多种需求，具有较大的开发利用价值。而且随着调研的深入，笔者发现了桥阴空间运动休闲利用活动的多样性、自发性，以及一些作为小游园或者公园开发设计的桥阴空间也存在大量的运动休闲活动。

调研还发现，运动休闲场地内的球类运动都为当前受众年龄较广和受欢迎程度较高的，比如篮球、足球、乒乓球、门球等。

表 7–1　武汉市三环线内存在运动休闲利用的桥阴空间详细利用情况

<table>
<tr><th rowspan="2">序号</th><th rowspan="2">高架桥名称</th><th rowspan="2">利用部位</th><th colspan="4">桥阴空间特征</th><th rowspan="2">桥底、墩柱材质</th><th rowspan="2">下垫面材质</th><th rowspan="2">运动设施情况</th><th rowspan="2">运动休闲活动类型</th><th rowspan="2">主要人群年龄段</th></tr>
<tr><th>墩柱类型</th><th>墩柱间距/m</th><th>桥面宽度/m</th><th>桥下净高/m</th></tr>
<tr><td>1</td><td>戴家湖公园段高架桥</td><td>主桥下部</td><td>Y 形墩柱</td><td>40</td><td>28</td><td>20</td><td>无</td><td>塑胶运动材质</td><td>五人制足球场 6 个、篮球场 7 个、门球场 2 个</td><td>散步、跑步、门球、遛狗</td><td>全年龄段</td></tr>
<tr><td>2</td><td>四美塘高架桥</td><td>主桥下部</td><td>倒梯形墩柱、Y 形墩柱</td><td>34</td><td>37</td><td>8</td><td>粉刷漆面</td><td>塑胶运动材质</td><td>五人制足球场 2 个、乒乓球台 2 个、健身器材</td><td>散步、跑步、广场舞、交谊舞、踢毽子、足球、乒乓球、轮滑</td><td>全年龄段</td></tr>
<tr><td>3</td><td>沙湖立交桥</td><td>主桥下部</td><td>方形墩柱、倒梯形墩柱</td><td>38</td><td>30</td><td>7</td><td>粉刷漆面</td><td>塑胶运动材质</td><td>五人制足球场 2 个、篮球场 3 个</td><td>散步、跑步、足球、篮球、广场舞、遛狗、轮滑、滑板</td><td>儿童、青年</td></tr>
<tr><td>4</td><td>常青立交桥</td><td>主桥下部</td><td>圆柱形墩柱</td><td>22</td><td>34</td><td>9</td><td>无</td><td>塑胶运动材质</td><td>五人制足球场 2 个、篮球场 2 个、健身器材</td><td>跑步、散步、荡秋千、遛狗、太极拳、足球、篮球、带孩子</td><td>儿童、青年、老年</td></tr>
</table>

续表

序号	高架桥名称	利用部位	桥阴空间特征				桥底、墩柱材质	下垫面材质	运动设施情况	运动休闲活动类型	主要人群年龄段
			墩柱类型	墩柱间距/m	桥面宽度/m	桥下净高/m					
5	沿江大道立交桥	主桥下部	Y形墩柱	34	40	8	无	塑胶运动材质	五人制足球场4个	足球、散步	儿童、青年
6	和平立交桥	主桥下部	双方柱形墩柱	28	35	22	立体绿化	植被、土壤、水面	跑步道	跑步、散步、遛狗、垂钓、空竹	全年龄段
7	杨泗港大桥汉阳段立交桥	主桥下部	双方柱形墩柱、Y形墩柱、方形墩柱	33	33	8	粉刷漆面、立体绿化	植被、土壤、砾石、硬质铺装	跑步道	跑步、散步、体育舞蹈、广场舞、遛狗、太极剑、轮滑、羽毛球、太极拳、带孩子	儿童、中年、老年
8	竹叶山立交桥	匝道下部	Y形墩柱、方形墩柱	18	18	8	粉刷漆面、立体绿化	植被、土壤、硬质铺装	健身器材	跑步、散步、广场舞	中年、老年
9	武汉商务区高架桥	主桥下部	Y形墩柱	30	42	4	无	植被、土壤、硬质铺装	跑步道	跑步、散步、遛狗	老年
10	梅子立交桥	主桥下部	圆柱形墩柱	22	18	6	粉刷漆面	植被、土壤、水面	绿道	跑步、散步、垂钓	中年

（表格来源：杨鑫绘制）

因此，在桥阴空间开展运动休闲活动场地设计时需要注意以下几个事项。

（1）桥阴空间运动休闲利用应该充分考虑所处环境特点，以及周边居民的使用需求和运动偏好，避免盲目改造，出现无人使用、错误使用等资源浪费、不合理利用的问题。

（2）处于绿地环境中的桥阴空间应与周边绿地连接，在原本绿色环境的基础上增设与之相匹配的运动景观元素。

（3）对处在密集小区中的桥阴空间进行运动休闲利用的时候，需要充分考虑居民的使用需求与场地空间的适配性，让居民参与设计，打造真正适合使用人群的运动休闲景观场地。

（4）处在人流密集、城市功能混合区的桥阴空间，在做运动休闲改造利用的时候需要调研使用人群的身份及使用目的，针对不同的需求做出兼具多种功能的利用方案，做好运动休闲景观设施的同时，还应满足巨大的人流集散疏导及商业、市政等配套服务需求。

（5）对于各种环境因子的景观改善措施，应充分注意安全性和环保健康，避免在运动休闲使用时发生意外状况，保证在已知可控的范围内避免对人群造成不必要的伤害。

（6）为了给人群带来更好的使用体验，桥阴空间运动休闲景观还应注重场地的生态性，充分考虑各种环境因素之间的影响和关联性，营造对场地适宜、对环境友好、对适用人群舒适的桥阴运动休闲环境。

（7）在改造桥阴空间时，也要考虑管理维护的问题，同时不能妨碍到桥阴上部高架桥的正常交通通行，以及对桥梁墩柱、地基等结构不产生危险的影响。

第二节　桥下运动休闲合适的形式及其所需的空间形态

一、球类运动

球类运动主要包括需要较宽的场地，满足基本净空要求，且有拦网的足球、篮球、门球、羽毛球等，以及需要专门台桌设备的乒乓球、台球等（图 7–3）。

图 7–3　桥下各种球类运动

（左上：宁波绕城高速下的骆驼桥体育场上踢足球的孩子[1]。右上：林书豪在台北市高架桥下的篮球场投篮[2]。左下：居民在温州瓯海首个高架桥下体育运动场打门球[3]。右下：市民在中吴大桥南引桥下打乒乓球[4]）

1　图片来源：http://cs.zjol.com.cn/system/2017/04/14/021491196.shtml。

2　图片来源：http://news.ifeng.com/taiwan/2/detail_2012_08/30/17211148_0.shtml?_from_ralated。

3　图片来源：http://www.sohu.com/a/218196807_164825。

4　图片来源：http://cz001.com.cn。

球类运动对于场地的要求有相应的国家规范和政策文件，参考《体育场地与设施（一）》（08J933—1）国家建设标准和相关文献。根据桥阴空间的运动休闲类型分类，以标准的户外运动休闲要求来选取合适的球类运动休闲项目。竞技比赛和正式训练标准规格的球类场地占地面积有严格的比例要求，部分运动休闲项目在长、宽、面积和净空要求上就超出了桥阴空间的范围，因此只选取适配桥阴空间的休闲健身场地的尺寸。筛选完成并适合在桥阴空间进行的球类运动休闲项目对于场地大小的具体数值要求如表 7-2 所示。

表 7-2 适宜桥阴空间的球类运休闲项目对场地尺度的要求 单位：m

运动休闲项目名称	场地长度	场地宽度	场地净高
篮球	≥ 22.00	≥ 12.00	≥ 7.00
五人制足球	≥ 25.00	≥ 15.00	≥ 7.00
排球	18.00	9.00	≥ 7.00
单打羽毛球	13.40	5. 18	≥ 9.00
双打羽毛球	13.40	6. 10	≥ 9.00
乒乓球	≥ 7.74	≥ 5.53	≥ 4.76
单打网球	23.77	8.23	≥ 12.5
双打网球	23.77	10.97	≥ 12.5
手球	38.00 ～ 44.00	18.00 ～ 20.00	≥ 7.00
保龄球	25.35	8.64	≥ 3. 1
门球	≥ 12.00	≥ 8.00	≥ 4.00
台球	4.04	2.87	≥ 3.00
地掷球	24.0 ～ 26.5	3.8 ～ 4.5	≥ 3.00

（表格来源：杨鑫绘制）

二、极限挑战类运动

极限挑战运动具有高难度、刺激性、挑战性甚至一定程度的危险性等特征，一般具有较快的速度、较大的高度或者坡度等，是适合年轻人的对体能、技能、技巧要求高的一种运动类型（图 7-4），如依托较高的桥下净空开展的系列攀爬活动，如图 7-5 所示。

适宜在桥阴空间开展的该类项目包括跑酷、攀岩、轮滑、滑板和障碍自行车等，这些也是相对安全、较为常见的寻求突破自我的运动休闲项目。可在对场地有一定要求的人工构筑的岩壁开展攀岩运动，每条攀登线路的宽度应不小于 1.8 m，用于攀岩活动的人工岩壁高度应不超过 5 m；轮滑与滑板场地面积不应小于 500 m^2，对于长度及宽度无特定要求，净空高度要在 3 m 以上。

图 7–4　桥下开展多种极限挑战类运动项目

（左：多伦多桥下公园的滑板运动[1]。中：美国西雅图 I–5 高速路下山地自行车公园[2]。右：运动爱好者在高架桥下进行跑酷运动[3]）

图 7–5　依托桥下净空高度开展攀岩类运动

（图为澳大利亚的维多利亚州高速公路下安装的攀岩墙[4]）

武汉市三环线内的桥阴空间暂无专业的攀岩、跑酷等运动休闲场地，但在调研的过程中，笔者发现四美塘高架桥下建设有专门的轮滑与滑板使用场地，依托公园管理单位进行维护管理，定时、定期开放（图 7–6）。

1　图片来源：http://bbs.zhulong.com/101020_group_687/detail32541256?f=bbsnew_YL_5。

2　图片来源：http://www.worldbikeparks.com/i–5–colonnade。

3　图片来源：http://news.ifeng.com/a/20170831/51822956_0.shtml。

4　图片来源：https://therivardreport.com/5–ways–better–use–highway–underpasses–san–antonio。

图 7-6　四美塘高架桥下的轮滑与滑板使用场地

（图片来源：杨鑫拍摄）

三、休闲养生类运动

休闲养生类运动大多属于运动负荷相对较小的运动，包括固定器械类运动和健身操、太极拳等集体操类运动。多适合中老年人开展（图 7-7），对桥下周边环境的绿化、景观品质要求较高。

图 7-7　桥下休闲养生类运动

（左上：扬州市华扬路桥底的运动天地[1]。右上：桥下跳扇子舞的市民[2]。
左下：广州市番禺区丽江桥底正在排练的“丽江红”腰鼓队[3]。右下：上海市民在嘉定区高架桥下打太极拳[4]）

该类运动休闲项目极具娱乐性和观赏性，尤其是一些民族传统类休闲运动（如舞狮等），相当

1　图片来源：http://www.fang.com。
2　图片来源：http://image.baidu.com。
3　图片来源：http://roll.sohu.com/20120626/n346494409.shtml。
4　图片来源：http://www.jiading.gov.cn。

一部分动作的完成需要腾空起跃和团队合作，部分项目对于场地大小有一定的要求，但无特定的参考标准。调研发现，武汉市的高架桥通常距离地面 5 ～ 10 m 高，民族传统类运动休闲项目总体适合一般常见的武汉市桥阴物理空间大小。总结各类文献及体育比赛规则，现将该类运动休闲项目对场地的大致需求罗列如表 7–3 所示。

表 7-3 适宜桥阴空间的休闲养生类项目场地尺度的要求 单位：m

运动休闲项目名称	场地长度	场地宽度	场地净高
舞狮	≥ 18.00	≥ 18.00	≥ 8.00
舞龙	≥ 18.00	≥ 18.00	≥ 8.00
毽球	11.88	6.10	≥ 6.00
柔力球	26.00	16.00	≥ 4.00*
空竹	≥ 8.00	≥ 8.00	≥ 8.00
射箭	≥ 8.00	≥ 0.80	≥ 4.00*

* 运动休闲项目尺寸参考了室内该运动休闲项目的最低要求。
（表格来源：蔺雪峰，2019）

相比球类运动项目的受众广泛，民族传统类的运动休闲项目更多的是中老年群体的最爱。该大类中还有一些相对限制较小的项目，如太极拳、健身气功（八段锦、五禽戏、易筋经、六字诀）、跳绳、拔河、打陀螺、抽鞭子和荡秋千等，具有内容丰富、形式多样、自娱自乐等特征，对于特定的环境条件要求不高，且多数不受时间、地点、器械的限制。调研发现，在桥阴空间中，该类运动休闲项目的使用频率仅次于足部移动类项目，开展人群年龄以中老年为主，有些项目只需要一个音响播放设施，就可以在桥阴空间活动一整个早晨。

健身健美类运动休闲项目对户外场地大小也无特殊要求，其中适宜在桥阴空间开展的项目有健美操、体育舞蹈、街舞、广场舞、力量健身、普拉提和瑜伽等。但是个别运动休闲项目对于健康的环境指标要求较高，尤其是对安静环境的需求。像瑜伽和普拉提，将注意力集中在身体的某个部位发力时，需要安谧的周边环境。调研中发现，四美塘高架桥下存在广场舞、交谊性质的体育舞蹈等运动休闲项目的专用场地，在其他桥阴空间，该类运动休闲项目多为自发组织形成的。该类运动休闲项目深受中年人群的喜爱，尤其以中年妇女居多（图 7–8）。

图 7–8 四美塘高架桥下桥阴空间开展的广场舞、交谊舞运动休闲项目
（图片来源：杨鑫拍摄）

四、行走类运动

行走类运动主要包括散步、跑步两种类型，宜设置良好、舒适、平整、安全和相对独立的跑道或散步路。加入色彩鲜艳的弹性材料作为跑道路面会更容易激发跑步的持续动力（图 7–9）。

图 7–9　桥下步道

（左：市民在绍兴市区越西路一座高架桥下的特殊运动场里跑步[1]。右：温州市民在金丽温高速公路（温州双屿段）高架桥下的绿道上散步[2]）

相比其他运动休闲项目，该类运动无特定场地的要求，同时对其他服务设施要求也不高。在仅考虑空间大小的前提下，任何该类运动休闲项目都适合在桥阴空间开展，对于散步、慢跑、遛狗、带娃等来说，只要是平坦安全、稍带曲折趣味的路径即可。但是该类运动休闲项目一般作为其他运动休闲设施承载的附属项目，或者由桥阴空间作为公园绿地利用而设置的步道来承担，很少有完全是为足部移动运动而建成的桥阴空间。可以增加塑胶减震跑步道或者绿道来引导人群在桥阴空间进行该类运动休闲项目，同时在道路两边辅以景观装置和休憩座椅等。

笔者在武汉市的调研中，几乎 17 个桥阴空间都有人参与足部移动类运动休闲项目，主要以早晨和傍晚的散步为主。在周边有绿地水体等环境的梅子立交桥与和平立交桥下，以及位于武汉商务区的高架桥下，建设有城市绿道等设施，由相对单调的塑胶铺设而成，但是同样受到市民的喜爱，使用频率较高（图 7–10）。

图 7–10　和平立交桥下的公园散步道和城市绿道

（图片来源：杨鑫拍摄）

1　图片来源：http:// vip.people.com.cn。

2　图片来源：http://photo.zjol.com.cn/system/2014/08/04/020178245.shtml#p=1。

第三节　桥下运动休闲场地的人性关怀及设施景观

一、桥下运动休闲场地的人性关怀

高架桥的建设一直以服务机动车交通为主，以车为本的现象十分显著，缺乏对于人性化的考虑，理想的人居环境应强调迎合人的身心健康需求，因此，高架桥在满足机动车快速通行的基础上，要从使用者的需求出发，植入桥下人行通行系统，合理化各公共活动空间的布局，提高针对使用者的服务信息技术。对于城市建设的正循环发展，需要修补城市肌理，满足居民日常生活需求，承担城市生活中的多种功能，提供可达性强的公众交流、汇集场所，满足生态需求，形成生态大道，满足公共空间需求，体现城市人文，形成人文之道。不同位置快速路的城市环境不同，面对具体项目，需要因地制宜地提出设计愿景及定位。

在不干扰车行交通的前提下，将行人引入桥下，在其中设置健身、休息、游览等功能空间，满足市民日常户外活动及交流的需求，在解决交通拥挤问题的同时，在桥下形成供市民使用的开放性绿地，不失为一种一举两得的使用方式。在这种使用方式下，桥下附属空间的服务对象为行人，因此在景观营造中必须遵循以人为本的原则。因立交桥下附属空间与交通的密切联系，呈现出与其他户外公共休闲空间不同的特征，针对这些特征，在景观营造中所遵循的人性原则主要包括桥下附属空间的安全性、可达性和舒适性等原则（刘骏等，2007）。

结合笔者对武汉桥阴空间中参与此类活动人群进行的调研，他们作为主要的利用者和受益者，也对桥阴空间不同运动休闲项目的产生有着重要影响，不同的人群对于运动休闲的需求也存在差异。经过在初步调研时访谈和询问正在桥阴下运动的人群，笔者发现参与这些活动最大的人群来源：①附近小区的居民；②到达目的地交通条件便利的人群；③需要经过桥阴空间来通勤的人群；④安置在桥阴空间的特定运动休闲项目的爱好者（如空竹、抽陀螺等）。故桥下运动休闲场所的设置要参考周边人群的构成和需求特点。

二、满足桥下空间运动休闲人性关怀的设计对策

（一）满足安全性要求

高架桥空间的安全性包括车行和人行安全两方面。与其他户外空间相比，高架桥空间最大的不同在于，人流与快速车流关系密切。以下分别对车行安全和人的使用安全进行阐释。

1. 车行安全

高架桥作为城市重要的立体交通路径，保证交通安全顺畅是空间营造的基本前提，这种交通安全优先的原则体现在两个方面。

一是保证必要的视线通达与引导。在高架桥空间营造时，应考虑必要的通视需求。在具体绿化和设施小品的规划布置时，都要以保证车辆、行人安全为前提，尤其是不对驾驶员构成视觉上和交通上的阻碍。在视线引导方面，可通过合理的植物群体组合和色彩布局来满足引导交

通的要求。例如，沿高架桥匝道外缘种植成行的高大醒目的乔木，不仅可以增强驾驶员的安全感，还能起到对车行交通进行视觉引导的作用。

二是排除流线干扰。除视线的遮挡外，人流的干扰也是影响车行交通的主要因素。尤其是开放性的高架桥下空间，行人往往需穿越道路才能进入使用，这种人流与车流相互干扰的状况，不仅会影响车行交通的顺畅，同时也带来极大的安全隐患。

因此在桥下空间营造中，应充分考虑交通顺畅的基本要求，必要时采用开辟地下通道、架设人行天桥或设置交通信号灯等多种形式对人流、车流的穿越路径或时序进行引导和控制，达到排除流线干扰、维系交通安全、消除安全隐患的目的。

2. 人的使用安全

人们在使用高架桥空间过程中存在多方面的安全隐患，主要由以下两种因素导致。

（1）车行导致的不安全：高架桥空间中，人们面临的最大安全隐患来源于机动车交通。为了规避这种安全问题，首先设计时要对场地进行必要的视线分析，在有车行威胁的区域，应确保使用者对车行情况有良好的视线监视，以便及时调整行动；其次应根据车行流量，选择适当的人行穿越方式，保证使用者能安全地穿越道路进入场地，提高场地的使用频率；最后，在进行桥下功能空间的设计中，应注意有足够的安全防护措施将人的活动与道路隔开，以此避免使用者“蔓延”至道路上，造成流线干扰，导致交通事故。

（2）设计不当带来的不安全：高架桥空间的设计缺乏安全性考虑，用大量植被将其包裹起来，部分桥下空间更是沦为藏污纳垢的空间死角。据报道，有些城市的高架桥下空间常常聚集流浪汉、“瘾君子”等边缘人群，给当地社会环境埋下很多安全隐患。出于防范心理，人们一般不会光顾此类空间。这种情形下，设计时有必要通过适当的空间疏导将桥下空间变得开敞，使桥下空间与桥侧空间在视线上存在直接或间接的联系，从而打破原有空间的郁闭感。

另外，由于高架桥空间的异质性较差，没有完善的标识系统，人们很容易迷失方向而产生恐惧不安的心理。建构明晰的空间秩序和标识系统可以有效避免这种心理感受产生。

（二）满足可达性

人们往往对车行交通包围中的高架桥空间望而却步。可达性差致使原本设计好的开放空间因缺乏人气而慢慢衰败，最终成为失落空间的案例比比皆是。这种情况下，可达性直接决定了空间的使用频率。因此，设计时应当为使用者创造多种适合的到达方式，使其能安全便利地到达高架桥空间。例如，在车行交通量相对不大的与高架桥空间相邻的城市道路处，可选择人行横道加信号灯等较为直接的方式，引导人流进入。而在车行交通繁忙的地段，则可根据具体情况选择下穿道、架空道等形式避开车流。还应选择适当的穿越位置，同时在出入口及通道的布置和设计上应考虑强化出入口的标识系统，以及确保良好的视线引导，保证行人的顺畅行进。

1. 连接周边绿地

高架桥空间处于割裂状态，绿地的连接性是这类空间景观规划较为重要且需要具体解决的普遍问题。面对此问题，应强化桥下空间与地铁站点、快速路高架桥出入口的衔接，通过对桥下空间的利用，将桥下的慢行道与周围的景观资源有机地连接起来，结合周边不同尺度的绿地空间（公园绿地、社区绿地、商业广场、校园绿地、集散空间等），优化绿地间路径的连续性，将不同尺度的绿化置入高架桥所在街道，形成雨水渗透的连续性，迎合上位绿道规划，构建绿色廊道，激活街道空间活力（图 7–11）。对于高架桥周边的未规划用地，应结合周边环境进行合理设计，如增设街头绿地、景观空间，且空间出入口设置应面对高架桥，强化进出口的标识设计，凸显入口空间。

图 7–11　与绿地结合的戴家湖公园段高架桥

（图片来源：杨鑫拍摄、绘制）

2. 完善慢行可达设施

要打造连续安全的慢行路网，首先，应提高慢行连接性，可借助人行天桥、自行车桥辅助连接周边绿地或地下人行通道，打造立体过街设施。其次，在路侧人行道慢行空间增设座椅等服务设施，在街头空间打造街头绿地，增加人们在街头的停留时间，集约化设置市政服务设施和街道家具，提高路侧慢行体验感。再次，在地铁站合理设置公交车站及自行车停车位，完成慢行交通的高效换乘。最后，在道路平面交叉口，应保证过街安全性，路口容易发生交通事故，改善路口设计可以改善路口的安全和舒适度。且路口要有清晰的行人优先通行权，要对路口的设置进行整体研究，应通过增加安全岛，提供明确的行车指引线、连续的人行道铺装，标色非机动车道等方式优化交通流线，增加过街安全性，在较窄的交叉路口，可用整体抬高、全铺装交叉口的方式提供安全舒适的过街体验。

（三）满足舒适性

高架桥空间使用的不舒适性主要体现在光线昏暗和车行交通带来的噪声、灰尘、汽车尾气干扰等。针对这一特殊情况所提出的舒适性原则是指通过设计避免或减少这些不利因素的影响。例如，在存在噪声、灰尘等干扰的主要来向布置适当的构筑物和绿化带以减少干扰。另外可通过合理的空间组织，将一些较为吵闹以及人们停留时间短的活动空间布置在路边，将人们停留时间长的活动空间布置在远离车行道的位置，以形成舒适的休息空间。当然，舒适性还包括有适宜的空间容量，有满足人们使用需求的环境设施等。

1. 完善街道家具

街道家具的合理设计能创造舒适的桥下空间，为桥下空间的使用者提供休憩、信息引导、遮蔽、安全防护等功能，也促进了桥下公共空间边界的形成。针对桥下空间的不同氛围设置不同的街道家具，即便是同一种街道家具，亦可根据情境做出相应调整。例如，座椅的设置需考虑不同的舒适度和外观形态。街道家具需要融入桥下整体的空间景观中，其整体性以及不同情景下的编排组合亦能提升街道空间的丰富性和多样性（图 7-12）。

图 7-12　桥阴空间的休闲设施

（图片来源：杨鑫拍摄）

2. 营造桥下绿景

在桥下空间的绿化设计中，应根据桥下空间的微气候和微地形增加局部的自然生态要素，利用高架桥街道周边的环境及自身的形体组织立体绿化，从而达到改善环境的目的。注重乡土植物的使用，以有效地弥补人工环境对自然生态的改变。乡土植物会引发当地居民的熟悉感和亲近感，激发使用者对桥下空间产生丰富的情感连接。

三、体现人性关怀的设施景观营造

（一）声环境的营造

高架桥空间的声环境营造目的性很强，并具有非常必要的现实意义。众所周知，城市交通噪声是市区声环境的主要污染源之一。有关研究显示，城市交通密集地带噪声明显超过 70 dB，已对部分居民的工作与生活产生了干扰。交通系统的噪声主要是由车辆动力系统及车辆与道路或轨道的摩擦、震动而发出的。而高架道路交通和轨道交通在噪声影响特征上还存在不同。对一定的场地而言，轨道交通的噪声具有间歇性特点，而道路交通的噪声是持续性的干扰。据研究表明，70 dB 的铁路噪声与 55 dB 的道路交通噪声对人的干扰程度是一样的。高架轨道线路产生的噪声影响总体上小于高架道路交通。这是由高架道路在城市中的分布地段和噪声特点共同决定的（邓飞，2008）。

高架桥附近空间的声环境是恶劣的，尤其在老城区，高架桥与建筑争夺着城市空间，高架桥紧邻着建筑的窗台划过，带来的噪声干扰可想而知。对于噪声的干扰问题，需要在道路的选线阶段进行缓解。以道路红线控制建筑与高架桥的间距，通过延长声音的传播距离来减弱噪声。而对于高架桥空间中的活动人群来说，高架桥的噪声和震动的影响明显。对于声环境的改善常用的有两种处理办法。一种是通过人工构筑物、地形和植被等进行竖向屏蔽，以达到削减噪声干扰的目的。如高架桥的隔音墙屏蔽效果就很好，但使用隔音墙容易产生视觉突兀问题，所以应该谨慎选择其形式、色彩及质感，减弱其色彩上的跳跃和避免光污染的形成。

另一种较巧妙的手法是利用自然声的营造和模拟来吸引人的注意力，从而间接地降低人们对周围噪声的关注度。劳伦斯・哈普林在美国西雅图的高速公路公园设计中就是利用地形塑造人工瀑布，用以屏蔽高架桥交通带来的巨大噪声干扰。在这一点上，与成都某高架桥下的水景和声景塑造有异曲同工之妙。虽然桥体本身未做装饰和绿化，但桥下结合桥柱精心布置瀑布、水池、假山、绿化等造景元素，景色散发出灵动、亲切、自然的魅力，有效吸引了人们的注意力，大大削弱了桥下空间的压抑感和冷漠感。而且，桥下设置了人工假山及瀑布，巧妙地利用了动态水景的喧闹声来掩盖高架桥车流带来的噪声（图 7-13）。

图 7-13　用水声烘托环境氛围，减弱交通噪声

（图片来源：左图来源于 http://www.settle.gov/parks，右图来源于 http://image.baidu.com）

（二）光环境的营造

光是一种极富生动性和戏剧性的造景要素。光和影变幻能留给人们无尽的遐思和愉悦的精神体验。对光的视觉心理感受因人而异，不同光感会带给人迥异的感受：或热烈躁动，或恬静闲适。在空间营造中，如何最大限度地利用自然光和人工照明来满足人们生理和心理层次对光的需求，是需要引起人们关注的问题。

自然光是营造空间氛围、创造意境的“特殊材料”。尽管当前外部空间设计中人工照明已占据越来越重要的地位，自然光仍是光环境中最具表现力的因素之一。正如英国建筑师诺曼・福斯特所说：“自然光总是在不停地变幻着，这种光可以赋予建筑特性。同时，在空间和光影的相互作用下，我们可以创造出戏剧性。”相比之下，人工照明就不像自然光这样随时间瞬息万变，更不能幻化出那么细腻柔和的场景，但它同样会给空间带来生机。

人工照明的特点是它可以随人们的意志变化，通过色彩的强弱调节，创造静止或运动的多样环境气氛。不论是从安全角度，还是从空间特色方面看，光环境的塑造对高架桥空间来说都是至关重要的。良好的自然光照或人工照明都会对整个空间产生很好的环境烘托作用，并且光线对凌乱的空间可以起到重要的缝合和过渡作用。

导致不同桥阴空间光环境差异的主要因素为高架桥的走向、宽高比、周边遮蔽物，次要因素为桥阴空间的下垫面、墩柱立面、上顶面等的材质对自然光的吸收和反射作用。基于以上对光的重要性和光的空间特性的认识，笔者对于高架桥空间光环境的营造提出了以下设计对策。

1. 巧借自然光

在建筑“廊”空间的运用中，人们通过对光线亮暗过渡关系的处理实现了空间转换和融合。高架桥下空间与“廊”空间在某种程度上具有相似的特性，对于其光环境的营造或许可以从“廊”空间的处理上获得一定的启迪。若能巧借自然光，充分利用高架桥的结构特征以及变幻的光影来造景，则可以带来意想不到的惊喜。首先，改善桥阴空间的直接采光环境，当宽高比作为不可改变因素时，尽量选取宽高比较小的桥阴空间进行运动休闲利用；其次，考虑周边的其他遮挡物是否对采光产生了主要影响，比如绿植或临时构筑物等的遮挡，可在相关园林市政部门的协调下进行修剪或直接移走；最后，高架桥的走向对于桥阴空间采光的均匀度影响较大，后续要运用间接采光措施补充采光等。

夏季里，高架桥下空间产生的柔和光线，让人的眼睛得以休息，进而可以更好地感受到空间的存在。对于高架桥的光环境营造而言，自然光不应仅仅作为植物生长的必备自然因子，还应作为造景要素加以充分利用。巧妙地利用自然光，可以较好地限定空间范围和增加空间层次(图7–14)。在这一点上，人工照明也能产生异曲同工之妙。

图 7–14　存在中间分车缝的桥阴空间

(图片来源：杨鑫拍摄)

同时可以考虑间接改善采光的方式，或以材料反射光等方法补光。当桥阴空间无法通过直接采光的方式获得充足的自然光来满足运动休闲需求时，可以利用一些辅助设备将自然光输送到其中。其中镜面反射采光作为一种运用广泛、操作简单的方式，可以将自然光反射到桥阴空间。在桥阴边缘设置带有定向反射面的朝上反光板，将桥外的自然光反射到桥阴空间的顶部，然后利用粗糙的表面再散射到桥阴空间各部分；或者设置带有扩散表面的反光板，直接将自然光散射到桥阴空间各处，上述的装置和利用原理如图 7–15 所示。

材质反射策略除了在实测环节是影响光环境的主要因素，桥阴空间下垫面、墩柱立面、桥阴空间上顶面等的材质对于桥阴空间的光环境也存在间接的影响，主要差异体现在不同材质对于进入其中的自然光的吸收和反射作用。通常情况下，不同颜色材料的吸光率是不同的，颜色越深、越暗的材料吸光率越高，但决定其吸收光效果强弱的重要因素为组成材料的分子结构和材料表面性状。有关研究发现，材料的表面亮度、光泽度、反射系数等与空间的整体亮度大小有正相关性（杨春宇等，2004），因此改变桥阴空间的下垫面、墩柱立面、桥阴空间上顶面等的饰面材质也是改善桥阴空间光环境的有效手段。

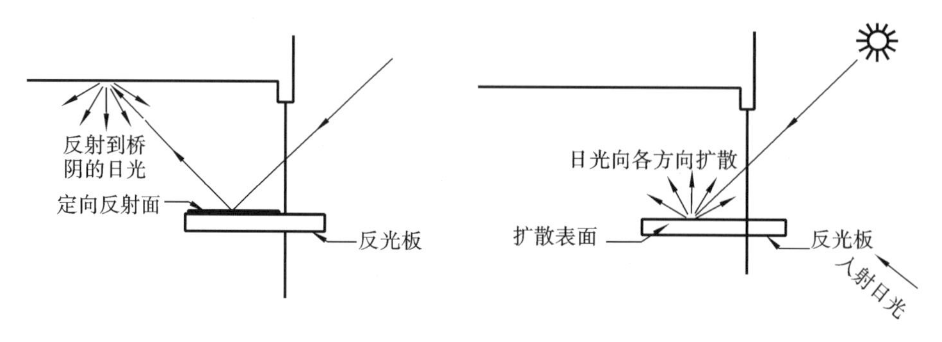

图 7-15　桥阴空间利用反射光示意图

（图片来源：https://bbs.zhulong.com/101010_group_3000153/detail42405523/）

新饰面材料的镜面光泽度比较大，如釉面砖、花岗石、铝塑板、外墙涂料等，其表面的光学特性与水泥搓沙的老式立面饰料相比差别较大。常用的饰面材质又分为石材、玻璃、砖、金属、木材、建筑涂料和混凝土等，在选取的时候首选最后成型为光滑镜面或细腻表面的材质，同时颜色以吸光率较低的浅色为主，还需考虑在桥阴空间这种半户外的环境条件下能经久耐用。墩柱立面、桥阴空间上顶面的饰面材质还应考虑材质的重量，要不影响高架桥的正常通车运行以及受力承重，兼具较轻质量特质的材质为最佳。结合新技术的涂层漆面材料符合要求，同时还可根据桥阴空间的具体运动休闲项目来设计不同的饰面效果，产生充满活力的运动休闲景观视觉效果（图 7-16）。

图 7-16　涂层漆面材料装饰下光线充足的桥阴运功休闲空间

（图片来源：左图来自 http://inews.gtimg.com/newsapp_match/0/11858300816/0.jpg；右图来自 https://www.funwowo.com/news/2015/daily_news_1209/9427.html）

2. 适度的人工照明

目前，人们在高架桥下空间的夜景塑造方面下了相当大功夫，但呈现出一味追求富丽堂皇、流光溢彩的宏大效果，整体艺术水准不高的问题，这有管理部门意志的作用，也反映了人们对高架桥下空间光环境塑造的认识不足。

夜景营造是体现城市魅力的一种重要方式。夜幕笼罩下，城市的一切纷杂都将消退，灯光成就了都市繁华。不同的空间氛围需要不同的夜景塑造手法。高架桥下空间的夜景营造则更需要根据城市总体景色定位来确定光环境整体氛围。对光的布局、色彩、强度等进行控制，以确保夜景塑造能起到画龙点睛的作用（图 7–17）。

图 7–17　桥下灯光景观

（图片来源：http://www.biolinia.com/midtown–viaducts–public–art–light–project/）

对于自然光的运用，强调设计者主观创造“巧借”来营造惊喜。而对于人工照明的运用则要依据人的视觉特性，结合行为活动的特点，恰到好处地进行夜景照明设计。

在上述措施均难以达到运动休闲空间采光要求的桥阴空间，可以考虑增设照明灯具补光的措施。参考城市夜间景观美化和道路夜间照明方面积累的设计经验，桥阴空间也可以通过人工补光来提升基本的光照度。通过桥阴空间的多层次配光，还可以将桥阴空间光环境设计得更科学化和艺术化。桥阴空间顶部的补充灯光、运动休闲场地的地面、其他服务设施和桥墩柱的景观灯，可共同打造一个全方位整体、层次错落有致的桥阴运动休闲景观（图 7–18）。另外，为了做到生态环保，可以在桥阴空间增设光照强度自动读取装置，当光照度低于该运动休闲项目的最低标准要求时，自动启动适宜的光照强度灯光来补光，避免电力资源的浪费。

图 7–18　人工补光后的桥阴运动休闲环境

（图片来源：https://cbgc.scol.com.cn/news/1708037）

光导照明系统是新型的交通照明系统（汪晶，2020），桥阴空间采用光导照明来补光，可以直接改善自然光线不足的情况，同时光导照明技术具有更多的色彩变化和光线强度调节功能，根据桥阴空间运动休闲项目的实际需求，灵活调整光照强度和变换不同的颜色，能更好地烘托出运动休闲空间的氛围，给使用人群一种沉浸式的体验感。光导照明系统实现了光电分离，可以避免人们在运动休闲时发生不慎触电的危险。

在高架桥下空间的夜景处理上，光不管是作为主体表现元素，还是作为环境整合的要素，都应该简洁，避免过分渲染。

（三）运动设施小品的人性化设置

运动设施小品的人性化设置是营造空间舒适性的重要方面。在路幅宽、净高小、空间灰暗单调的高架桥下，人们会产生一种急促、恐惧、不安全的心理暗示，在活动空间的选择上自然而然地排斥这种缺乏吸引力的桥下空间。这种情况下，有时可以通过布置适当的设施小品来提升环境品质。设施小品的设计要具有一定风格特色，但更重要的是要能发挥恰当的功能作用。所以，设计师有必要根据不同区段的交通流量、使用人群、人流分布等，具体分析其交通疏导、设施布局、数量等现实需求问题。特别在设计前期，对使用人群的调查或预测是相当重要的。只有较为准确地判断其现有和潜在的使用人群，并对他们的年龄结构、文化层次、生活习俗等信息进行收集，才具备基本的人性化设计依据。

（四）加强桥下运动空间的管理

加强桥下运动空间的管理力度，明确管理部门和职责范围，优化管理模式，保证桥下空间整洁统一、充满秩序，保证桥下运动人群的生命财产安全。在高架桥轨道站点周边的桥下空间，安装视频监控设备、自然灾害预警系统以及电子信息屏等空间监控设施，有利于空间内使用者的人身安全。

（五）保证运动安全

提供可靠的空间环境，增加使用者的安全感。空间内附属功能设施及建筑附属设施应坚固可靠，不妨碍行人活动和车辆通行。运动场地和人行道宜采用合适的铺装材质，选用摩擦系数较大、满足防滑要求的材质（图 7-19）。

（六）加固桥梁结构

利用有限空间，确保桥梁结构安全。对于有车辆通行的桥下空间，桥墩处必须采用防撞设施进行保护，确保其结构安全；同时在桥墩上涂反光漆（或包裹反光膜）等警示标识，提醒司机注意，减少桥墩撞击事故的发生。对于可以利用的桥下空间，采用栏杆、围墙或绿化进行围合，预留必要的检修和消防通道，在对桥下空间进行保护性利用的同时，也减小利用行为对外围空间的影响。

图 7-19　桥阴空间做运动场地铺装

（图片来源：杨鑫拍摄）

（七）优化运动空间的视觉感受

运动空间对场地视线的要求较高，在布置桥下运动空间时，应注意比例与尺度的协调。高架桥设施给人带来的视觉上的不适感受主要来源于高架桥超大的尺度和空间比例的失调。因此在利用桥下空间时，应以人的尺度为准，创造尺度人性化的空间。在净空较高的桥下空间，植入建筑设施，对纵向空间进行分割，并调整比例与尺度。

第四节　桥下运动休闲空间利用案例赏析

一、美国西雅图高架桥下廊柱山地自行车公园

西雅图 I-5 高速高架桥始建于 1930 年，翻新于 2015 年 12 月，廊柱山地自行车公园位于富兰克林大街与布莱恩街交会处，是由长青山地自行车联盟主持修建的一个自行车公园（图 7-20）。

二、美国休斯敦高架桥下慢行道

休斯敦 45 号州际公路高架桥位于美国得克萨斯州的休斯敦市，由 SWA 景观规划集团设计，桥下利用方式为兼具步道和自行车道的公园。该桥下空间属于得克萨斯州休斯敦的萨宾・贝格比散步道的一部分。散步道是休斯敦针对公共绿地带所做出的最大的一个投资项目，实现了休斯敦自 1938 年建立起来的滨水地区市政与休闲娱乐的同步发展。它改造了休斯敦 9.3 hm^2 的布法罗湾商业区，包括长达 914.4 m 的带状城市公园和 2.4 km 的自行车道，同时，也改善了该地区的排水系统。对带状公园穿过的地区的改造极具挑战性，这些地区包括高架桥、公共设备

用地以及峭壁和河漫滩等。

这个屡获殊荣的公园于2006年完工，有着宜人的自行车道和舒适的步行道（图7-21）。

图7-20 西雅图桥下廊柱山地自行车公园

（图片来源：http://www.worldbikeparks.com/i-5-colonnade）

图7-21 休斯敦桥下的慢行道和自行车道

（图片来源：筑龙网博客，http://blog.zhulong.com/u10570831/blogdetail7767316.html）

在高速公路下面长达 800 m 的路段上有夜间照明，灯光从白色到蓝色，随着月亮的色相而变化，直到进入水牛湾，人们称这里是由高速公路的一个个柱础构成的雕塑公园。

三、美国高架桥下系列滑板公园

1. FDR 滑板运动场地

费城市区的爱公园曾是众所周知的最受欢迎的街头滑冰场地之一，但后来被禁止。1994 年，作为替补，费城市区南部建造了一个 1486 m^2 的滑板场，受伯恩赛德滑板运动场的启发，滑板爱好者们不断努力改进场地设施。2005 年，该地举办了重力游戏，并在视频游戏《托尼 · 霍克》的实验场上亮相，公园设有无限混凝土速度线、迷你坡道和垂直坡道。公园是用私人捐赠的资金和免费劳动力所建造的，远远大于城市所提供的最初 1486 m^2 的公园（图 7–22）。

2. 伯恩赛德滑板运动场地

伯恩赛德滑板运动场地项目始于 1990 年俄勒冈州波特兰的一座桥梁，有一群积极的滑板运动员由于缺乏活动场地，促成了第一个桥下 DIY 滑板场的发展。像许多桥梁一样，伯恩赛德大桥下方的堤防设施被忽视，从而陷入混乱状态。该地区成为非法倾销、非法药物交易的临时营地。滑板运动员意识到发展滑板的机会，对该地进行清理后，将混凝土浇筑在堤防基地，使其更有利于滑板运动（图 7–22）。该地还提供垃圾箱和便捷式洗手间。

图 7–22　美国桥下滑板场地

（左：FDR 滑板运动场地。中：伯恩赛德滑板运动场地。右：西雅图桥下滑板场）

3. 西雅图边际方式滑板场

2004 年，西雅图原有的两个滑板场地点需要更换。一些滑冰运动员在市区以南的 HWY99 高架桥下将原来扔生活垃圾和汽车废件的废弃地整治建设成一个人气很高的溜冰场、滑板场。在多雨的西雅图，这个桥下空间很受欢迎，而且大部分建设、修缮经费来自滑板爱好者。

四、浙江建德市杭新景高速一号高架桥下运动休闲空间

浙江建德市杭新景高速一号高架桥新安江大桥下不仅有篮球场、羽毛球场、门球场，还有户外电影场、室外五人制足球场、健身广场等。已利用 15 处桥下空间，其中 14 处成为市民喜欢的健身场所。原本高低不平、杂草丛生的桥下空间被治理得井井有条，在一片绿意盎然中，

许多人在这里尽情挥洒汗水，健身或运动（图 7–23）。更让人欣喜的是，有的地方还实现了 Wi–Fi 全覆盖，还有的地方晚上可以搭起荧幕看露天电影。

图 7–23　杭新景高速下空间整治前和整治后

（图片来源：徐建国，2016）

高架桥下私搭乱建、偷倒渣土垃圾、堆放易燃物品等现象非常严重，成为各地打造最美景观高架桥的明显短板，也给高架桥的安全带来隐患。传统的清理整治往往容易反弹，桥下空间管理一度成为难题。如何实现高架桥下空间的长效管理？在深入开展“两路两侧”“四边三化”整治攻坚行动中，建德市一方面整治高架桥下的“脏乱差”问题；另一方面建设体育运动场所、休闲公园和停车场等配套设施，发掘可利用的土地资源，彻底告别桥下空间“脏乱差”，并带动周边环境的洁化、绿化和美化。

新安江大桥的桥下空间，是建德市最大的户外运动场所，占地 1.07 hm^2，有 2 个五人制足球场、2 个标准篮球场、3 个网球场、4 个气排球场、1 个门球场，还有健身广场、卫生间等设施，并配备了 92 个停车位。这里距建德市主城区约 3 km。建德市大力打造“高速桥下惠民生”工程，实现桥下空间合理利用，让周边百姓得实惠，使桥下“脏乱差”环境彻底改变。

五、挪威德拉门高架桥下运动空间及景观

挪威德拉门的 Brupark 是一个运动公园。这里原本是一个锯齿状的废弃地，后来成为一个积极和富有活力、广受欢迎和喜爱的运动公园。桥体的遮盖为下雨天的桥下运动提供了庇护。晚上桥下的灯光照明也增加了溜冰区的活动时间。户外舞台和曲棍球场可以满足人们的多种使用需求（图 7–24）。

六、荷兰 A8ernA 公园

荷兰 A8ernA 公园是由 NL Architects 公司设计的高速公路公园。寇安德赞（Koog aan de Zaan）是阿姆斯特丹附近的一个可爱的小镇，坐落于赞河河畔。在 20 世纪 70 年代早期，这里新建了 A8 高速路。为了跨过赞河，A8 高速路需要由桥墩来加以支撑。这条高速路就这样穿过小镇，在小镇的城市肌理中形成了一个粗暴的切口，且导致了小镇的教会和政府的分离：高架路的一侧是一个小教堂，而另一侧则是曾经的市政厅。

图 7-24　Brupark 桥下运动场所及景观

（图片来源：http://mooool.com/zuopin/1858.html）

A8 高速路下的桥墩约有 7 m 高，因此，桥下的空间变得非常具有纪念性和发展潜力——它可以成为一个教堂的延伸。因此，该项目旨在重新利用大桥下的空间，将小镇被分裂的两边重新连接在一起。当地政府集思广益，邀请当地居民积极参与，最终建造了名为 A8ernA 的公共空间。

2000 年以后，在广泛征集了社区居民的意见后，提出了具体的设计策略。该项目汇聚了停车场、零售业（超市、花店、鱼店等）、多种体育设施（如篮球场、足球场、舞台、桌式足球等）、雕塑、喷泉、公交车站等部分。这些富有吸引力和实用性的空间如今位于教堂前，成为新的聚会中心，鼓励当地居民和游客停留（图 7-25 至图 7-28，项目图片均由 Luuk Kramer 提供）。2003 年，该项目以一种全新的方式重新连接了小镇两边，为其带来新的活力。

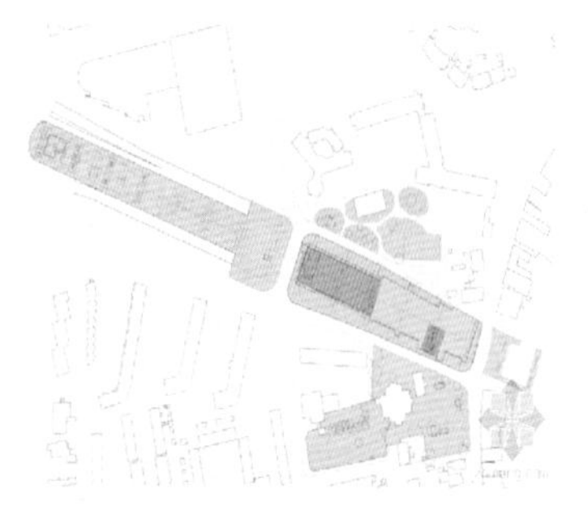
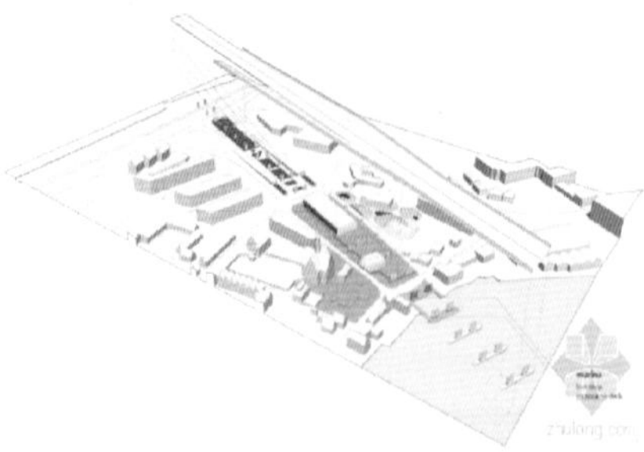

图 7-25　荷兰 A8ernA 公园及高架桥位置

图 7-26　公园外部环境和空间

图 7-27　桥下空间与功能

图 7-28　桥下灯光照明

七、东京高架桥下的健身俱乐部

近些年来，日本东京横贯地面的铁路设施已慢慢由高大壮观的钢筋混凝土结构的高架铁路代替。这种高架铁路架构有助于避免行人通过铁路道口时引发交通拥堵，缓解汽车交通压力。在日本东京高架铁路干线高高的桥墩下，诞生了一个户外健身俱乐部——日本蓝色多摩川(Blue，图 7-29)，旨在为人们提供恢复生理和心理健康的活动场所，让他们可以暂时逃避生活中存在的烦扰，参与健身休闲活动，释放一下生活或工作中的压力。

图 7-29　桥下健身俱乐部外观

(图片来源：设计邦)

该项目在规划时，打算在多摩川附近建造一个比较大型的综合性健身中心，可以开展一些诸如骑自行车、跑步、抱石、瑜伽等运动。这个嵌入高架桥下的健身俱乐部既增加了土地利用率，又使高架铁路下的自然环境得到有效改观，可谓一举两得。根据高架铁路下部这个特殊的地理位置的条件，设计师在规划中因地制宜，完全按照施工现场的实际情况来实施自己的设计方案。一个满铺实木地板的露台在斜坡上面的路旁修建起来，可以让来此健身的客人在休息过程中看到远处的风景，感受到清风、阳光和各种声音，同时也能远远看到沿着河流在附近的道路上跑步和骑自行车的健身者们（图 7–30）。

图 7–30　入口凉亭及其他小入口

在健身俱乐部内部还可以办各种培训班，举行各项活动，或者和朋友相约聚会等（图 7–31）。进入大厅的门口，边上就是供客人用餐的各式餐厅，提供各种各样的食品，里面设有存放物品的储物柜，还有洗手间等设施，十分方便。

该项目在高架桥下这个不寻常的环境中为人们提供了一个方便快捷、花样繁多的商业贸易综合体（图 7–32），那里充满了勃勃生机，因为它恰到好处地为不同的消费群体提供了不同的空间功能，并且满足了人与人之间互动的需要。

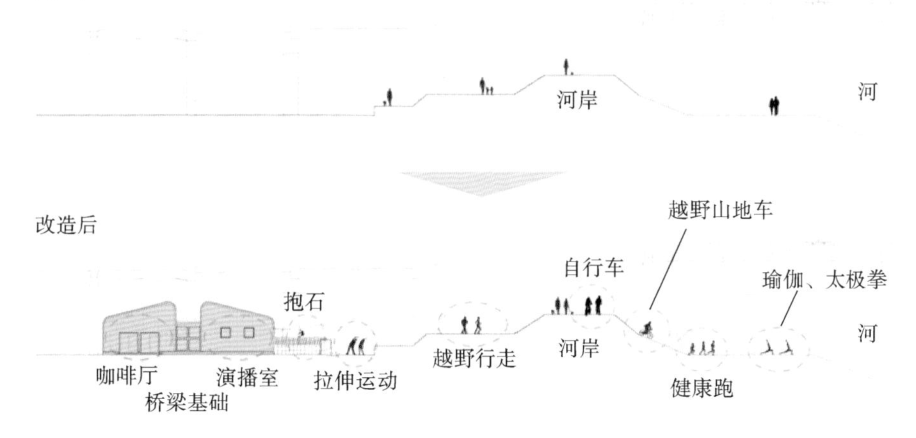

图 7-31　桥下竖向处理

图 7-32　多种内部功能空间

简洁、大气、平整的装饰材料可以使外观有所改善。设计师拆除了一些过多的、无用的装饰物，使用最好的材料，鳞状铁皮的外墙就像工厂的仓库一样。日本有很大数量的高架铁路闲置土地上都建起了餐饮等服务大众的设施，很多闲置空间都被利用起来建设一些新的建筑，以为更多的人服务。

第八章　城市高架桥下其他利用及景观

高架桥下空间的其他用途主要有市政利用、商业服务行业利用等方式。例如，日本在高架桥下开设殡仪馆、澡堂，甚至还有录音间。利用高架桥下的长地形，日本横滨电车经营者将原有的停车场改成带温泉浴池的大澡堂，每天都引来众多客人。高架桥下的殡仪馆，肃静的装潢，加上每根大柱子都加装了隔音防震设备，在里面举行对逝去亲友的告别仪式，不会受到桥上交通的干扰。有的高架桥下还设置了乐手用的练习室兼录音间，特殊的隔音设备让屋里的人不会感觉到电车经过，屋外的人也不会听见室内传出的音乐声等（曾春霞，2010）。这些充分证明了桥下空间能同其他不同功能兼容。

本章将从居住、办公、文化创意、市政服务设施四个方面展示城市高架桥下空间的其他利用方式及其景观特点。

第一节　桥下居住利用及景观

桥下空间居住利用是指在高架桥下建设居住建筑物，将原本闲置的场地转化为居住空间的优化利用方式。居住区应是人居环境中最人性化的空间之一，周边环境建设应以人为本，更好地体现人性关怀。高架桥邻近居住区时，首先应考虑到高架桥对居民的影响，即高架桥带来的环境（噪声、空气污染）问题。此时桥下空间应强调城市景观绿化的过渡作用，加强对桥下空间的平面绿化与立体绿化的建设，在减缓桥下污染与改善环境质量的同时，也能美化城市环境，构建城市景观廊道。如成都市二环路高架桥下的绿色走廊，绿色地锦长满桥墩，不仅达到了绿化、美化、减尘、降噪的效果，同时带给在城市中穿梭的市民以赏心悦目的感受。

其次，结合区域内公共服务设施的分布和人流活力等因素，考虑是否需要利用桥下空间增加居民休憩交往场所。一方面，高架桥桥面的遮蔽性为桥下活动的人群提供天然的庇护，成为纳凉、休憩的好去处。利用桥下空间建设休闲娱乐、健身运动的场所，可以为附近居民提供一个无惧风雨的室外运动场。另一方面，居住区附近的绿地或街头公园往往成为儿童游玩、老年人打牌下棋的天地，但并非每个小区都有足够的空间来满足这些需求，尤其对于城市中的老社区而言，可以结合桥下空间，设置适宜不同年龄段的游憩设施，使桥下空间融入社区生活，成为一个生机勃勃、安全而又充满活力的公共活动空间。

一、重庆市李子坝站（地铁站）下住宅建筑

国内典型的居住利用案例主要集中在地势起伏较大的地区，如重庆市轨道交通二号线李子

坝站。李子坝站位于重庆轨道公司物业楼的六层至八层，双向轨道宽 5~6 m，T 形桥墩，2005 年正式通车运营，是国内轨道交通全线唯一的楼中站（图 8–1）。

图 8–1　重庆市轨道交通二号线李子坝站物业楼

（图片来源：杨茜拍摄）

李子坝站穿越的这栋建筑，一层到五层是商铺，九层至十九层是住宅，中间六层至八层是轨道交通区域。其中，六层是站厅，七层是设备楼，八层是站台层，每层面积约 3500 m^2，空间高约 3.6 m，列车穿越的长度有 132 m。在 6 根轻轨柱子与楼房建筑之间，有 20 cm 的安全距离，所以轻轨的运营不会带来楼栋的震动。托举轨道的柱子看不见，埋在下层的房子里。从大楼第一层算起，轨道有 6 根托举柱子，每根长约 22 m。而楼栋的柱子有 90 多根，每根高为 69 m，与轻轨的柱子并不在一起。

该项目设计团队从重庆市的实际地势考虑，花费两年时间成功攻克了三大必须解决的难题：首先要保证轨道能顺利穿过楼栋；其次，轨道穿过楼栋时不能影响楼栋结构；最后，轨道站点交通转换的功能布局要合理，能有效疏导客流，满足周边居民的出行需求。自从 2004 年二号线试运营以来，楼栋的居民表示轨道运行噪声远低于城市公汽的噪声。经测算，轻轨采用低噪声和低振动设备，车轮采用充气体橡胶轮胎，并由空气弹簧支持整个车体，运行时噪声远远低于城区交通干线的噪声平均声级 75.8 dB。另外轨道车辆采用直流电牵引，不会产生电磁波干扰。轨道交通二号线“穿”楼而过，为优化重庆市城市高架桥附属空间提供了一种新的思路，充分考虑振动及噪声的干扰。目前，李子坝站已成为中外来渝旅游者的必去热门景点之一，是重庆市山城道桥文化的地标之一（图 8–2）。

二、日本桥下居住建筑

日本高架桥下也存在居住利用的形式。

图 8-2　轨道下空间绿化及挡土墙彩绘

（图片来源：杨茜拍摄）

1. 中津地区高架桥下贫困居民住所

第二次世界大战后，在日本的主要城市，大部分住房因空袭而化为灰烬，许多无家可归的民众选择在铁道高架桥下这个灰色空间内搭建临时房屋勉强过活。另外，因为铁道的便捷，许多商人开始在车站附近的高架桥下摆摊交易，颇具规模的生活居住区慢慢形成。如中津高架桥下的集聚居住地，大部分建筑修建年代较早，建筑质量较差，多是贫民居住于此（图 8-3）。

图 8-3　日本中津高架桥下的居住空间

依据高架桥的梁柱结构来分隔居住空间，在桥下净空足够的情况下，一般采用底层车库、二层居住的模式。

2. 新型客栈旅馆

2018 年 5 月，日本神奈川县横滨市的京滨急行铁路线（京急本线）高架桥下空间出现了一个独特的住宿设施——Tiny House Hotel（迷你旅馆）。Tiny House Hotel 位于京急本线高架桥下，是日本第一个建在高架桥下的旅馆。该项目的特别之处是结合“Tiny House”的构造来充分利用高架桥下的空间。

“Tiny House”顾名思义就是“很小的房子”。以 2008 年的全球性金融危机为转折点，美国掀起了“Tiny House”热潮。在 10 ～ 40 m^2 的超紧凑空间里，设有厨房、洗手间和卧室。有装有车轮可以移动的房子，也有固定不动的房子。此外，也有自己采购材料从零开始建造的房子和直接就是完成品的房子，能够满足人们不同的喜好（图 8–4）。

图 8–4　京急本线高架桥下的 Tiny House Hotel 模仿美国兴起的“Tiny House”造型

（图片来源：http://www.anyv.net/index.php/article–2237417）

“Tiny House”的紧凑正好能与高架桥下的独特空间完美契合，于是 Tiny House Hotel 诞生了。2018 年 5 月 8 日，Tiny House Hotel 正式开业。地处横滨市的日出町、黄金町地区，并面向神奈川赏樱名所——大冈川，开业以来吸引了很多客人前来。而且周边有水上活动设施，故而有很多水上活动爱好者聚集于此。

为了能让这个地区更热闹，项目的负责人还想了各种法子来吸引人流，比如发展餐饮业和举办各种活动（图 8–5）。现在，Tiny House Hotel 一周会举办三场不同的活动，以饮食、生活、工作等各种各样的主题进行企划（图 8–6）。因此，与普通的旅馆不同，这里不仅有远道而来的游客，而且也有很多当地人前来。在参加完活动或者烧烤派对后，游客可以直接在旅馆内休息（图 8–7）。

众所周知，居住需要不受噪声干扰的空间环境。将旅馆建在高架桥下，当列车经过时会有很大噪声，关键问题是这些噪声是否会对桥下居住环境造成明显干扰。实际上这家旅馆并不存在这样的问题。曾经有当地节目组来旅馆进行检测，检测结果表明：当列车经过时，房间内的噪声与图书馆噪声相差不大。说明在一定隔音减震的技术手段下，桥下居住并不会受桥上通车产生的噪声干扰。

图 8–5　黄金町铁道高架桥下定期举办的艺术家创意市集

（图片来源：www.360doc.com/content/18/0114/01/46577229_721727110.shtml）

图 8–6　Tiny House Hotel 的悬挂招牌以及周边水上娱乐设施

（图片来源：http://www.anyv.net/index.php/article–2237417）

图 8–7　旅馆内部空间

（图片来源：http://www.anyv.net/index.php/article–2237417）

三、桥下空间居住利用要点

综上所述，桥下空间居住利用一般满足以下几点条件。

（1）要将居住功能植入高架桥下空间，首先，应该满足便捷安全的交通出行要求，车流不能对居民出行造成干扰。其次，高架桥本身的地理位置也是影响桥下居住利用的关键因素（图8-8）。若是高架桥位于商业区或是居住区，则应将桥下居住功能与周边环境相结合，消除高架桥对空间的分割，不至于造成桥下居民生活不便、孤立无依的情况。同时，周边特色旅游景点、活动项目的开展也能为桥下居住房屋吸引更多的入住人群，提高吸引力。

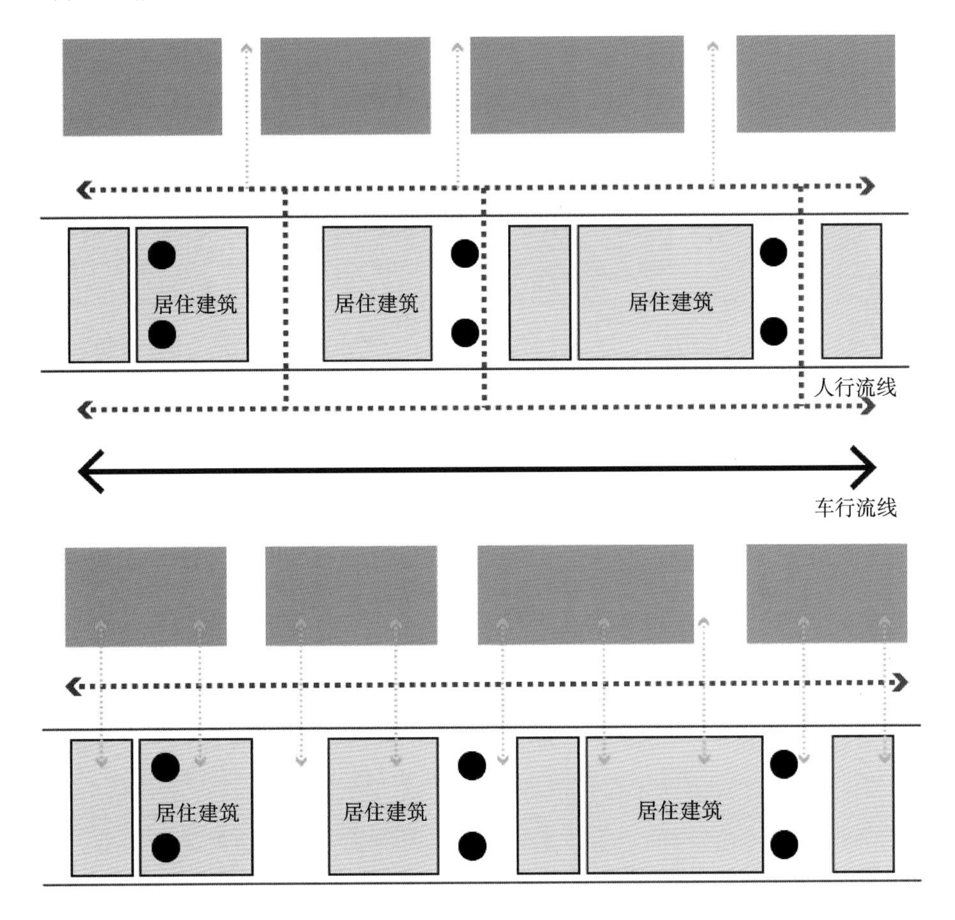

图 8-8　桥下居住建筑与周边环境的相互联系

（图片来源：杨茜绘制）

（2）与其他利用方式不同的是，居住利用对环境的要求很高。由于场地功能的需求，高架桥上部产生的振动和噪声不能对桥下的居住空间造成干扰。为此必须对内部居住空间中的梁板以及墩柱均做特殊的减振隔噪处理，或是建筑不依附于高架桥结构，采用特殊的建筑材料，在一定的技术手段下将场地干扰消减到最低程度。此外，高架桥下净空与桥体跨度对居住建筑的形式造成一定影响。桥下一般为一层建筑，在净空足够的情况下，可以修建两层。同时建筑出入口最好避免正对街道，不对内部居民生活产生干扰，这就要求桥体跨度足够宽阔。在跨度不足的情况下，可将建筑出入口朝向街道，统一形式，形成协调的界面（图 8–9）。

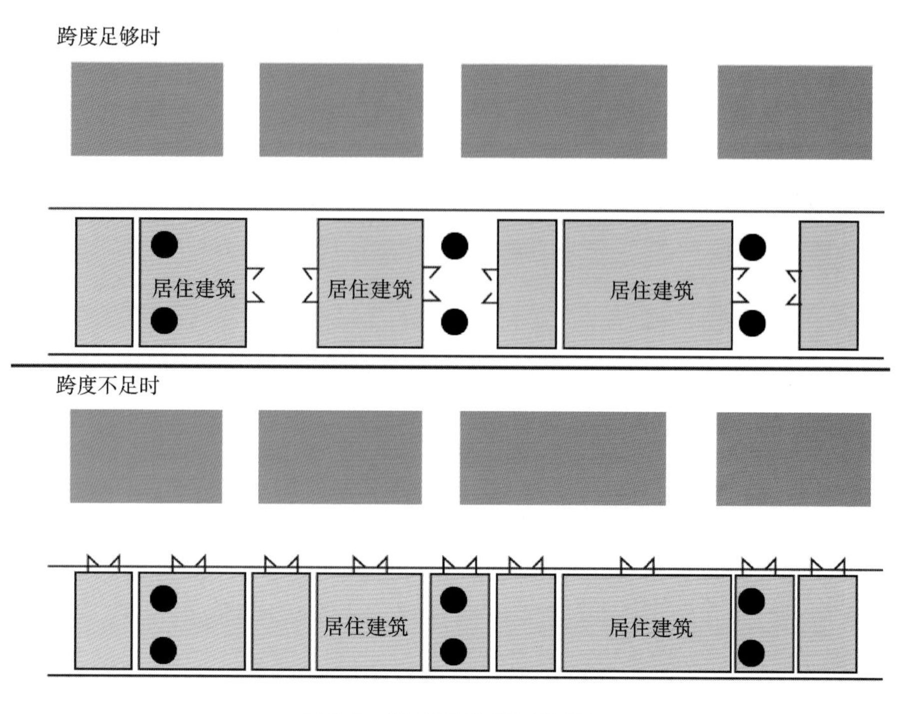

图 8–9　桥下住宅建筑入口朝向

（图片来源：杨茜绘制）

根据对日本高架桥下居住利用的实例进行分析和总结，如横滨市的迷你旅馆（Tiny House Hotel）、中央线下的学生宿舍、日本铁路公司京叶线下的酒店等，从可行性角度探讨适合高架桥下的居住条件、居住方式、技术措施，尝试为中国城市高架桥下某些拟作居住功能的空间利用提供一个新思路。

1. 满足高架桥下居住利用的条件

城市中的高架桥主要由桥面、柱墩、基座三部分构成，高架桥的桥面能够为桥下空间抵御部分雨水、冰雪的侵害，同时高架桥下的柱墩呈规律性排列，对桥下空间起到围合与限定作用。目前国内城市高架桥按交通类型分为轨道交通高架桥与快速道路高架桥两类，两者高度通常在 6 ～ 14 m，主要区别是轨道交通高架桥进深较窄，单线为 5 m、双线为 9 m 左右，快速道路高架桥进深较大，一般为 15 ～ 30 m。由于轨道交通高架桥进深较小，导致布局受限，且进深越小，在同等面积下，轨道交通高架桥下的居住建筑所需材料越多，快速道路高架桥下的空间更符合居住利用条件。桥下空间的不同高宽比对于居住的物理环境、空间感受也不一样，高宽比过大，桥下空间存在亮度不足、噪声较大、心理压抑等负面影响，反之则缺乏整体感，空间进深较小则不宜进行居住布局。结合日本已有的高架桥下居住利用实例，可知快速道路高架桥下的空间高宽比在 1 ∶ 1.5 ～ 1 ∶ 2.5 时，更适合桥下空间的居住利用（图 8–10）。

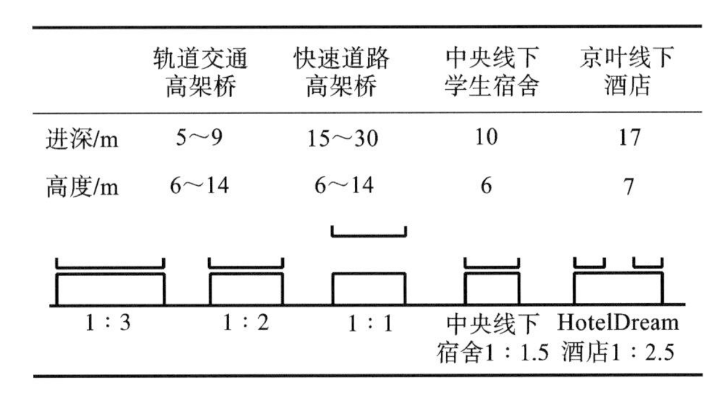

图 8–10　高架桥下空间尺度

（图片来源：田帅等，2023）

2. 满足高架桥周边利用的条件

考虑高架桥周边的业态需求，以及高架桥与目标业态之间的可达性，使目标业态与居住需求之间形成一个供求关系，进而吸引人们选择在高架桥下居住。在东京中央线下的学生宿舍能分担附近东京农工大学宿舍不足的压力，横滨市的迷你旅馆能够为前来大冈川赏樱花的游客提供居住服务，日本铁路公司京叶线和武藏野线下的酒店为迪斯尼乐园提供住宿服务。这些案例中的周边业态都能与高架桥下的居住建筑相联系并形成一定的供需关系。

除了要能够吸引目标人群前往，还要尽量避免目标业态与人群之间的不利因素。过远的距离徒增目标人群的疲惫感，人们倾向于选择更近的目的地。同时，当高架桥旁的道路属于快速路时，快速穿梭的车辆会降低人们的安全感，削弱了两者之间的联系。因此若对高架桥下的空间进行居住利用，应尽可能地选择两者之间交通因素干扰较小、可达性更强的场地，如广场类的硬质铺地、非机动车道以及人行道、慢行车道等。

3. 短期居住利用

在城市高架桥的自身条件与周边状况均满足居住利用的情况下，选择恰当的居住建筑类型更容易持续地运营下去，高架桥下的空间利用偏向于做成短期居住的建筑类型（如酒店、旅馆、宿舍等）。从长远的角度看，大部分人鉴于居住的安全性与舒适性，并没有将高架桥下的住宅纳入最佳的居住选择，而选择在高架桥下居住的人主要是满足短期居住的需要。从居住建筑一天的使用时间来看，不少城市青年存在白天去工作或者学习，晚上才返回住宅休息的情况，正好可以利用这一白天的空档期将高架桥下空间对居住者的负面干扰降到最低，从而实现高架桥下的居住利用。在东京中央线下全长约 350 m 的学生宿舍中，设计者利用学生白天去教室上课，晚上才回宿舍休息这一时间安排，最终选取一段高架桥下的空间改造成学生宿舍，从而缓解周边学生居住的需求，对高架桥下的空间进行了一个有效的利用（图 8–11）。

4. 复合居住利用

（1）多功能复合。

若想高架桥下的居住空间获得尽可能多的人气，还要结合周边需求在居住建筑两侧布置其

图 8-11　中央线下的学生宿舍沿街面

（图片来源：田帅等，2023）

他类型的业态，形成桥下商业街，使人们在高架桥下便能完成一系列购物、娱乐活动。如位于日本横滨京急本线高架桥下的迷你旅馆，该地在 1995 年发生阪神地震之后，在高架桥两边街上散步的人越来越少，街上也逐渐变得空荡，为了重振该地区的活力，京急铁路公司在对该高架桥周边做了相关调研后建造了这家旅馆。项目负责人在旅馆旁设置了一个开放的活动平台，主要满足游客餐饮和周边居民举办各种活动的需要，如进行饮食、生活、工作等各种各样的主题活动。活动平台旁还建有划艇俱乐部，在周末能吸引不少水上活动爱好者前来娱乐消遣，在增加高架桥下旅馆营收的同时，激发该地区的活力（图 8-12）。

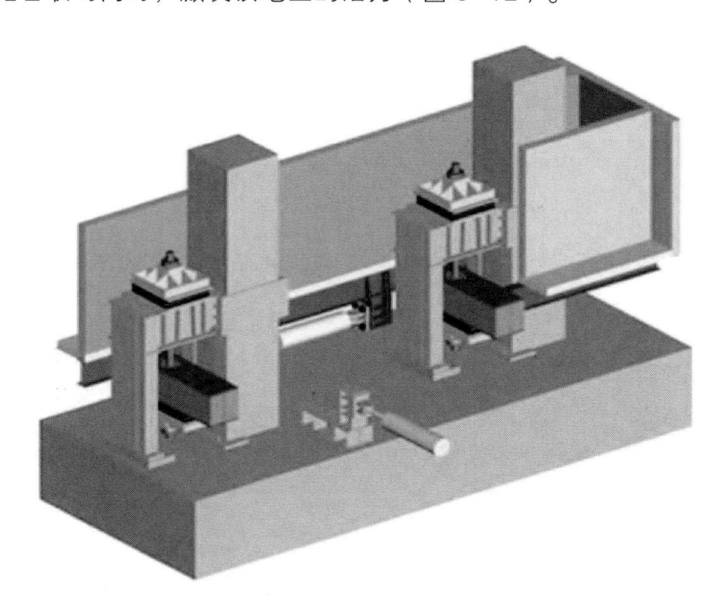

图 8-12　高架桥下的迷你旅馆业态

（图片来源：田帅等，2023）

（2）居住单元复合。

高架桥桥体呈长条状，配合柱墩有规律的分割，形成一个个相同的空间单元，因而高架桥下的居住建筑也呈现一定的韵律感。在高架桥下空间尺度满足要求的情况下，每一跨居住平面的组合方式有单一居住单元或多个居住单元的组合两种类型，通过居住单元的不同组合方式，尽可能满足不同人的桥下居住需求。在中央线高架桥下的学生宿舍，为了保持学生宿舍整体的统一感又要存在一定的变化，特邀请三位建筑师来设计三种不同的居住户型。北山恒设计的学生宿舍是以单个居住单元为整体的方式，内部再进行功能划分，边廊式走道既是交通空间也是公共场所。谷内田章夫、木下道郎两人设计的两种学生宿舍都是由多个小型居住单元组合拼接而成，两者都是在保持一定私密性的前提下，多个居住单元共用一个公共空间。相比而言，单一的居住单元更节省面积、布局紧凑，而由多个小单元组成的类型个人私密性更强、空间布局自由、造价也相对更高（图 8–13）。

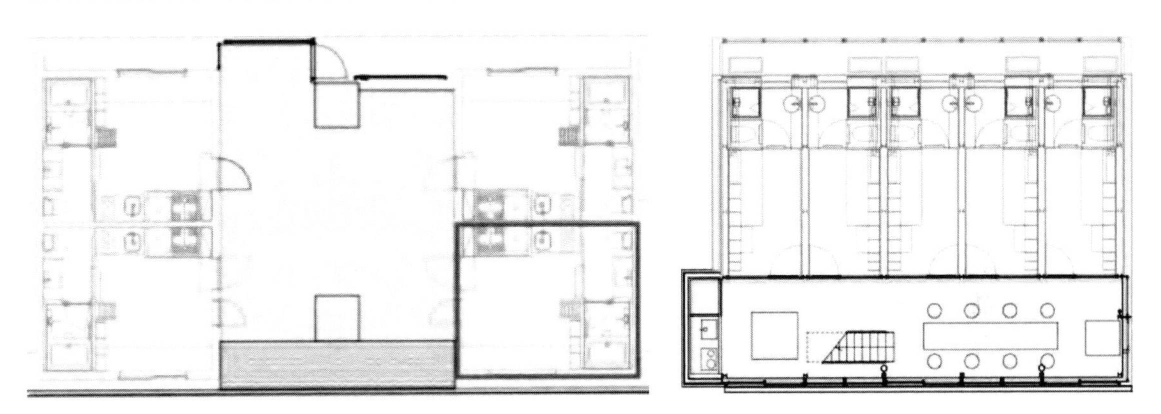

8–13　学生宿舍平面

（图片来源：田帅等，2023）

（3）结构形式复合。

目前高架桥下的居住建筑采用的钢结构除了传统的框架形式，还有模块化的集装箱形式（图 8–14）。如京急本线高架桥下的迷你旅馆，该旅馆在带有轮胎的底盘上安装了一个集装箱，随时可拆除水电等基础设施，使得每个房间不再受基地限制而无法移动。旅馆共有三个房间并列排布，每个房间的出入口独立互不干扰，房间内有 4 张床，卫生间、淋浴间、桌椅均具备，满足青年游客的居住需求。相比于一般的框架结构形式，高架桥下的集装箱式居住建筑具有高度定制化的特色，只需从工厂预制后便可放置在高桥下使用，大大缩短了施工周期。

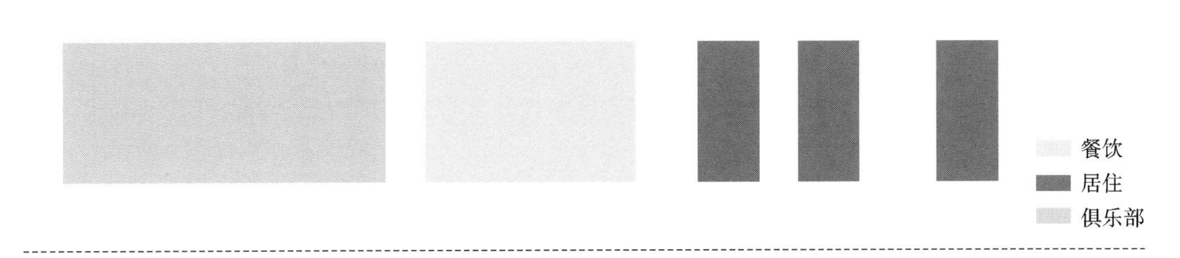

图 8–14　结构形式复合

（图片来源：田帅等，2023）

5. 桥下空间居住利用技术手段

（1）噪声处理。

高架桥的交通噪声处理主要从传播源头、传播途径、接收物体三方面进行降噪。当前技术条件下，要从声音的传播源头降噪，优先采用低噪声路面（即多孔沥青路面）。在传播途径方面，采用隔音壁与吸音壁来阻隔或吸收车辆在高架桥上行驶时产生的噪声，达到阻碍噪声传播的效果。高架桥下的居住建筑应选取合适的降噪材料与构造，如采取多层玻璃、隔声窗等措施，天花板与隔墙可以用高晶穿孔吸音板，搭配吸音棉，隔音效果可以大大增强，从而保证高架桥下居住的人们处在舒适的声环境中。

（2）振动处理。

高架桥的振动处理分为源头减振、传播减振、物体减振三方面，除了对高架桥主体的结构进行加强、提高建筑构件的稳定性，还要对建筑物与高架桥的接触表面进行减振处理。如直接减少建筑框架与高架桥的接触面积，使整个结构围绕柱墩布置，以达到减振目的；还有在建筑物与高架桥之间置入防振橡胶，通过橡胶的缓冲作用减少建筑的振动与振动噪声。常规的方法是将防振橡胶置入建筑物地下横梁和高架桥地下横梁之间，以减少振动的传播，理想的状态是整个建筑“飘浮”在空中。因此日本京叶线下的酒店采用了“悬浮隔振法”，其原理是在高架桥柱墩附近由钢柱和钢梁组成框架，建筑物通过悬挂材料与防震橡胶悬挂在框架上（图 8–15）。通过具体实验测试和使用人群的反馈，可知建筑物的荷载对高架桥桥体几乎没有影响，列车在高架桥上快速通过时，酒店的 80 间房间均符合日本建筑学会的居住性能评估要求。

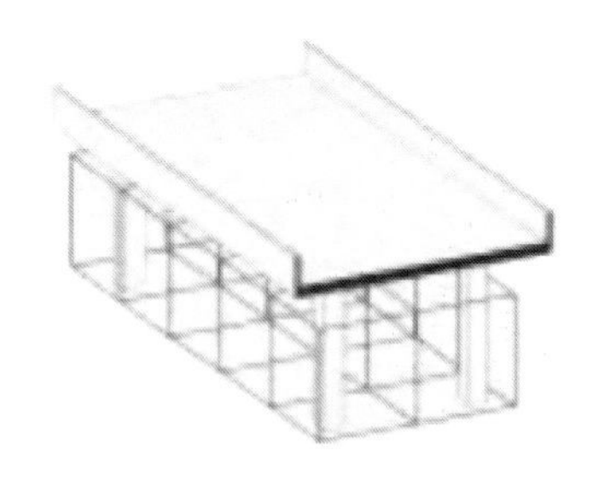
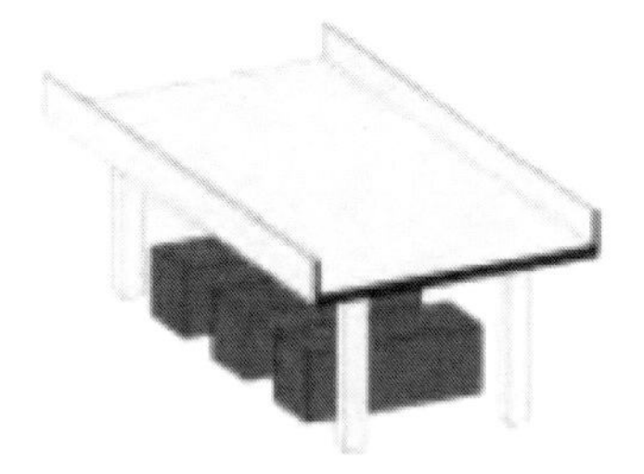

图 8–15　悬浮隔振结构

（图片来源：田帅等，2023）

（3）安全处理。

从安全性角度出发，首要考虑的是桥下交通对人们生命安全的影响，其次是高架桥下的空间照明不足、色彩单调，整个空间缺乏安全感也易滋生犯罪行为的问题。从交通安全方面考虑，高架桥下的居住建筑出入口可以结合道路斑马线布置，或者选择车流量相对更少的一面进行设计。在高架桥下居住区域与道路交通边线之间预留一定的人行安全步道，既降低高架桥下人群的交通风险，也可让预留的安全步道形成公共区域，这样在某种程度上能抑制犯罪分子的犯罪念头，进而减少犯罪的发生。在居住环境安全方面，可在高架桥下的公共与私人区域增强照明、布置监控与警报装置、设立居住安全护栏等设施，带给高架桥下人群更好的居住体验并提升安全性（图 8–16）。

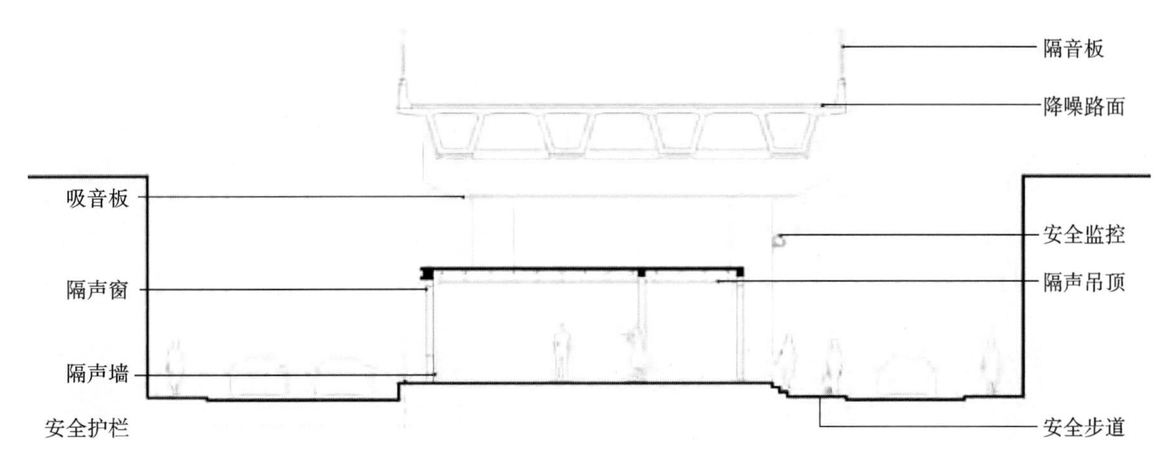

图 8–16　高架桥下噪声与安全处理

（图片来源：田帅等，2023）

高密度开发是亚洲超大规模城市较为典型的特征，日本在高架桥下的居住实践对中国的高架桥下空间居住利用有一定借鉴意义，随着中国城市存量用地的日益开发，还有许多高架桥下的空间未被利用并有着不错的改造潜力。虽然中国暂时缺乏这一方面的实践，但通过对日本高架桥下居住案例的学习与探讨，或许可以给国内高架桥下空间的居住利用提供部分参考意义。

第二节　桥下办公利用及景观

桥下办公利用与桥下居住利用类似，均是在桥下空间加建建筑以满足各自的使用功能需求。典型案例有伦敦高架桥下办公建筑。

英国伦敦 19 世纪修建了紧邻铁路线的高架桥，桥下建筑由伦敦 Undercurrent Architects 公司设计。桥下墩柱分割出明显的拱洞空间，建筑充分利用了桥下拱洞及其附属空间，故名为拱道工作室（Archway Studios），基地面积只有 80 m^2，但却是一座兼顾办公与居住的独特建筑（图 8–17）。

建筑所处的地带是一个工业地块，该项目的设计目标是将其与周围环境融合在一起，即便铁路线照常运行，它也能够适宜工作及居住。周围环境的制约使得设计面临极大的挑战。伦敦城内那拥有众多分支的高架桥将社区划分得四分五裂。由于去工业化，这些空置的用地在新时代的用途和创造性的利用对内城建设来讲极其重要。拱道工作室紧挨的这段铁路废弃已久，桥下的拱形桥洞被视为可加以利用的棕色地带，建筑师就在这里施展了才华。为了与周边的工业化环境相协调，建筑采用了锈蚀的耐候钢作为外墙材料，看上去坚固且耐久，充满了历史感与力量感。建筑的顶部和一侧山墙为通高的玻璃幕墙，侧面也仿佛被“割”了两个口子，“挤”出来两扇大窗，其中一个作为建筑入口（图 8–18）。

图 8-17　伦敦桥下办公建筑外部夜景效果图

（图片来源：http://www.ideamsg.com/2012/09/archway-studios/）

工作室占据了桥洞的一部分，整体呈与桥洞类似的拱形。室内工作室后方连接着中庭和供居住的凹室。设计师打破所处位置的局限，改变了室内光线不算充足、视野不开阔的状况，营造出宽敞明亮的环境（图 8-19）。钢板环绕整个建筑，形成隔音层，阳光就从钢条之间的开口照进室内。整个结构固定在一个独立的橡胶基底上，以达到防震和减噪的目的。工作室的金属表层也是由多层隔音板和保湿层构成的。建筑外表层是做旧材料，使整个建筑在视觉上与周围环境相融合。

所有窗户开向南面，一个巨大的拱形办公空间位于建筑“中段”，充满了阳光，且很少受到外界干扰。工作空间位于中庭空间（图 8-20），住宅空间则是一个个独立的房间，位于北侧。设计师将建筑设计成为长条形的海绵状建筑。具有通高中庭的工作空间与独立房间的住宅空间形成对比。场地的狭长，采光的受限以及噪声的干扰，使得建筑师用智慧尽力地解除周边的条件束缚，建筑做了整体的防噪声层。狭长的建筑，高高的中庭空间（图 8-21），光线从上倾洒而下，南侧宛如挤出的长条形窗户则引入阳光与风，还有附近的树影。外壳的锈蚀钢板与周围的工业环境相互融合，独特的设计让建筑与众不同，成为伦敦老区中一个适应社会的可再生典范（秋落，2012）。

图 8-18　建筑外表

（图片来源：http://www.ideamsg.com/2012/09/archway-studios/）

图 8-19　建筑顶部通风采光设计

（图片来源：http://www.ideamsg.com/2012/09/archway-studios/）

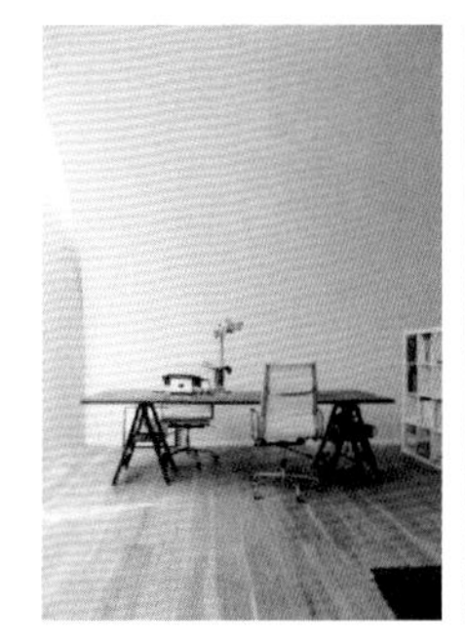

图 8-20　将高架桥下拱洞空间改造成安静的工作空间

（图片来源：http://www.ideamsg.com/2012/09/archway-studios/）

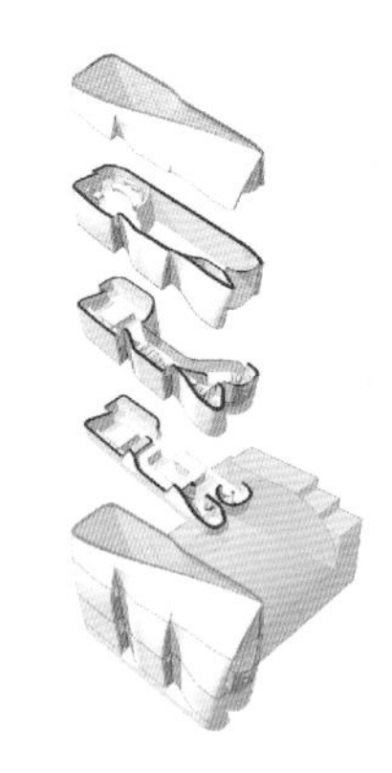

图 8-21　内部狭长的中庭空间及竖向空间

（图片来源：http://www.ideamsg.com/2012/09/archway-studios/）

与其他案例项目不同的是，拱道工作室将利用的桥下拱洞空间全部纳入设计范围，还包括桥旁的空间。同时创新地使用曲面结构来克服场地问题，根据不同功能需求来划分空间，是桥下办公利用的典型代表案例。

第三节　桥下文化创意展示及景观

桥下创意产业区是利用桥下公共空间进行文化创意设计相关活动，形成产业规模集聚、文化形象鲜明，并对外界产生一定吸引力的集生产、交易、休闲、居住为一体的多功能区域。

一、日本横滨市京急本线下的黄金町

黄金町原本是杂乱的红灯区，经过政府强制拆除和改造，铁道高架下空间由京滨急行电铁（私立铁道公司）出资将其重新整顿，改造成为艺术家创意市集，由横滨市和黄金町区域管理中心共同管理，这一地区已经从经济停滞区转变成艺术爱好者的乐园（图 8-22）。

图 8-22　桥下艺术家创意市集

2008 年，第一届“黄金町 Bazaar”在此举办，艺术家策展人山野真悟以“打造未来城镇的意象”为主题，规划各个工作坊，在此期间限定商店进驻，与 2008 年“横滨三年展”结合在一起，当年参观人数多达 10 万人次。到 2018 年，黄金町艺术市集已成功举办了 8 届，具有比较成熟的模式，从艺术家、当地居民、社会性等多方面来看，黄金町正在逐渐发挥其特有的魅力，带来深刻的影响。

由 JA+U（Japan Architecture+Urbanism）设计的艺术文化空间就位于这一地区。2009 年，5 位建筑师受邀在京滨桥下长达 100 m 的地块上进行设计，重新定义这个位于铁路桥下的废弃空间，并将之转化成一个集美术馆、咖啡厅、图书馆、艺术设计室、会议空间、工作室和露天广场于一体的艺术家创作活动中心（图 8–23、图 8–24）。受黄金町周围浓郁的艺术氛围的感染，建筑师设计了一个显眼的斜屋顶（图 8–25），屋顶顶端与铁路桥相交，平和安宁的建筑物与上方哐哐作响的火车形成对比，是极具代表性的文创展示空间。

图 8–23　活动中心内部展示空间与艺术家们的工作室、居住空间

（图片来源：www.designboom.com/architecture/art-and-culture-space-under-railway-in-yokohama-japan/?utm_campaign=daily&utm_medium=e-mail&utm_source=subscribers）

图 8–24　活动中心旁的露天广场活动区

（图片来源：http://loftcn.com/archives/83142.html）

图 8-25　横滨市黄金町桥下艺术活动建筑的斜屋顶

（图片来源：www.designboom.com/architecture/art-and-culture-space-under-railway-in-yokohama-japan/?utm_campaign=daily&utm_medium=e-mail&utm_source=subscribers）

二、广州市高架桥下的小洲艺术区

小洲艺术区是国内较为典型的桥下文化创意产业园区改造案例，流传有“北有 798、宋庄，南有小洲”的说法。地处广州市珠江边的小洲艺术区，利用广州市南沙快速路高架桥下空间（图 8-26），改变了高架桥下原有的垃圾成山、杂草丛生以及部分仓库和饮食店存在火灾隐患的脏、乱、差的整体状况，形成以原创工作室为主体，同时拥有大型展厅、艺术沙龙、艺术品市场以及休闲交流场所的综合性艺术区。

图 8-26　小洲艺术区地理位置及外观

该区全长约 1100 m，建筑面积约 30000 m^2（包括公共道路、广场、停车场等）。坐落在万亩果园深处的小洲艺术区，本质上是一个建在高架桥底下的“临时建筑群”，条件简陋，没有便利的交通条件，没有政府扶持，却在民间力量小打小闹的助推下，成长为华南地区最大、最活跃的原创艺术工作群。它是目前全国唯一的高速公路桥下的艺术区，也是华南地区最大的原创艺术工作室群聚区。

小洲村桥下创意产业园能成功改造的关键因素是其得天独厚的地理位置与生态景观。位于广州市海珠区东南部万亩果林保护区内的小洲村，与广州大学城一水之隔。小洲村是广州市首批历史文化保护区之一，也是目前广州及附近地区唯一的自然景观和人文景观保存较完整的水乡。其独特的水乡环境和深厚的文化底蕴，吸引了大批专业人员来到这里进行艺术创作。众多中青年艺术家聚居此地，相继建立了一百多个工作室，涉及绘画、雕塑、摄影、书法、音乐、曲艺、文学、陶艺、电影、广播、广告、设计装饰和民俗文化等十几个门类。近年在小洲地区各类型的艺术创作活动、艺术展览和艺术节活动频繁不断，造成了较大的影响（图 8–27）。

图 8–27　小洲艺术区入口与涂鸦墙

（图片来源：上面两张由彭越、张雨拍摄，下面两张来自 http://news.ifeng.com/gundong/detail_2012_11/26/19539259_0.shtml）

为解决小洲地区公众展览空间缺乏的问题，小洲艺术区在高架桥下建立艺术工作室，突破空间狭小和不足的限制，充分发挥桥下空间高大的特点，从空间、采光和通风等方面满足艺术家创作、生活的需求（图 8–28）。小洲艺术区于 2010 年初正式开始运营，拥有 6 个大型展厅（图 8–29），充分提供展览场地，每月更换展出不同内容的艺术作品，租金却极为便宜，均价为 20 元 /m^2，是广州 TIT 创意园和红砖厂的十分之一，基本向所有人敞开了大门，既可以满足艺术区

图 8–28　艺术工作空间内部

（图片来源：张雨、彭越拍摄）

内入驻艺术家的作品展示需要，还可以面向社会长期组织展览和销售原创艺术作品。总而言之，小洲艺术区依托小洲村多年已经形成的艺术创作氛围基础及文化创意产业发展的良好势头，成为一个大规模的新型集聚区。

图 8-29　小洲艺术区桥下展览馆

三、文创商业空间场所要素

桥下文创商业空间的开发使用，除了要注意空间自身的长、宽、高基本物理尺度，还需要注重场所的“尺度感”“明亮度”“色彩度”。

1. “D/H 比”

“D/H 比”又被称为宽高比，指的是以建筑物外墙为面，围合出的空间宽度 D 与高度 H 的比值，通常用于研究空间的尺度感。根据格式塔心理学图形理论，将桥面视为建筑顶面，桥下空间同样具有“图形”性格，属于城市公共街道空间，可以从平面视觉构成的角度，运用 D/H 比值量化衡量空间给人的感受。根据 D/H 理论，当 $D/H<1$ 时，随比值的减小会产生接近感；当 $D/H=1$ 时，高度与宽度间存在着匀称之感；当 $D/H>1$ 时，随着比值的增加会产生距离感。

桥下文创商业空间“Le Viaduct des Arts”在竖向上将桥下商业空间分割成两层，宽度约为 3 m，高度约为 9 m，$D/H<1$。由于“Le Viaduct des Arts”桥下商业空间主要采用集中式布局，由外侧附属街道空间承担主要的通行功能。其外侧街道的宽度约为 9 m，$D/H=1$，空间同样具备亲切感。综上可知，当桥下文创商业空间 $D/H\leqslant 1$ 时，尺度最为舒适宜人。

2. 光线照明

高架桥下特殊的环境因素，尤其是桥下的光照条件，极大程度上制约着桥下空间中人群活动的开展。由于桥板的覆盖，占地较大的桥下空间大部分时间均无或只有极少自然光线。有学者认为商业活动通常对声环境及光环境不太敏感，桥下净空高度足够的场地（一般为 5 m 以上）完全能够支持商业功能的设置，也有学者持相反观点，认为若要利用桥下空间，首先就要增加空间照度，在桥下空间中加入灯光优化设计，为桥下活动的人提供照明服务。

桥下文创商业空间“Le Viaduct des Arts”的宽度只有 3 m，通过过渡空间连接桥下商业与两侧通道空间，将商业活动拓展到室外。在良好天气，人群主要停留休憩的场所由室内转向室外，充分利用舒适宜人的自然光线。

综上所述，最大化利用自然光线来维系桥下空间的光亮度，对比人为增加照明设施而言，自然光线带给游人的空间感受更佳。除了必要的室内商业照明设施，还可连通地面空间或利用导光装置，如导光管类导光装置和反射镜组类导光装置（图 8-30），打破空间的单一性，尽可能将自然光导入桥下活动空间。在必要时，可以按照大型商业综合体或室内购物中心的模式安排灯光照明，符合店铺的商业气质。可适当设计不同色彩的灯光，丰富商业空间色彩，增强人们的关注度，但建议符合空间色彩的基本要求。

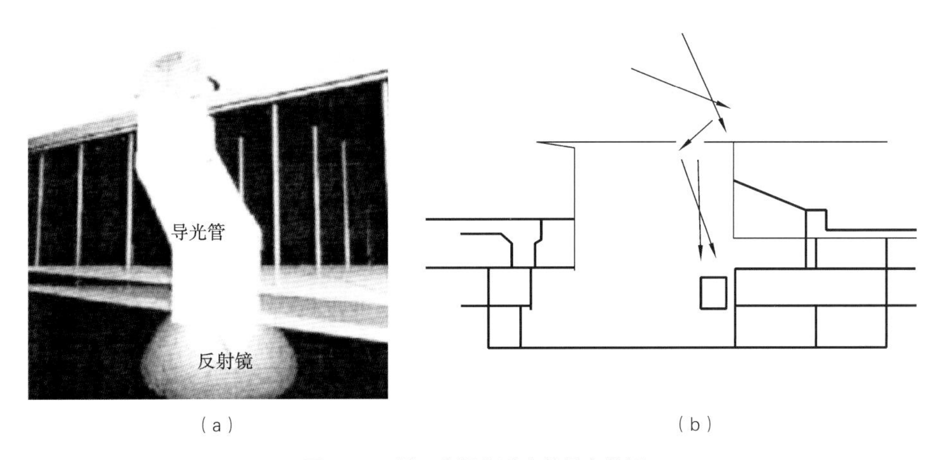

（a）　　（b）

图 8-30　桥下空间中适宜的导光装置

（a）导光管导光装置；（b）反射镜组导光装置

3. 空间色彩

美国视觉艺术心理学大师卡洛琳·布鲁默（Carolyn Bloomer）认为“色彩能够唤起我们的情绪，表达感情，甚至影响正常的生理感受”。色彩本身并不具备情感属性，但人们常借助色感经验，通过色彩的特征，将色彩与事物加以联想，赋予人的主观感情，从而形成不同的心理效果。简而言之，色彩是空间场所与人产生共情的关键媒介，同时也是体现场所个性的重要元素。

我国绝大多数高架桥多为灰色混凝土结构，而灰色一般让人联想到昏暗、深沉、暧昧、含糊、悲哀、忧虑、严肃、苦难等情绪，给人的心理带来压抑、不安的消极感受，这也是桥下空间常常使人产生压抑感的关键因素之一。

四、文创空间氛围要素

属性标签被社会广泛运用，如现代人群属性常被标签化为“土豪”“小资”“文艺青年”等。商品场所空间也开始迎合这种属性需求，营造特殊的场所氛围，给予人群心理暗示，产生身份认同感。如集书店、咖啡、零售、展览以及美学生活等多种业态于一体的复合书店，就是将“文创”作为一种属性标签，衍生出独特的文化品牌，具备更加特殊的文化集合性，触动特定属性人群的内心，自然而然产生空间趣味性和场所归属感，达到刺激消费的目的。所以桥下文创商业氛围的营造对促进消费方面起到至关重要的作用。

1. 文创商业类型

文创商业将商业和特色文化相结合，营造独特的体验场所，其中跨界美食、工艺美学、主题咖啡屋、载地性文化衍生、复合书店、特色民宿、文创产业园等类型颇受市场的追捧。

（1）跨界美食：民以食为天，无论是当今流行的“网红店铺”，还是工艺美学层面的高品质店铺都能吸引客流。

（2）工艺美学：崇尚“生活美学”的“创客”“职人”们，全心投入追求更高的艺术境界，重新塑造新型商业市场。

（3）主题咖啡屋：文创商业中最具吸引力的类型之一，一般更多面向青年市场，书店、咖啡、美食共同构成的休闲空间渐渐成为现代都市青年的心灵家园。

（4）载地性文化衍生：地域视角下的文化遗存，与场所营造结合，借助景观载体和语汇将其转译成为大众广泛接受并认同的衍生品，其核心在于它具有地域文化性，是特定文化情结的具象产物。

（5）复合书店：正如“诚品书店”，这种以书店为核心的消费中心成为文创商业模式的经典，是一种新生活方式的体现。

（6）特色民宿：结合旅游产业将民宿改造成旅游目的地，提高经济和社会效应。

（7）文创产业园：文创产业园一般由废弃的建筑物改造而成，将创意元素与多种业态融为一体，提供新奇的购物体验。

桥下空间改造利用必须尊重空间“公共”的本质，公共精神能够汇聚人群，创造感受美好的空间与时间。对比大型商业综合体的独立空间，处于城市开放空间的桥下更看重城市社区与人的融合。

2. 文创商业布局

桥下文创商业布局模式包括平面模式和立面模式。

（1）平面模式。

在大多数桥下商业利用中，主要存在三种平面布局方式：满铺式、内聚式和自由式。

①满铺式。

为了更集约利用有限的土地资源，当桥下空间宽度有限时，可以采用满铺的形式，将桥下完全占据，形成连绵均质的商业空间，如“Le Viaduc des Arts”（图 8-31）。优点是可以最大化利用桥下空间，容纳更多内容。满铺式布局一般根据桥下墩柱结构来划分单元空间，辨识度较高。桥下空间主要承担商业功能，利用桥下两侧附属空间来组织交通集散。这就要求附属空间具有较高的空间可达性，以非机动的慢行空间最佳（图 8–32）。

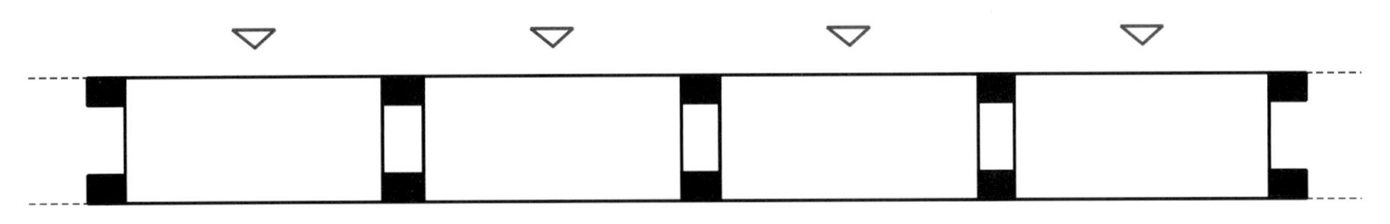

图 8–31 “Le Viaduct des Arts”商业平面局部示意图

（图片来源：杨茜绘制）

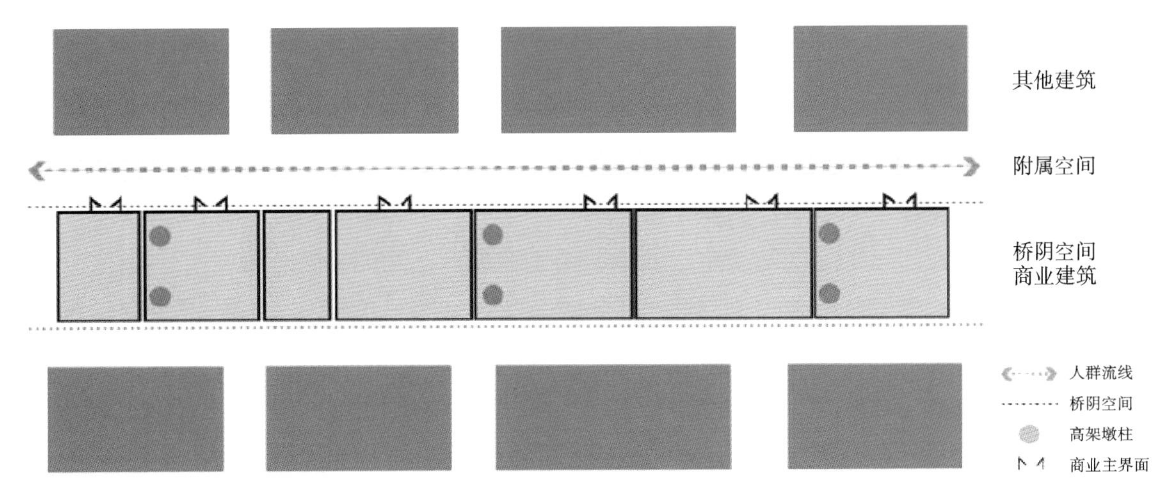

图 8–32 桥下商业满铺式布局示意图

（图片来源：杨茜绘制）

②内聚式。

内聚式布局类似于满铺式，不同的是内聚式的商业主界面朝内，内部有明显的集散通道。桥下空间承担商业功能和通行功能，能够完全避开外界因素的干扰，增强商业空间独立性（图 8–33）。因为基本与外界环境分隔开，所以内聚式布局对桥下附属空间没有特殊要求。满铺式和内聚式布局均在一定程度上强化了桥体结构对城市空间的割裂，使得两侧的城市空间更加疏远，这种分割在内聚式布局中尤为明显。

③自由式。

自由式布局更像是内聚式和满铺式布局的结合，最明显的不同在于自由式布局的空间场所可达性最高。桥下空间在承担商业功能的同时，与其附属空间共同承担通行功能（图 8–34）。自由的流线使得商业主界面变得丰富有趣，能够结合店铺自身主题风格和功能定位等差异化布局。

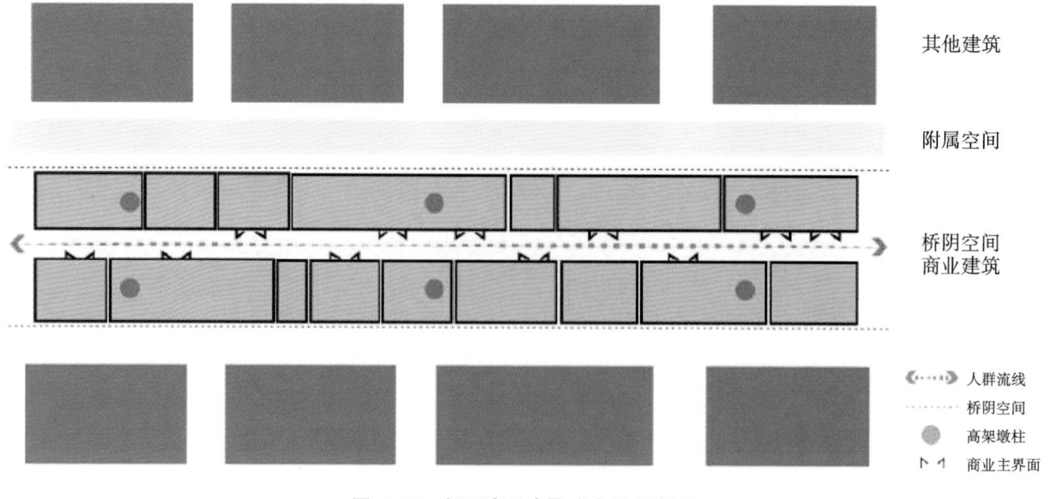

图 8-33　桥下商业内聚式布局示意图

（图片来源：杨茜绘制）

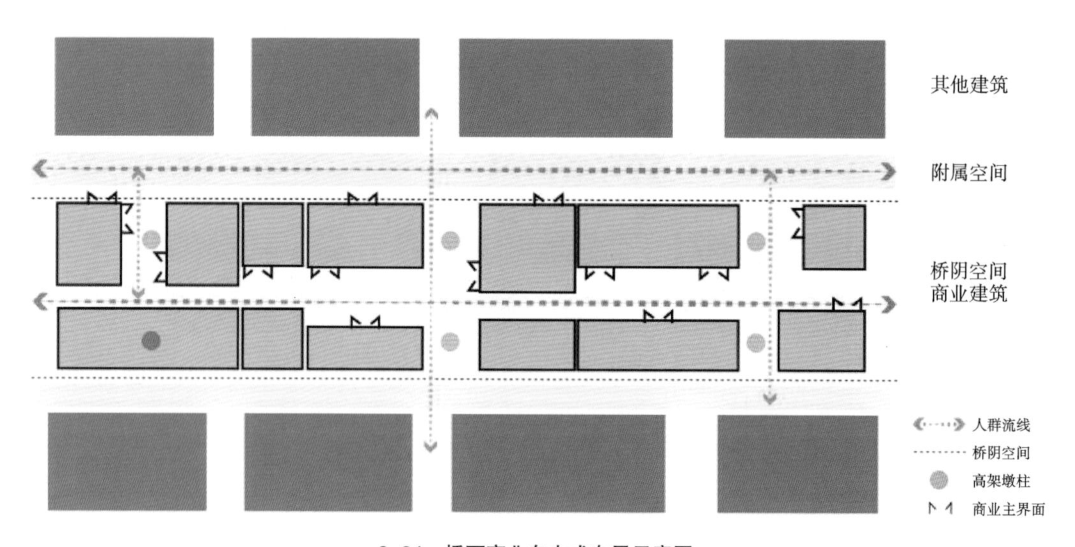

8-34　桥下商业自由式布局示意图

（图片来源：杨茜绘制）

（2）立面模式。

在商业利用的立面设计中，商业建筑立面与高架桥墩柱以及桥身的关系值得我们认真思考。墩柱结构主要分为单柱式、双柱式和多柱式，在水平方向上将桥下空间划分为若干个小空间。单柱式可利用柱体本身来布置商业建筑，工程结构限制了桥下改造利用空间的宽度。双柱式及多柱式结构使得桥下空间跨度大，商业建筑布局形式能够更加灵活。根据商业建筑布局与高架桥墩柱结构的利用关系，可将桥下商业空间立面形式分为独立式、分隔式、围合式（表 8-1）。

表 8-1　桥下商业空间立面形式示意图

类型	独立式	分隔式	围合式
	不依附于支柱单独存在	由墩柱分隔出商业空间	墩柱与建筑柱网结合
示意图			

（表格来源：杨茜绘制）

第四节　桥下服务设施及景观

除了上文介绍的适用类型，服务设施也是高架桥下空间常见的利用类型。

高架桥下空间不仅承载着地面上大量的车流、人流，还包括能源流、信息流等，与之相应配置的服务类设施占据较多的桥下空间，如各类检查井、桥下照明系统、排水系统、绿植浇灌系统、道路交通信号系统、监控系统、电力设备系统等。除此之外，环卫站、供电站、检修站等城市市政服务站点也在桥下空间占有一席之地。从空间规划角度考虑桥下空间的构建时，需对其分布范围、服务半径等进行合理组织和梳理，形成系统性强、秩序性高的桥下公用设施空间，激发其服务功能的巨大潜力和效率。

很多高架桥下空间配置的电力设备工作间一般都抬高基底面，对于行人易碰触到的设施，还用铁艺围栏进行围合，起到限定空间和防护作用。基于景观环境视角，在保证设施正常运行的前提下，注重公用设施的景观效果，通过一些景观元素对其进行装饰、美化、亮化，使其更好地融入周围环境中，在发挥其本职功能的同时，成为空间中的亮点（图 8-35）。

（a）

（b）

图 8-35　经过处理与未经处理的设施效果对比

（a）未经处理设备；（b）彩绘后的设备

（图片来源：武晓霞，2021）

根据周边土地利用情况，可以在高架桥下空间有规划地设置便民设施或与日常生活密切联系的场地，如出租车休息站、汽车修洗中心、图书阅览室、公共厕所等，以满足人们日常生活需求（图 8-36）。如太原市的高架桥下就设置了电动出租车的充电站，澳门金莲花广场的公共厕所设置在高架桥下，方便市民使用。

图 8-36　桥下市政服务设施利用

（左上：南宁市白沙大桥引桥下银行，图片来源于 http://news.nn.xkhouse.com/html/2451223.html。右上：太原市高架桥下电动出租车充电桩，图片来源于 http://www.china-nengyuan.com/news/92355.html。左下：重庆市滨江高架桥下汽车美容中心，图片来源于杨茜拍摄。右下：澳门金莲花广场前高架桥下的公共厕所，图片来源于 www.hbjx.ccoo.cn）

同时对于占地较大且对居住区有一定干扰的设施，如垃圾压缩站（转运站）、消防站、配电站、材料堆放处等，也可在高架桥下设置（图 8-37）。

除上述市区内部市民利用类型，还有很多远离市区的高架桥下设施，如高速监控站等。具体案例有法国巴黎德方斯区的高速公路高架桥下的控制中心（图 8-38），这个控制中心与高架桥共用支撑体系，很好地和高架桥的本体相协调，得到了较好的视觉和功能效果。

另外，对垃圾桶、公共厕所类服务性设施的布置，要满足一定空间范围内的使用需求，根据空间规模合理布局。垃圾桶一般设置在道路边缘地带的显眼位置，公共厕所设置在人流较为集中的区域，且与周边景观相结合，减少对空间环境的影响。除上述服务设施，还应适当增加公共活动空间的照明设施。夜间照明不单单要提供灯光亮度，还要通过灯光的设计，呈现出一种与白天截然不同却不失吸引力的全新面貌，在指引路线、保证空间使用者安全的同时，还能丰富场地的夜间空间体验。在进行桥下公共服务设施设计时，需要兼具功能性和艺术性，主要包含引导性质的导视设施、灯光互动的照明设施、以人为本的休憩设施等方面的设计，起到综合提升场地活力的作用。

图 8-37　武汉市高架桥下的配电站及其遮挡设施

图 8-38　法国巴黎德方斯区 A14 高架桥下的控制中心

（图片来源：张文超，2012）

1. 导视设施设计

设计导视设施有两方面的作用，一方面是为了增加场地入口的可见性和吸引性，另一方面也是为了让参与者更加清晰地了解场地的流线，从而更好地明确场地中的活动走向（图 8-39）。

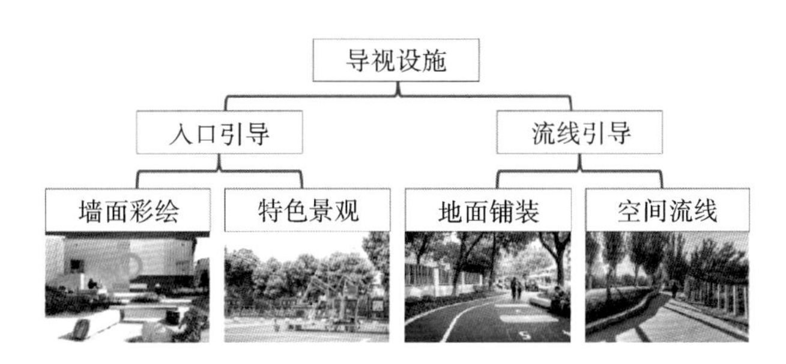

图 8-39　引导装置的设计

（图片来源：张诗雨，2022）

（1）入口引导设计。

高架桥附属空间入口应该设置在人流量较大的方向，保证人们的视线可达性，适当增加入口附近景观的色彩对比，如大面积绘制色彩鲜艳的墙绘，同时运用感官的吸引力，设置色彩明快、形态有趣、尺度宜人的景观，达到吸引人们注意力的效果，也对入口位置进行提示和引导。

（2）空间流线引导设计。

高架桥附属空间承担着人们通行及休闲娱乐的需求，对场地流线的引导可以帮助人们明确方向，空间流线引导设计常用于地面铺装上，设置连续性的图案有意识地为人们的进行路线指示方向，也可以用图示性的说明，向人们传递简单明了的信息，并引导人们在场地中穿行。除了地面上的设计，还可以将文字及图案等进行空间上的排列组合，清晰地展现出空间流线，指示人们的活动走向。也可以利用抽象的设计语言，在引导方向的同时影响人们的行为方式，让人们在活动过程中的体验和感受变得丰富多彩。

2. 照明设施设计

（1）丰富照明层次。

灯光的设计主要是为了满足人们安全性的需要，同时丰富的灯光层次可以配合场地主题进行景观展示，灯光的明暗色彩变化会渲染场地的氛围，给人们不一样的景观体验。如布法罗河湾散步道的成功很大程度上取决于在夜间提供了一个安全的步行环境。整个项目设计了三个等级的照明（图 8–40），第一级灯光主要是散步道照明系统，每个路灯的间距较近，为行人提供强烈的视觉节奏，并清楚地指示路径的走向。第二级灯光是专门照亮死角的照明系统，用泛光灯向着四面八方均匀照射，照亮了高架桥与地面的交接处，不仅美化了生硬的桥墩，而且增强的照明能够减轻安全隐患，使步道环境看起来很安全。第三级灯光是艺术性的照明灯光，提供美观的公共艺术，每盏路灯顶上的小半圆形灯会随着月相的变化从白色变成蓝色，这些变化的灯光将河口的潮汐与河口的兴衰联系起来，表达了一种自然与城市之间的和谐关系。

图 8–40　布法罗河湾散步道照明系统

（图片来源：张诗雨，2022）

（2）灯光互动装置。

此外，特色的灯光互动装置也可以提升场地的景观效果，让人们通过与灯光的互动，加强人与景观艺术之间的联系，也带给城市更多的活力与趣味。如敲击互动灯光装置是由一系列圆柱体的装置组成（图 8–41），利用触摸传感技术，以敲击顶面的力度强弱控制发出不同色彩的光线，方便节能的同时让夜晚的景色变得丰富多彩，在没有敲击装置的时候，圆柱体本身可以成为人们休息落脚的座椅，给城市提供游乐和休息的聚集空间。

3. 休憩设施设计

休憩设施是空间中最常见也是最必要的公共设施，常见有休憩座椅、多功能树池等。在整体设计上，应根据空间的布局针对性地进行整体均衡、重点集聚分布放置，还应考虑使用人群特征、分布及人流量等，如在人流量较大的活动区域内，适当增加休憩桌椅的数量，提高空间的舒适度。同时设计可以引发活动，创意性服务设施的介入可以使空间冷淡的现状得到改善，为城市注入色彩与活力。

图 8-41　敲击互动灯光装置设计

（图片来源：https://www.gooood.cn）

例如，上海滴水湖地铁站展区在大片空旷的硬质铺地上置入了城市艺术家具，优化场地的活动属性，通过空间悄然转变成公共活动的空间。这些休憩设施通过不同的形态来激活与人之间的多种互动关系——坐、依靠、趴扶、悬吊等。这些组合关系产生了一系列非日常的互动方式，人们在其间可以发掘与激发充满趣味性的使用场景，满足并映射着都市生活中人、孩子和宠物之间的紧密关系，从而激活整个片区的精神活力（图 8-42）。

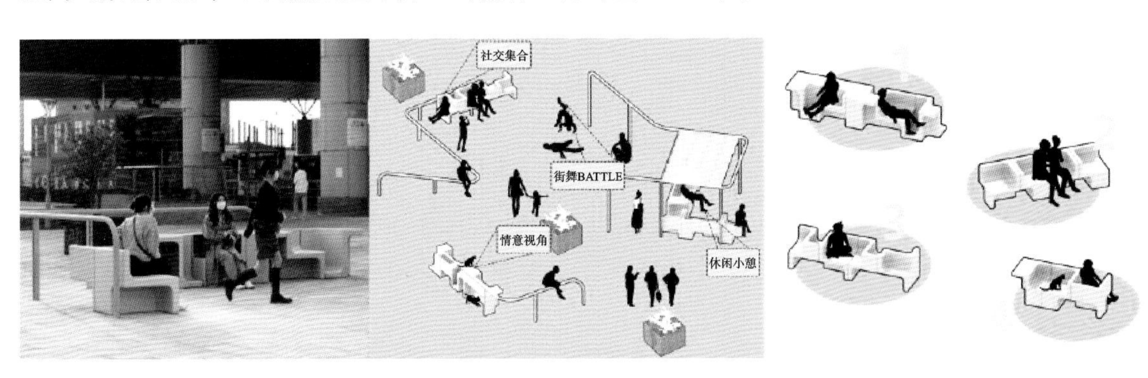

图 8-42　休憩设施设计

（图片来源：https://www.gooood.cn）

第九章　城市高架桥下未来空间利用及景观构想

第一节　城市高架桥下未来新技术利用

1. 高架桥结构美学设计

在保证快速便捷的交通功能和满足桥梁结构力学的规范要求的前提下，通过风景园林设计手法提高桥梁的美学特征，如桥梁的美学比选，桥体结构部件的比例调整，桥梁选线与城市或大地景观尺度的和谐，桥梁的防腐涂装与城市整体色彩的联系等。

纵观城市高架桥的建设历史，其建造技术经历了立柱加空心预制板梁，到简支现浇箱梁以及连续现浇箱梁的转变，使得高架桥立柱从臃肿变得较为轻盈，造型优美。城市高架桥的整体形象尽量兼顾到与周围建筑的协调统一，诸如沿线视觉景观营造、沿线建筑的设计、沿线的户外广告以及沿线其他景观的处理等（刘颂等，2012）。如上海市沪闵路高架二期工程，在设计中不但采用了视觉效果颇佳的主梁底面为弧形的连续箱梁结构形式，将呆板的立柱改为了树杈状，流线型的“身材”第一次出现在高架桥上，还对道路沿线的环境进行了规划设计，实现了市政设计与环境设计的“联姻”。

另外，桥墩、横梁、主梁等构件尽量采用协调、柔和的形式，融入周边的大环境中。桥梁的附属物形式应简洁明快，尽量避免采用过分醒目和凹凸明显的设施，将桥墩、主梁、高架桥护板在景观上设计成线条流畅的构造，同时对栏杆、隔音屏障、照明设施、管线等进行统一的设计。这些细部的处理同样对桥梁整体景观美化起很大作用。

2. 科学艺术的桥体绿化

城市高架桥自身形象突兀，影响视觉效果的方面可以通过绿化得到修正。桥体绿化可以吸附有害气体、滞尘降尘、削弱噪声，借助攀爬植物构成的绿色轮廓线，可形成独特的城市景观，且能缓解视觉疲劳，提高行车安全性。经研究测定，在炎热的夏季，有地锦覆盖的墙面表面温度比裸露的墙面要低 3~5 ℃，还有吸附大气污染物、缓解城市热岛效应的功能。目前越来越多的城市立体绿化和城市形象美化景观措施得以大量运用。

高架桥绿化主要包括高架桥桥面的绿化、立柱的绿化和桥阴绿化等。立地条件差、土壤板结、浇水困难、汽车废气和粉尘污染、部分位置光线严重不足等条件制约着植物的正常生长，因此正确选择植物品种是高架桥绿化成功的关键。要选择合适的高架桥绿化植物品种，首先要研究植物的生物学特性和抗逆能力，研究植物与高架桥之间的色彩、形态、质感的协调。其次要对适生环境进行研究，对高架桥桥面和桥阴的光照度、温度变化等都要进行深入研究。高架桥立地条件千差万别，温度、降水量、光照量、土壤条件等各不相同，要仔细分析才能选择合适的品种。

3. 桥下空间的新科技景观应用

城市高架桥由于体型大、线路长，视觉效果突出。如果不对其桥下空间进行环境景观设计，很容易使其成为缺乏生机、单调的巨型城市构筑物，因此必须加强高架桥下的景观构建，融合城市文化与特有的景观要素，从整体到局部对桥下空间进行设计，使其融入城市。

应充分利用交会型高架桥下空间，可用作生态绿地节点，形成生态廊道，为城市生物物种的生存和迁徙提供路径，同时降低城市交通对环境的污染。

结合桥下空间的各种利用形式（如公园广场、休闲设施、市政设施等）布置艺术性小品、景观标志等。特别是进行功能性的利用时，加入智能化管理系统等新的科学技术，让桥下空间成为一个安全、清洁、有人性关怀的城市公共活动空间，甚至为城市网络生态空间系统构建作出贡献。

第二节　未来城市高架桥下空间利用及角色转换思考

一、城市潜在的新地标之一

城市地标是指地面上具有特定记忆价值的实体存在，指城市空间中具有一定标识作用的物体，高层构筑物是其中重要的类型。尽管高架桥在城市中表现和支持的最基本功能是联系与交通，然而随着城市的发展，现代城市中高架桥的空间角色已经远远超过了原始的基本功能。高架桥的实体属性决定了其自身的城市景观功能，它以简洁、纯粹的外形明确地表达着内在的功能逻辑性。它巨大的跨度、强烈的形体表现力、超凡的尺度均对城市及大地景观产生深刻的影响，从而成为城市空间和城市形象中的重要元素。上海的内环线便曾被评为十大城市新景观之一，足见其对于城市意象品质的影响力之大（图 9-1）。

城市高架桥一般都处在城市或区域的结构要害处，对结构或区域形象的塑造有义不容辞的责任。除以其流畅的形态、简约的造型、大空间的跨度产生巨大的物质景观的震撼外，高架桥所表现出的人类自我价值的实现又使之横生出文化景观的韵味。这使高架桥景观在令人震撼之余还有回味，增添了高架桥景观的内涵（于爱芹，2005）。

给人留下强烈印象并有美学特点的高架桥可以成为识别城市的地标，提供一个城市的象征并帮助识别一个特定区域。因此在设计与建造高架桥的过程中，不能仅从功能出发，还应考虑到其自身的景观作用，满足城市的景观要求。

高架桥空间作为一种新型的空间形式和城市景观的构成要素，它的空间组织直接影响到城

图 9-1　上海内环线高架桥

（图片来源：http://www.5etz.com/forum.php?mod=viewthread&tid=59421）

市的空间形态和城市景观，并不可避免地对城市原有的景观空间结构形成冲击。高架桥的通畅程度以及景观表现，直接影响到城市形象（图 9-2）。作为城市的景观元素，高架桥在城市街区内延伸和展示，构成不断变化、相互关联的景观系列，同时又使景观获得联系和连续的特征。它改变了城市的物质空间，更加深刻地影响了社会空间和人们的心理空间，体现出“人的本质力量的对象化”，并赋予城市现代化的魅力。

高架桥空间作为一种特殊的道路空间，具备城市线性空间的基本特征，具有运动、延伸、增长的意味（图 9-3）。作为客体系统，它不仅仅是城市的通道，还应被看作是具备线性关系，结合了自然要素，有着流通以及景观生产机制的城市综合系统。它又属于城市空间的客体范畴，具备线性空间的共性因素：人的活动、供人移动的通道、与通道相关的构成元素（人工与自然、建筑与环境）。

处于不同的观察环境中，高架桥所扮演的空间角色也有所不同。对驾驶员来说它是道路，是供汽车行驶的通道；对行人而言则是一种“空中边界”。尽管这种高高在上的边界可能并不是地面层上的边界，但它将来也许会成为城市中十分有效的导向元素。

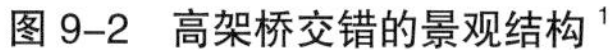

图 9-2　高架桥交错的景观结构 [1]

图 9-3　高架桥的线形效果 [1]

二、体现城市文明

城市文明是指处于一种先进的城市社会与文化状态，是一个复杂的体系，涵盖城市经济、社会、文化、生态等各个方面，体现在城市文化发展、城市规划设计、城市综合治理、城市公共服务等多个领域。城市文明指限于城市空间区域下的文明，是由“物”的文明、“人”的文明和“制度”的文明所形成的结构状态和整体水平。

城市文明与城市形态的历史变迁往往最直接地反映在城市整体景观的变化上。高架桥的出现改变了城市景观空间的结构，在城市文明的历史上留下了浓重的一笔。

1. 高架桥景观是社会物质文明的体现

物质文明是指人类改造自然界所取得的物质成果的总和。物质文明代表了人类改造自然和征服自然的成就，也是满足人类生存需要的必备条件。城市高架桥的建造不仅意味着要耗费巨额社会资金，还反映出城市的建造技术发展水平。广州越秀区闹市中建起中国大陆第一座高架桥——人民路高架桥时，15 万广州市民涌上桥头，一时间万人空巷，人人引以为荣，争相前去观光。“广州奔向现代化”的类似标语，在当时沿街报刊亭内的纸质刊物上随处可见。在国际社会上，高架桥的出现预示着国家的经济发展水平与科技能力，代表着国家的现代化进程。高架桥是各国在国际社会上寻求自我认可的另一条路径。同时，高架桥的出现反映出社会物质的频繁互动对空间跨越的要求，高架桥连通着城市的不同地区，承担着物质运输、人员交流等重要功能。高架桥已成为影响城市景观的重要因素，其景观面貌作为一种现象便与物质文明相联系，使高架桥景观具有了物质文明特性。

高架桥作为城市景观的重要组成部分，是社会物质文明的重要载体。除了具有基本的通行能力，它还和外界环境有着密不可分的联系。高架桥合理的比例、线条关系、配色等都在与城

1　图片来源：https://www.pexels.com/zh-cn/search/%E9%AB%98%E6%9E%B6%E6%A1%A5/。

市相互对比、协调中给人美的感觉。在夜间，高架桥利用桥梁上的灯光，把整个桥的线形表达出来，顺畅的线条与舒适的灯光美化效果，给人以美的享受。在桥上通行的驾驶员与乘客，除了享受高架桥带来的便捷交通与安稳的形式感受，还体验了行驶中四周的城市风光与高架桥景观所带来的视觉效果。

2. 高架桥景观是社会精神文明的载体

社会精神文明是指人们在改造客观世界的同时改造主观世界所取得的所有积极的精神成果的总和。它是精神形态的社会文明，标志着社会在精神方面的进步程度和开化状态。

高架桥指的是跨越山谷、河流、道路或其他低处障碍物的桥梁（图 9–4）。在城市发展过程过，建筑物愈加密集，交通拥挤程度加剧，城市建设高架桥用以疏散交通，提高运输效率。高架桥的建造对人类活动的便捷性具有极大的意义。但高架桥的建设又是项既复杂又艰难的工程，不仅需要财力上的投入，更需要技术上的支持。其建造困难主要体现在以下几个方面。

图 9–4　高架桥的应用场景（左为山谷、中为河流，右为城市道路）

（图片来源：https://www.pexels.com/zh-cn/search/%E9%AB%98%E6%9E%B6%E6%A1%A5/）

（1）工期紧，要求高。架设高架桥的地段通常地质情况比较复杂，故对桥的设计需要极其谨慎，甚至需要多次的变更设计才能达到要求，在工期紧张的情况下完成施工，并且保证工程的质量是建设高架桥的一个难点。

（2）工程量大，计算过程复杂。建设高架桥的工程规模很大，桥体结构复杂，在这种情况下，用传统的方法对施工过程中所需要的材料进行计算，将是计算人员面临的一大难题，这个计算过程不仅费时烦琐，而且工作量特别大。工程计算的精确度直接影响着施工的质量，同时也影响着施工的速度。在这种情况下，工程量的计算在施工的过程中就起着至关重要的作用。

（3）道口多，预制钢箱梁安装难度大。高架桥的箱梁跨度很大，再加上宽度也较宽，不利于大型设备进行操作，这在无形当中加大了施工的难度。在保证交通顺利的情况下，要及时地完成道口箱梁的施工，而箱梁的供应和焊接也是施工过程中常见的难题。

高架桥的建造极具难度，但其解决了人类社会的一系列问题，因此高架桥的建造不仅仅代表着新事物的到来和新技术的发展，也代表着人类为了解决遇到的困难，持续学习、增长知识，不断寻找解决办法的坚持和勇气。每一座高架桥的设计与施工建造，背后都凝聚着建设者自主创新的智慧和勇气，凝聚着人们逢山开路、遇水架桥的奋斗精神，这样的奋斗精神凝聚在桥梁中激励着人们砥砺前行。

高架桥因其巨大的体量及造型而对城市居民造成极大的视觉冲击力，这样庞大的人造物线形利落、质感干净统一，在蕴涵社会进步与发展意义的同时还表达出一种对社会制度、人类力量的讴歌。此外，高架桥景观还有一种作为地理沟通桥梁的意味，即所谓“纽带”的意义，这使高架桥景观往往成为城市文化及城市形象的窗口。如历时 9 年建造，在 2018 年投入使用的港珠澳大桥，联通了香港、珠海和澳门，促进了三地人员的交流和经贸往来（图 9-5）。

图 9-5　港珠澳大桥

（图片来源：左图来自 https://new.qq.com/rain/a/20210518A060JF00；右图来自 http://tuchong.com/1855132/94307038/）

三、展现景观的场所

高架桥的出现给城市带来了新的景观，也使我们对城市综合形态的意向感知不可避免地带有了多维的特征。对于传统城市来说，它是全新的事物，有着巨大的运输能力和疏散能力，也有着非同一般的尺度。它是穿过城市的“运动流线”，也是人们认识城市的视觉和感觉场所，并在一定程度上成为展现城市面貌和建筑风格的媒介。

1. 流动的景观特征

高架桥为人们的活动提供了运行轨迹，使人们观赏到的所有景物都处于相对位移的变化之中。与普通街道空间不同的是，因其服务的交通工具和对象是高速运动的汽车，从而呈现出城市生活崭新的线性移动方式：流动。移动的概念贯穿了高架桥空间的始终，并呈现出一种流动和变化的特质。在高架桥上穿行，感受城市空间，一系列短暂而多变的运动逻辑干预着高架桥空间的发展变化。

在空间中作为流动与连接通道实质构成的高架桥，承载着都市繁忙的交通与移动功能。它是城市规划的产物，而最终体现了线性空间流动的特征。同时，作为城市的交通网络，把各种都市活动组织在一起，成为都市各个功能内容的连接体。从高架桥空间整体出发，它满足了外部秩序——流动的需要，以及形成内部秩序——连接的意义。

空间通道是高架桥结构所提供的运行路线，它顺应自然地形，呈现出或直或曲的流动线形，并以其表面的形式和用途的类似而获得一种连续性。同时，通道的起讫点及变化梯度的清晰构成在形成空间张力的过程中暗示了一种方向性。连续与方向构成流动的基本要求（图 9-6、图 9-7）。

图 9-6　重庆某高架桥

（图片来源：https://www.xiaohongshu.com/explore/62d3d788000000000102eeaf）

图 9-7　金水高架桥

（图片来源：https://www.xiaohongshu.com/explore/626e8f7a0000000001026649）

2. 多维的景观体验

人们通常会把在一个城市中道路上移动的感觉，直接指向为城市形象感觉，成为个体的城市意向。城市高架桥是城市人生活的一部分，作为一种道路空间，也是城市形象的观赏地，是城市意象产生的客体之一。人在高架桥上移动的过程中观察城市，获得环境意象，也即获得对城市形象的一种感知。城市居民和外来参观者在高架桥上快速行进的过程中，不断感受和认知城市空间和城市的各种活动，不断积累并形成对城市的印象。高架桥展现给观者的不仅仅是它的外在景观，还展示了城市景观及其所体现的不同城市的空间特点和传承已久的城市文化和城市场所精神。

高架桥构成了一种空间关系，在高架桥空间中，可以获得景观联系的“视觉通道”，通过产生的空间构成借景、透景和新的视觉关系，进而丰富了人们对城市形象和城市空间轮廓的认识。并且这种观察由于视点的变化而产生视距和形象的变化，使其景观更具有广袤性、复杂性和趣味性。

作为城市物质形态范畴内重要内容的高架桥，在遵循道路美学基本原则的基础上，更有一些独特的性质，它为城市空间景观的展现提供了崭新的视角和场所。

（1）增加了城市景观的观赏视点。

（2）高架道路产生的长向的线性空间，沿着直线或曲线的平面形式，引导视线随道路转折、起伏而变化，流畅且生动，具有动感效果，赋予观察者全然不同的视觉感受。

（3）增加了城市景观的体验内容。由于人的视点从 1.5~1.6 m 上升到 5 m 左右，提高了视点，扩大了视野（图 9–8）；并且由于始终处于高速运动的状态，城市的动感体验变得十分鲜明。城市在这里主要是一种总体性的展示，形象的整体感成为高架桥的基本视觉要求。

图 9–8　站在高架桥上看到的风景

（图片来源：https://www.163.com/dy/article/GTBHMEAS0532BONT.html）

高架桥的出现第一次使人们在城市中的移动脱离地面而升至空中，在高度成就了速度和效率的同时，城市的垂直形态被高架桥拦腰截断、一分为二（图 9–9）。显然，这种分野的首要作用是为人们观看城市提供了一个视觉坐标，并创造了人们对于都市景观的新的认知空间，其中所包含的定位规则和想象逻辑使所谓现代都市的繁复概念得以符号化。

在高架桥上以车代步的疾驰直接导致的是人的视觉经验的改观。那些地面上拥挤的车流与人流、芜杂的招牌以及纷乱的街景均被藏匿，日常生活的俗世景观在一种没有任何阻碍的行进中被城市“上半身”干净、单纯、开阔甚至可以说是漂亮的图景所取代。这类图景至少在表面上迎合了人们关于城市的主观印象：恢宏、挺拔、壮阔。当人们从任何一个高架桥的封闭式通道进入城市“上半身”的时候，他们会从内心泛起一种从纷繁琐碎的世俗状态逃离出来的快感，如同人从庸常而不堪的欲望泥沼中抽身而出，在心灵和精神的高端境界得到净化一样。

图 9-9　高架桥切割了城市形态

（图片来源：https://www.sohu.com/a/534504327_121119246）

3. 别样的景观视角

高架桥不仅能够抬高人的视点，享受辽阔的城市景观，桥下空间以其特有的空间属性也带给人不一样的视觉感受。

高架桥的桥墩分为柱式与桩式两种（图 9-10）。柱式桥墩粗大，截面有矩形、圆形、椭圆形或具有棱角的多边形。粗大的桥墩具有极强的视觉冲击力，身处桥下空间时，身旁高耸粗壮的桥墩巨大、神秘且不可思议，激起了人们心中的奇迹感与敬畏感。

图 9-10　高架桥桥墩样式（左为柱式，右为桩式）

（来源：左图来源于 https://mbd.baidu.com/newspage/data/error?id=1604228865728450360&wfr&third=baijiahao&baijiahao_id=1604228865728450360；右图来源于 http://www.wjgsgl.cn/newsinfo.aspx?id=497）

桩式桥墩较为纤细，多根并列，它的外观立面可呈矩形、梯形或向上分岔支撑桥梁。纤细的桥墩由单一形式不断重复排列，由形态上呈现出视觉的秩序感，给人一种流畅、舒适且富有韵律与节奏的感觉。这样的空间在强调秩序的同时，深邃蔓延的阵列桥墩吸引了人们的注意力，引起人们向前探索的欲望。

高架桥的结构形式往往与周边环境紧密结合，按照桥梁美学的理念，采用合理的线形和高宽比、高跨比，达到高架桥线形流畅、结构均衡、比例协调的特点。人们在桥下空间行车或行走时，高架桥的流畅线形给人不一样的感受。桥下空间有桥面覆盖，具有一定的包裹性，能够给人带来心理上的安全感，同时桥下空间没有人们划分的空间秩序，保持着自由的形态，具备某种不可知的“迷宫性”。桥下空间激发各种各样活动的发生，景观效果多样（图 9–11）。

图 9–11　自由的桥下空间

（照片来源：课题组拍摄）

四、社会生活的载体

城市高架桥空间不仅重构了都市移动的经验，也给寻求幻想的都市人提供了引起“震惊”的机会和场所。它是一组与通道紧密相关的空间序列连续和片段的集合，对连续性、诱导性以及轮廓、纹理等的关注是高架桥空间场所形成的重要内容。

城市高架桥空间也是一种社会的、生活的空间。作为社会生活载体的高架桥空间反映了都市特有的生存形态。在这种状态下，人们对于高架桥空间的感知与经验被建立在“即刻”的社会关系上，其空间的意义是一种片段的连续、城市的拼贴图景。

高架桥下空间环境是城市空间环境的组成部分，是人们生存活动的重要场所。高架桥下空间的合理规划与利用，有助于激活高架桥下的“灰空间”，使其成为承载社会生活的重要载体。桥下空间承载的社会生活主要有以下几种。

1. 交通纽带

桥下纵深的平行空间可设置自行车道和人行道路，充分发挥交通枢纽的作用，有利于慢行交通的发展，并利用桥体的天然屏障遮阳避雨，为人们提供休憩场地，增强步行交通体验。桥下空间将被桥体隔断的两部分空间有机联系起来，对空间的联络、交通网络的构建、区域交通的组织有着至关重要的作用。通过桥柱等结构的划分，慢行系统有了独立空间，更易于开发利用，提高土地资源利用效率（图 9–12、图 9–13）。

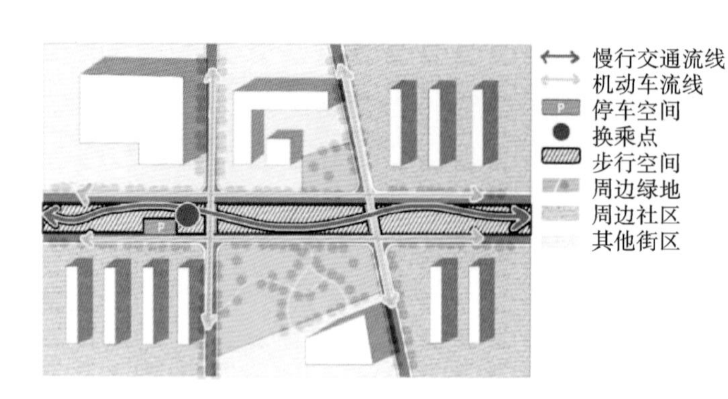

图 9–12　高架桥下交通示意图

（图片来源：李晓晨等，2020）

图 9–13　纽尔斯卡高架桥人行道

（图片来源：https://www.veer.com/photo/131486148?utm_source=baidu&utm_medium=imagesearch&chid=902）

2. 商业活动

桥下空间连续狭长，可作为商业活动的场所。桥下商业空间多选址于人群密集、用地紧张的中心城区，单独的桥下店铺或连续的桥下商业街都使稀缺的土地资源得到高效利用，带来经济效益。桥下商业街的业态组成丰富，对加强区域连接、丰富城市步行空间具有重要意义，同时兼容了周边自然景观的优势，有发展成商业综合体的趋势。沿平行式空间分布的商业廊道可向两侧延伸发展，带来规模效应，利于店铺间彼此竞争和长期运营，同时也丰富了行人步行的空间体验（图 9–14、图 9–15）。

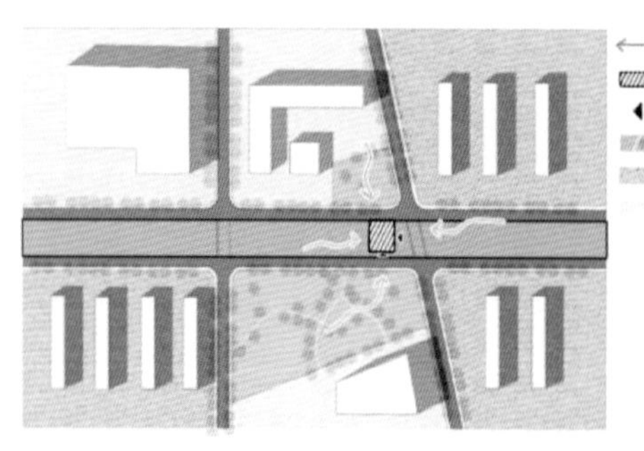

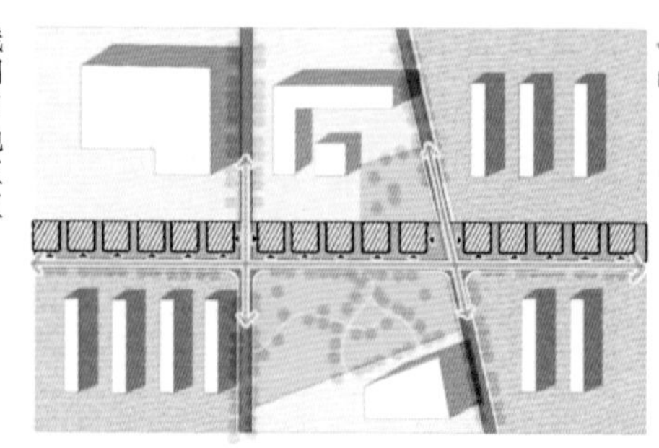

图 9–14　高架桥下商业活动（左为独立商铺，右为商业街）

（图片来源：李晓晨等，2020）

图 9-15　高架桥下商业活动（左为有乐町站的铁道高架桥下的餐馆街，右边为中目黑高架桥下的书店）

（图片来源：城市案例 | 东京铁道高架下的奇妙空间 _ 市政厅 _ 澎湃新闻 –The Paper）

3. 开放空间

当前桥下空间利用的常见做法是将其改造成为公园、广场或植入小体量桥下装置的开放空间（图 9–16），具有以下特点。

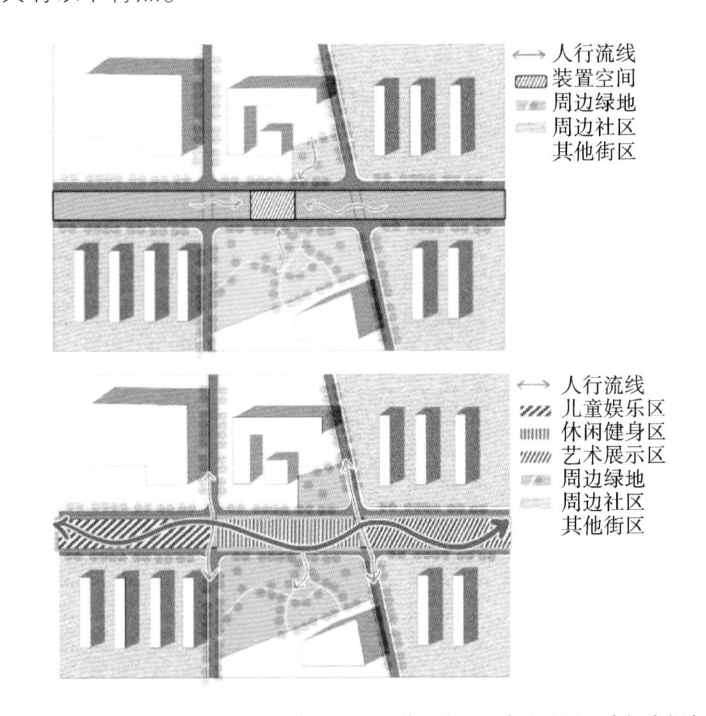

图 9–16　高架桥下开放空间示意图（左为装置空间，右为公园、广场空间）

（图片来源：李晓晨等，2020）

（1）空间布局灵活。和传统城市广场及公园不同的是，桥下广场和公园选址较为自由，普遍占地面积较小，布局灵活多变。由此可以创造出与桥身结构相融合的空间，如在平行式空间中以桥柱作为空间分割界线，设计多种主题的空间，在交汇式空间中利用斜坡设置座椅，激发人和空间的互动行为。

（2）活动种类丰富。桥下开放空间分区明确，活动设施多样，兼备休闲娱乐、运动健身、艺术展示、文化博览等多种功能。在水平空间上，用硬质材料如木材、混凝土、金属等材料搭建出各种趣味空间，在各功能区引入自然景观、运动场、小商店等，或利用桥身的垂直面进行涂鸦创作、攀岩等活动，吸引行人移步桥下、驻足停留、聊天交谈，满足不同使用者的需求。

（3）时空可变性强。桥下开放空间具有在时间和空间上的灵活性，同样一处空间可以在不同的季节、不同的时间拥有不同的属性。如在冬季用作滑冰道的区域，在夏季可用于水上运动；在白天用作城市客厅的舞台装置在夜间则可以作为放映厅。无论是广场公园还是装置空间，对空间的使用都是动态可变的，既可以长期持续利用，也可以短期即兴使用。但装置空间因多由艺术家个人或团体设计，更加强调个性化和实验性，通常使用周期较短。

（4）多方协调参与。多方协调不仅体现在社会各界参与桥下开放空间的利用策划中，也体现在空间对周边环境产生的触媒效应促进了二者的协调发展。开放空间的运营是政府、开发商、市民、公益组织、艺术团体、设计师等参与协作的结果，通过社交媒体、网站等平台征集活动策划方案，最终落实到建设中去。这种参与式设计是广义的设计，随着时代发展，将为桥下空间注入新的活力。

（5）自然景观渗透。自然景观作为城市开放空间重要的组成部分，也同样被引入桥下公园、广场进行设计，桥下装置空间也会考虑周边视野的开阔以便观赏自然景观。滨水桥下空间具有临近自然资源的优势，多设计成生态景观步道。植被的布局既可以选择有阳光斜射的桥体垂直投影空间，也可位于周边开敞区域（图 9–17、图 9–18）。

图 9–17　墨尔本高架桥下线性公园

（图片来源：https://www.163.com/dy/article/GALG4M9I05373JJH.html）

图 9–18　曼谷高架桥下公园

（图片来源：https://www.archtu.com/4622.html）

五、启示与建议

1. 明确权属，健全管理机制

政府应通过出台桥下空间管理办法等文件，明确桥下空间的权属主体、开发建设主体、监管主体，避免土地权属模糊、职责不明等问题出现。对于长期使用的桥下空间，可做出精细、具体的规定，如按照实际需求划分公共空间、商业空间、停车场，并控制各类空间占地的比例，商业空间可以采取公私合营的方式运营等。相关部门应做好监督、管理，并倡导、鼓励市民对桥下公共空间进行使用，维持桥下空间良性运营和发展。

2. 因地制宜，合理功能布局

根据桥下空间所在路段、区位、地形等的不同，考虑与周边城市环境的嵌入关系，或选择所处区域缺失的功能进行补充，或将原有混乱无序的布局重新规划，完善区域功能，带动周边区域的协调发展。充分利用当地日照等客观自然条件，科学配置植被。提倡多元融合，避免业态单一，如老旧社区附近的桥下空间应多考虑老年人的活动需求，中小学校附近的桥下空间应结合少年儿童的行为特点设计。

3. 保证安全，覆盖市政设施

桥下空间应确保照明、监控、座椅、标志牌、无障碍设施、环卫设施、消防设施、应急设施等的配设，保证空间可以正常、平稳、安全地被使用。市政设施应布局灵活，与桥体形态契合，并在外观上适当进行装饰和遮挡，有效利用边角空间。完善交通系统尤其是慢行系统，人车分行，在必要的位置提供加油桩、停车位等，使车行更加便捷、高效，步行更加舒适、安全。

4. 以人为本，强调公众参与

在设计前期应广泛征集公众意见，尤其是周边居民的意见，根据人群的反馈策划不同的活动，激发不同人群对空间的归属感和参与感，如设置适合老年人和儿童活动的分区。规划应创造人本空间，避免形式主义造成空间二次浪费。大力发挥社会组织、社区、媒体等的多方力量，加强协作和沟通，系统分工，建立完善的参与机制，实现真正意义上的公众参与。

5. 场所营造，注重空间美感

通过色彩、几何图形、雕塑、涂鸦等增加空间的艺术感和设计感，强调空间的视觉美感和观赏性，营造美好的场所，增加人与场所的互动，促进邻里交往。增设富有变化的自然或人工景观小品，使人工美和自然美相结合。或引入当地文化特色，以小见大，打造城市名片。保证空间整洁有序，兼顾周边环境，不破坏城市整体形象，在大的空间秩序下寻求个性化创造。

第三节　优秀案例

一、美国迈阿密低线公园

低线公园由 JCFO 工作室（James Corner Field Operations）设计，曾经参与设计纽约高线公园的 JCFO 工作室被选定为迈阿密规划 16 km 长的低线公园。评审团从 19 个参赛作品中最终选择了 JCFO 工作室设计的一个线性公园和自行车路线，用其取代从达德兰到迈阿密河地铁段下破旧的多通路。2015 年，50 万美元的设计合同由迈阿密市连同奈特基金会、迈阿密基金会、南佛罗里达的健康基金会和米切尔沃尔夫森基金会共同出资。

在穿过整个迈阿密核心区的城铁系统中，有一段高架铁路下方的区域处于闲置状态，于是 JCFO 工作室便与非营利组织 Friends of the Underline 合作，打算将这片区域设计成一个长 16 km 的公园。

按照设计团队的想法，他们将沿着一条多通路自行车道再建一条平行步行道，步行道宽度大约为 2.4 m，未来还会种上当地植物来吸引小鸟和蝴蝶，从而构建一套完整的生态系统。另外，公园还设有艺术娱乐区域，也允许搭建临时场所用于经营小生意。

从宏观上看，低线公园将从地铁达德兰南站一直延伸至迈阿密河的边缘，成为总长 402 km 的城市道路网的“椎骨”部分。非营利组织 Friends of the Underline 认为它不仅能确保步行者和骑行者的安全，使社区关系更加紧密，也能为城市多创造超过 40 hm^2 的绿化面积。从某种程度上说，甚至成为整个城市的地标景观。

目前，Friends of the Underline 已向政府部门提交公园视觉效果图（图 9–19），并开始为项目筹集资金，其合作者包括迈阿密 – 戴德郡公园及地方交通部门，同时迈阿密大学建筑学院也将为整个工程提供人力资源。

图 9–19　桥下景观愿景

（图片来源：理想生活实验室，http://www.toodaylab.com/70874）

二、纽约市布鲁克林区和皇后区的高架桥废弃空间改造方案

Buro Koray Duman 事务所给连接纽约市布鲁克林区和皇后区的主要高速公路（命名 BQE）高架桥下的废弃空间提出了一个概念性的改造方案（图 9–20），主要关注随着高架公路的延伸，其下部空间内未被利用的土地。改造后的桥下空间增添了流动餐车，该事务所为整个场地构建了两个设计方案，分别为食品中心和运动场。

该场地邻近工业城，曾经厚重的老工业综合设施现在被设计师、艺术家以及其他创意专业人士所占据。工业城内部的滨水区综合体在一年一度的纽约设计周期间还举办了许多活动。

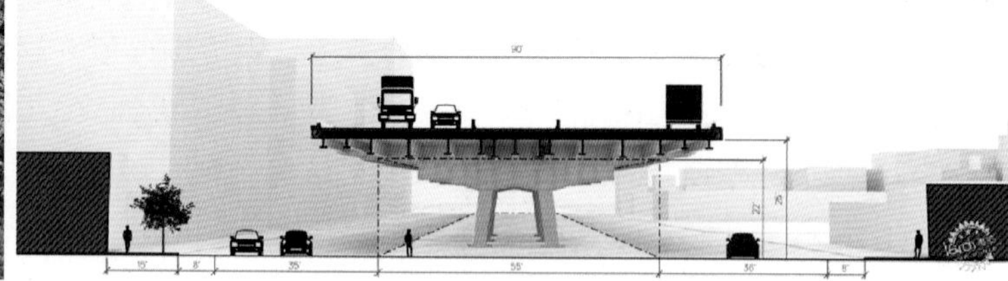

图 9-20　场地位置图及剖面图

（图片来源：www.dezeen.com）

Buro Koray Duman 事务所提出了两种方案，旨在改造高速公路桥下的黑暗空间，使其变成工业城的门户空间。通过建造大横梁来支承高架公路，横梁的尺寸约为 17 m 宽，高架公路的宽度经测量约为 27 m。

该事务所提出的第一个方案构想为假设此桥下空间为一个食品中心，是“具有褶曲的景观小品和屋顶，定性为商用厨房和流动餐车的停车场”。厨房将为移动的餐车供应食品，然后餐车将开往城市的其他地区以提供食物（图 9-21、图 9-22）。“一旦装食物的卡车离开城市，

图 9-21　桥下流动餐车的食品中心设计（方案一）

（图片来源：www.dezeen.com）

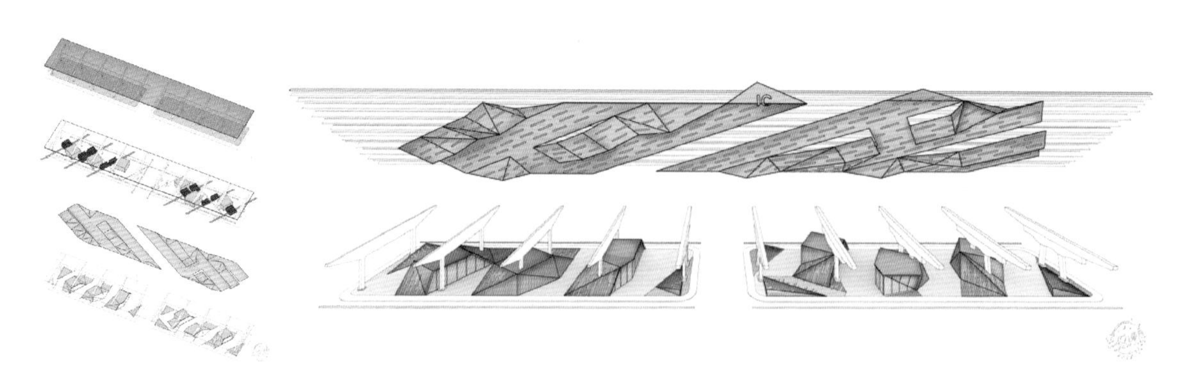

图 9-22　食品中心方案提议的概念分解图

（图片来源：www.dezeen.com）

原停车区域将变成一个公园。”厨房还会为邻近社区提供食物，从而使空间具有“双重功能”。

第二个方案要求在高速公路桥下建造体育竞技场以便开展体育项目（图 9-23、图 9-24），体育项目可以不受桥上来往车辆产生的噪声所影响。设计提出创建包括篮球、排球等体育活动和健身课程的场地。在冬季，露天体育中心将通过一个充气结构封闭起来，掩盖于高架公路下部空间内。

图 9-23　桥下建造体育竞技场效果图（方案二）

（图片来源：www.dezeen.com）

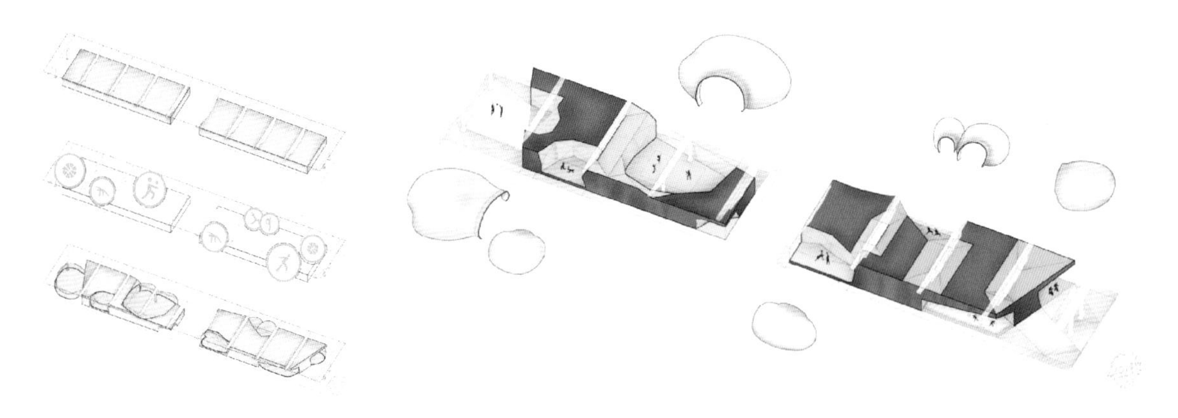

图 9-24　体育竞技场方案提议的概念分解图

（图片来源：www.dezeen.com）

该方案是建筑师最新提出的一系列计划之一，用来激活高架路、铁路轨道和其他交通线路下方未被利用的空间。该方案旨在和纽约市政府讨论有关这些现存基础设施下部的巨大的闲置空间的利用潜能。

三、意大利垂直小镇（Vertical Villages）

这是 Solar Park South 国际设计比赛的获奖项目，旨在将意大利境内一段废旧的高架桥改造为一个住宅类综合项目。OFF Architecture 公司、PR Architect 公司和 Samuel Nageotte 公司共同完成的设计方案——“垂直小镇”（Vertical Villages）的设计概念——最终用于此次改建。

该项目拟在滨海高架桥下建设 9300 m^2（186 个单元）的住宅，公共项目有 4135 m^2 的购物—观光区，2240 m^2 的服务—办公区，竣工日期为 2025 年（代照，2015）。

垂直小镇的灵感来自高架桥本身桥梁的形态，设计师在巩固高架桥固有的建筑形式的同时，也将它对周围环境的影响降到最低。桥面的建设包括商业区、设备房、医疗中心和休闲场所等。为了保存旧建筑的完整性，设计师放弃了重塑新建筑形式的方式，而是加强已有建筑的存在感，让环境自身去适应，重点突出高架桥原本的特征（图 9-25）。

图 9-25　尊重原桥梁结构造型的垂直小镇演变构思

（图片来源：OFF Architect ure，etc.2011）

基于初始评估和工程判断，报告提供了多种初始设计方案。目标是根据提议进行讨论，找出实施方案，并进一步找到方案的解决办法。设计团队给出了一个切实的答案：从设计到建筑形态，要把废弃在山谷中的高架桥改建成度假胜地，首先需要考虑的是高架桥周遭的环境，并且顾及高架桥上可见以及不可见的构成元素，方案大胆而让人期待。

接下来的难题就是在风景如画的环境内设计出方案。设计可以是意大利卡拉布里亚地区普通建筑的简单延续，也可以让这个非典型改造项目富有创意。设计师选择了后者，建筑方案既有亭阁的独立特性又有公寓的优势。其中一个高架桥的桥面上设置了一条行人散步小径，同时保留城市交通用道。这样，环境内的基础建筑设施既呼应了原有的高架桥环境，又保证了人们的生活品质（图 9-26）。

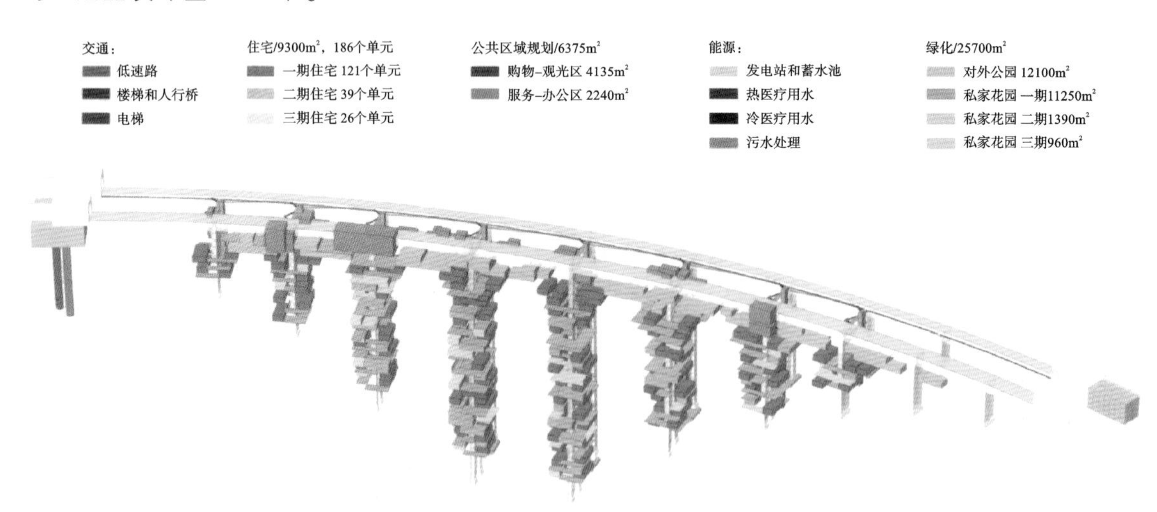

图 9-26　垂直小镇的功能分区

（图片来源：OFF Architect ure，etc.2011）

方案中，建筑横向的稳定性受到关注。从原有的桥梁建筑到标准较高的居住建筑，现有结构的横向稳定性需要加强。一种解决方案是在两条马路间安装支撑构件，使它们共同作用以增加建筑的宽度。这些高架桥由原有主干道修改而来的小路连接，主干道的建设需考虑较大交通流的情况，所以桥的承重量大于一般的桥梁。另外一种方案是在设计中强调采用最少的材料来增加墩距，这也是在尽量限制建筑对周围风景产生的影响。此外，这个区域面朝大海，站在高架桥上可以远眺第勒尼安海。除了高压线的连接，整个地区远离了纷扰尘世。埃特纳活火山的存在，提供了丰富的地热资源，可以用来发电和制作医疗用热水（图 9–27）。另外，世界上近 95% 的佛手柑产自卡拉布里亚区，鉴于种植这种植物需要恒定的空气湿度和温度，对生长环境有苛刻要求，说明了该地区的气候稳定程度在世界上少见。

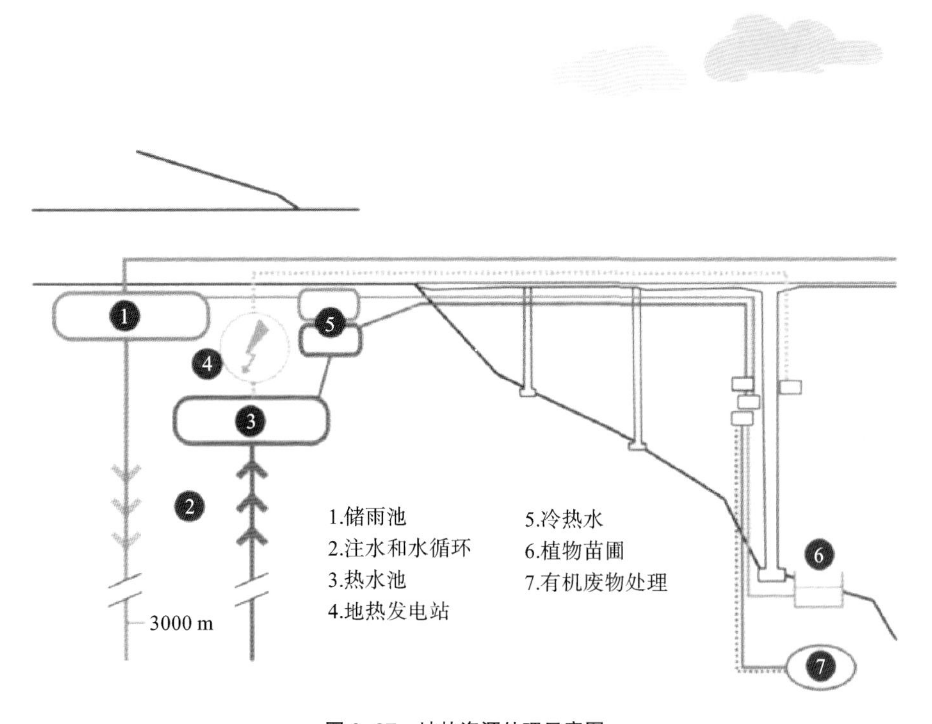

图 9–27　地热资源处理示意图

（图片来源：OFF Architect ure，etc.2011）

高架桥的重建为新移民居住所需的基础设施建设提供了契机，可营建适宜老年人的度假胜地。这样的环境足以吸引北欧退休人士，他们退休后往往迁居至其他国家，寻找质量更高的居住环境，因此被称为“North American Snowbirds”（北美雪鸟：自 1925 年起，被南美洲国家特指那些为了躲避寒冬而迁徙的居民。之后词条被引用，特指旅游业。20 世纪 70 年代末，演变为专指去佛罗里达州过冬的加拿大人。在英国、美国和加拿大的词典中都有收录）。

这样的居住环境在北欧似乎很难找到，然而卡拉布里亚区的环境仿佛是为移民大军事先准备的。建筑将会兼具新旧元素，像是一处混搭的现代化考古地址——给现有建筑披上新衣，重新建造，赋予其崭新的生命（图 9–28）。

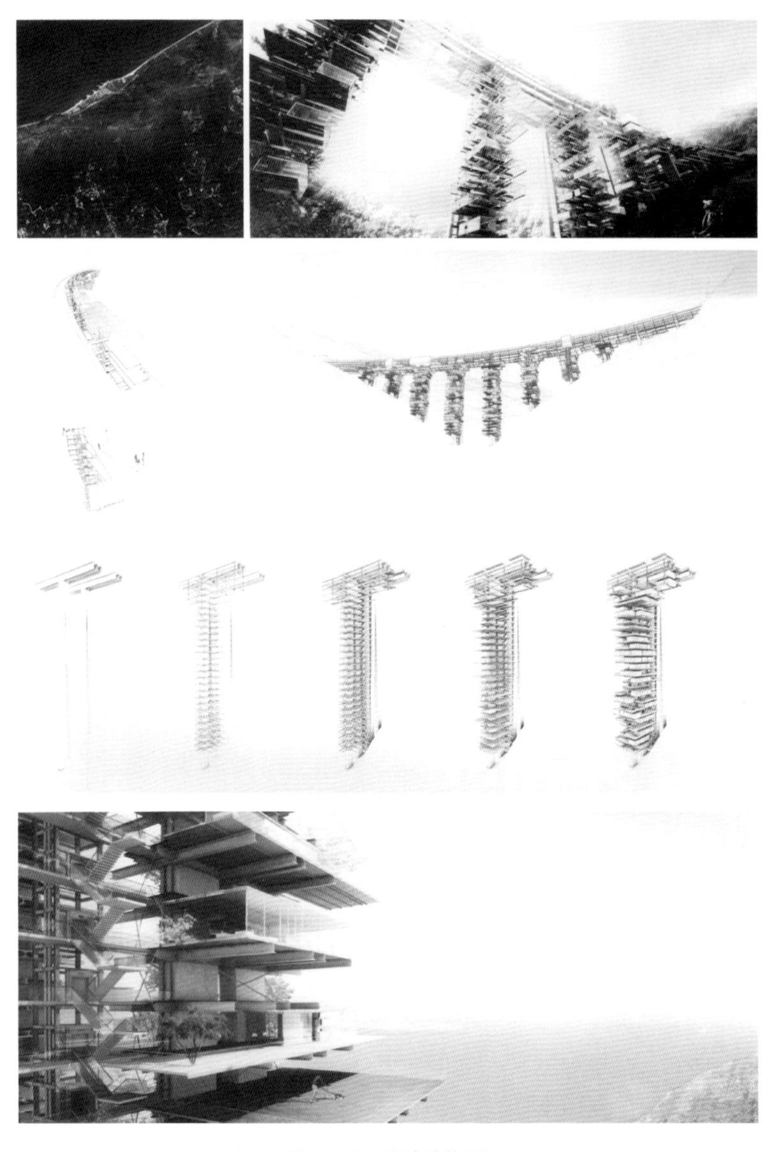

图 9–28　设计结构图

（图片来源：OFF Architect ure，etc.2011）

四、多伦多市嘉丁纳高速桥下空间改造

早在 2015 年 6 月份，多伦多市议会就反对拆除沿安大略湖沿岸城市的嘉丁纳高速公路。理事会却投票赞成"混合计划"，将重新配置多伦多市东部高速公路的一部分，同时保留市中心和多伦多市西部的高架道路。由于多伦多市不能或者不会完全拆除嘉丁纳高速公路，所以这个城市正在计划在它周围进行改造。将嘉丁纳高速公路下面的区域改造成充满活力的社区空间，它将承载一系列的文化规划——为附近的 70000 位居民和周边地区的居民创造一个新的户外客厅（图 9–29）。

图 9-29　项目规划图

（图片来源：https://www.azuremagazine.com/article/under-gardiner-torontos-big-park-plan/）

该项目将把嘉丁纳高速公路下部大约 4 hm^2 的地块变成市场、公园空间、活动区域和用作其他公共用途的空间。它将用 2500 万美元的私人捐款建造。该项目将把这些社区与创新的“可编程”空间编织在一起，展示多伦多市独特的文化和相关产品——音乐、食品、戏剧、视觉艺术、教育和公民、舞蹈、体育和娱乐。这些空间被设想为“房间”，这是由一系列支撑嘉丁纳高速公路的混凝土柱和梁结构元素定义的。多达 55 个民用房间可以设置各种各样的功能，以满足全年规划用途需求。

这个项目将为步行和自行车骑行创造一条新的非道路路线，它的目标是建设城市最密集和最适合步行的城市街区，创建一个新的东西文化汇集和舒适的走廊，有助于连接滨水的景点，包括莫尔森圆形剧场、BMO 球场、历史性的约克堡、多伦多音乐花园和女王码头、海滨中心、多伦多铁路博物馆等著名景点。这个项目将使用关键的地标作为精神象征——历史性的约克堡、令人惊叹的新的游客中心、新的约克堡图书馆以及附近的绿地，如伍德公园、加冕公园、多伦多音乐花园、女王码头等。

多伦多市还将引导公众参与项目咨询，邀请多伦多市民参与设计过程和发展规划的设想。通过社交媒体、项目网站、公众会议，多伦多市民能够提出他们的反馈意见、建议和想法（图 9-30）。有关公众咨询和参与的进一步细节很快可被分享。工程于 2016 年夏季开始，项目的初期阶段于 2017 年完成。

图 9–30　桥下空间未来新景观

（图片来源：https://www.azuremagazine.com/article/under-gardiner-torontos-big-park-plan/）

五、伦敦哈克尼区高架桥下改造

伦敦东部哈克尼区高速公路高架桥下的一块空地挨着河道，因为常年空置而变成了少年们涂鸦的地方。每到夜晚，天桥遮挡和照明设备的缺少，令这里被黑暗覆盖，安全性较低。2011 年，关注城市公共空间的建筑团体——ASSEMBLE，联合国际艺术机构、当地社会团体商户与社区居民，一起完成了一次“艺术介入”效力下的空间改造。

团队哈克尼区废弃高速公路下的空地上搭建了一个临时建筑。项目除了注重景观改造，还结合欧美人喜爱在户外进行活动的习惯，设定改造的目标为为人们提供户外停留的空间。项目引入了大台阶、大座椅类的设计，成为项目的主要元素。项目招募了市民志愿者，利用陶土砖与木砖串联起来做成墙面，搭建高架桥下剧场（图 9–31）。建筑搭建完成后，团队策展人与全市机构如 Create Festival、巴比肯艺术中心以及众多当地组织和企业合作策划了艺术节，通过艺术手段的介入，吸引了 4 万多名来自全国各地的艺术家和游客前来参加演出、讲座、散步和戏剧等活动。艺术活动让市民清楚地看到这个“剩余空间”的潜能，在这里，人们可以感受被遗忘的高架桥下空间，通过想象它的过去，重新塑造它的未来，了解高架桥下空间具备的公共潜能。

图 9–31　志愿者用陶土砖与木砖搭建临时建筑

（图片来源：https://mp.weixin.qq.com/s/vYU1fkEK7Tqph6MQrYkKvg）

艺术节结束后，这个由非专业志愿者与公益团队共同搭建的临时建筑被拆除，ASSEMBLE 团队将拆除的木质构件捐献给学校，希望人们可以通过这些构件明白公共空间的潜能与意义。最终，该项目所带来的社会效益成功说服了伦敦遗产发展公司，并赢得其投资，将临时性的剧场建筑恢复成为永久性的公共社交场所。白天这里变身咖啡馆，让人们闲聊小聚，在工作坊里能观赏艺术作品，同时还能乘游船欣赏河道两旁的美景，将岸上的活动与运河上的观光等活动联系起来。晚上，公众可以聚齐在一起观看剧作和露天电影，从经典动画片到早期电影，还有人们关注的比赛。每天都热闹非凡，人声鼎沸（图 9–32）。

六、盐城主城区高架桥下空间利用

盐城主城区快速路由东环路、南环路、西环路、北环路、范公路、青年路等形成的“田”字形主骨架以及通往高速出入口的 6 条射线状道路组成，总长约 89 km。高架桥依托城市快速路网建设，约占快速路总长度的 76%，具备充足的开发利用潜力（图 9–33）。

图 9-32　人们在临时剧场中活动

（图片来源：https://mp.weixin.qq.com/s/vYU1fkEK7Tqph6MQrYkKvg）

图 9-33　盐城主城区快速路网现状图

（图片来源：https://mp.weixin.qq.com/s/6cqAvNaDFDHjfAgO11lbJg）

城市规划设计对桥下空间形态与周边用地规划条件、功能自身的特性进行了统筹考虑，将功能性节点主要设置于青年路高架桥、范公路高架桥、机场路高架桥及南环路高架桥沿线。青年路及范公路作为从盐城主城区中部贯穿的骨干道路，其高架桥两侧用地性质更具多样性，且日常的车流量较大，建议优先布局广告宣传、设备房等不易吸引大量人流的设施；机场路位于老城区，两侧有较为集中的居住用地，对公共服务用地、公园绿地存在补充需求，因此建议于机场路西段布局体育场地、儿童游乐场地等可为周边居民提供公共服务的场地，东段则可以根据需求设置停车场，为假期高峰产生的停车需求做好准备（图 9-34）。

图 9-34　盐城主城区高架桥下空间利用功能引导

（图片来源：https://mp.weixin.qq.com/s/6cqAvNaDFDHjfAgO11lbJg）

规划选取通榆河东侧建军路高架桥、青年路高架桥两处桥下空间进行试点设计，两处地块周边均以住宅用地为主，就现状空间而言，两处桥下空间均设置了少量活动场地，但缺乏对整体环境的塑造，现状大部分硬质空间处于闲置状态。

建军路高架桥下空间可利用面积约 3000 m^2，主要定位服务于周边“在水一方”“东方绿苑”“华景园”等小区居民，结合前期对周边居民的座谈，设计上回应社区居民需求，整体定位为童趣休闲空间（图 9-35）。为提供多样化的游憩体验，在功能空间的布置上，精心设计兼

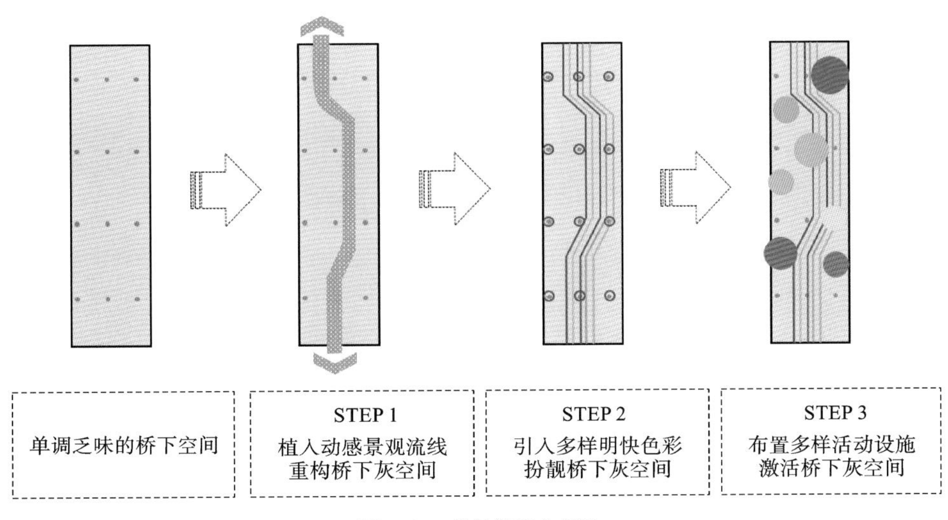

图 9-35　设计策略分析图

（图片来源：https://mp.weixin.qq.com/s/6cqAvNaDFDHjfAgO11lbJg）

具趣味性与视觉美感的鲸鱼地形设施，打造儿童人气集聚点，同时，以儿童活动需求为导向，设置了瓢虫活动设施、儿童滑滑梯、儿童活动沙坑、跷跷板等多样化的儿童活动设施，给予儿童多样的活动体验。为营造儿童友好的整体氛围，方案以动感流畅的线形组织场地关系，以彩虹步道作为场地的主线，在丰富场地视觉识别性的同时，也弱化了桥下灰空间给人造成的压抑感。同时还设计了桥身特色彩绘，营造桥下空间动感、活泼的整体氛围（图 9-36）。

图 9-36　建军路高架桥下空间方案效果图

（图片来源：https://mp.weixin.qq.com/s/6cqAvNaDFDHjfAgO11lbJg）

青年路高架桥下空间可利用面积约 8500 m^2，主要服务于周边东亭国际商务中心等地方的工作人群，天玺、新丰西等小区的居民及盐城工学院的高校学生，结合使用人群需求，整体定位为桥下运动微空间。为打造社区活力场所，方案设计结合周边居民及学生的需求，借助适宜的桥下空间净空条件，植入篮球场、乒乓球场、健身器材等用地，形成特色活力运动空间。在运动场地的基础上，统筹考虑周边人群的需求和行为模式，配置三角花坛等休憩设施，并放置自动售卖装置，方便居民使用。为塑造特色视觉风格，在遵循运动场地设计规范的基础上，运动场地设计引入了形式多样的景观线条与图案。墙绘以橙色、蓝色等明度较高的色彩为主，形成简洁明快、轻松愉悦的整体氛围，融入地域文化符号，给人以耳目一新的视觉美感（图 9-37）。

图 9-37　青年路高架桥下空间方案效果图

（图片来源：https://mp.weixin.qq.com/s/6cqAvNaDFDHjfAgO11lbJg）

七、广深高速桥下空间及新桥高速出入口绿化提升工程

广深高速（东宝河至新桥立交桥）段桥下空间及新桥高速出入口绿化提升工程位于深圳西部，包含广深高速桥下空间绿化提升及新桥街道高速出入口周边绿化提升两个内容。设计范围南起新桥立交桥，北至东宝河，全长约 8.2 km，总面积为 84.39 万 m^2。

改造的前沿线整体环境品质较差，大部分空间没有绿化，与其形象定位不符，沿线居民对公共绿地空间有一定的需求，亟待改造提升（图 9–38）。新桥立交桥现状西侧多为居住区，南侧、北侧及东侧多为工业用地，职住分离现象严重，新桥立交桥为沿线居民通勤必经之地。此外，路径区域内居民的活动内容有散步、公园闲坐等，对公共绿地有一定的需求（图 9–39）。

图 9–38　设计前环境

（图片来源：https://mp.weixin.qq.com/s/Sz_8guKz2Ud0RlnNRbYdmg）

图 9–39　新桥立交周边主要用地

（图片来源：https://mp.weixin.qq.com/s/Sz_8guKz2Ud0RlnNRbYdmg）

广深高速是粤港澳大湾区的核心通道，是深圳对外展示的窗口，也是宝安区核心的门户形象。设计以起伏的地形寓浪潮礼赞，以生态植物景观造新桥春韵，将广深高速打造为湾区“宝链”（图 9–40）。

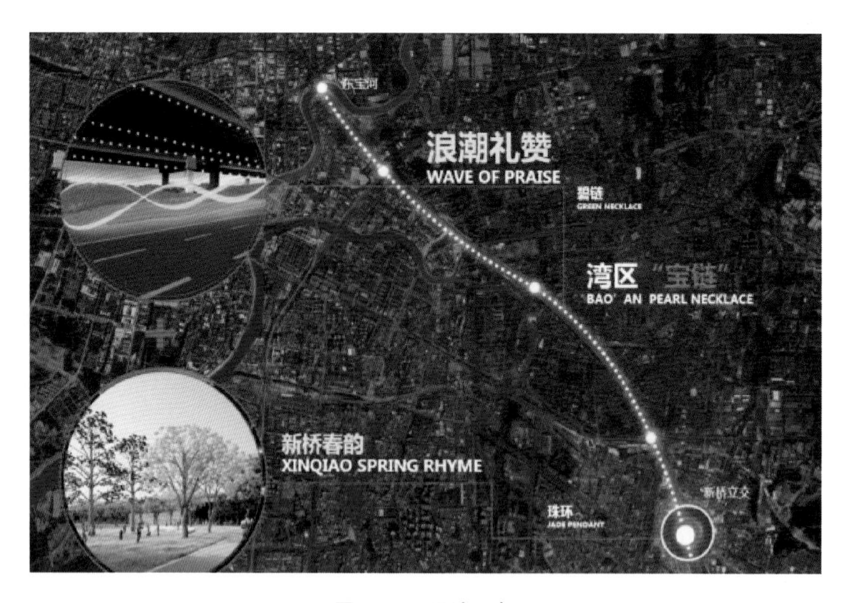

图 9-40 设计理念

（图片来源：https://mp.weixin.qq.com/s/Sz_8guKz2Ud0RlnNRbYdmg）

改造的第一步为打开封闭界面，在高架桥水平距离 15 m 的范围外增设步道，保证行人安全。同时，借助 37 m 宽的立交桥下遮阴空间植入活动场地，确保停留空间内部的活动不受穿越流线的干扰和影响，对空间科学布局利用，将原立交桥下闲置绿地打造为可观可游的公园，融入城市环境（图 9-41）。

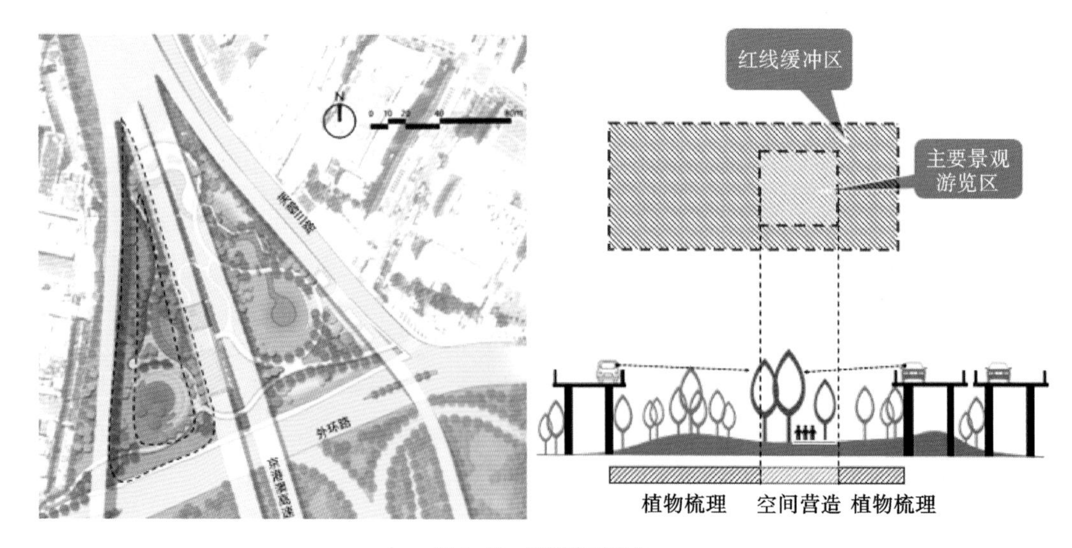

图 9-41 科学布局空间

（图片来源：https://mp.weixin.qq.com/s/Sz_8guKz2Ud0RlnNRbYdmg）

改造前，桥下空间植物杂乱、空间封闭，与现状高架桥边界感不清晰。设计对桥下空间界面进行处理，采用灰白色碎砂石构建流线基底，同时结合绿化形成具有变化性的桥下景观，给人细腻温暖的质感，具有亲和力，使空间品质得到可观的提升（图 9–42）。

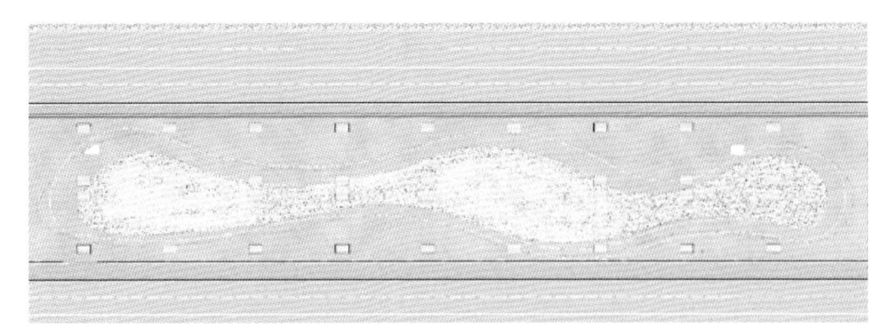

图 9–42　重塑宜人尺度

（图片来源：https://mp.weixin.qq.com/s/Sz_8guKz2Ud0RlnNRbYdmg）

根据东宝河至新桥立交段高架桥宽 25 m，净空 4 ～ 5 m 的现状条件，在其外侧设计 30 m 宽的草坪空间，中间结合 30 m 宽的碎石空间营造开敞通透且多样的景观场所。同时，梳理新桥立交段沿线植物层次，适当抽疏，保证空间的进退感，为道路上的行人及公园游人提供视线通透的场所（图 9–43）。

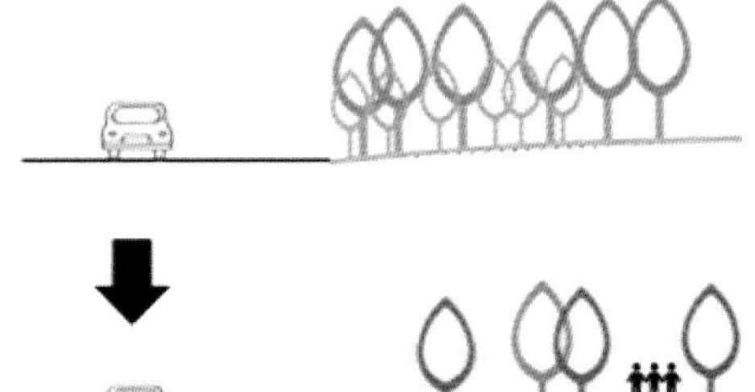

图 9–43　增加场所通透感

（图片来源：https://mp.weixin.qq.com/s/Sz_8guKz2Ud0RlnNRbYdmg）

以龟背竹及大叶油草为主的简单层次对场地覆绿，边缘根据光线情况搭配色叶地被植物，营造桥下生态植物景观。同时，在保证排水坡度的情况下，进行基础的地形打造，地形高度范围为 0.6 ～ 1.5 m（图 9–44）。

以岛式绿化链接形成节点绿化景观，以“浪花”为主题，结合花瓣形点缀景观，以砂石结合地被形成结合式节点绿化。

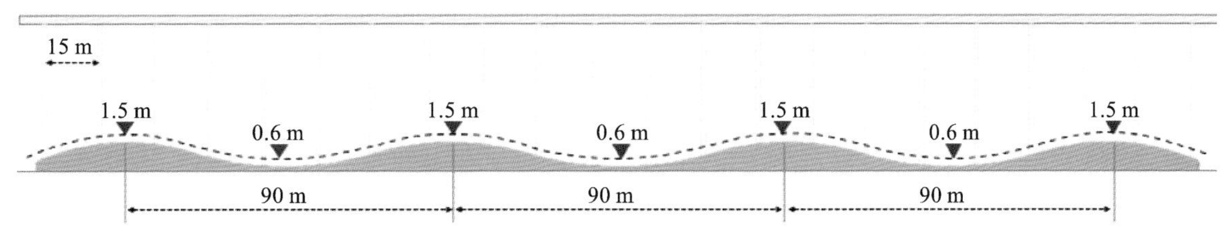

图 9–44　营造生态景观

（图片来源：https://mp.weixin.qq.com/s/Sz_8guKz2Ud0RlnNRbYdmg）

通过粉紫色系的开花花林，结合下层简洁舒朗的草坪空间，营造主题花林，在道路交叉口及焦点景观处打造花境景观。在节点广场处，结合雨水花园营造景观，打造海绵城市景观，选择耐水湿品种，打造生态自然的多彩花地（图 9-45）。

图 9-45　改造前后对比图

（图片来源：https://mp.weixin.qq.com/s/Sz_8guKz2Ud0RlnNRbYdmg）

对于北部互通区域及桥底，首先，清理现状垃圾、平整场地，更换为适宜海绵城市的种植土层；其次，采用“大乔 + 草坪”的简约方式打造雨水花园景观，通过植物、沙土的综合作用使雨水得到净化，水得以循环利用，进而解决外环路内涝的问题；最后，充分利用场地特性，设置文化主题休闲活动场地（图 9-46）。

图 9-46　改造后实景图

（图片来源：https://mp.weixin.qq.com/s/Sz_8guKz2Ud0RlnNRbYdmg）

八、天宁寺桥下空间提升利用

天宁寺桥位于北京西城区二环路上西便门和广安门之间，既是二环路立交桥，又是跨西护城河桥。桥区周边历史文化及工业文化丰富，西南侧为北京古老寺院之一的天宁寺，天宁寺老桥为 20 世纪 60 年代城区跨越护城河通往西郊地区的重要通道（图 9-47）。

现状桥下空间封闭、人员活动少，场地与周边步行道、滨水空间缺乏有机联系，与周边标志场所缺乏衔接，不连通，场地内部步行道不连续，断点较多（图 9-48）。且桥区周边交通标识系统不完善，行人过街不便（图 9-49）。

图 9–47　天宁寺桥发展历程

（图片来源：https://mp.weixin.qq.com/s/jCJ3QTX6cXaOsGKtU2nLTw）

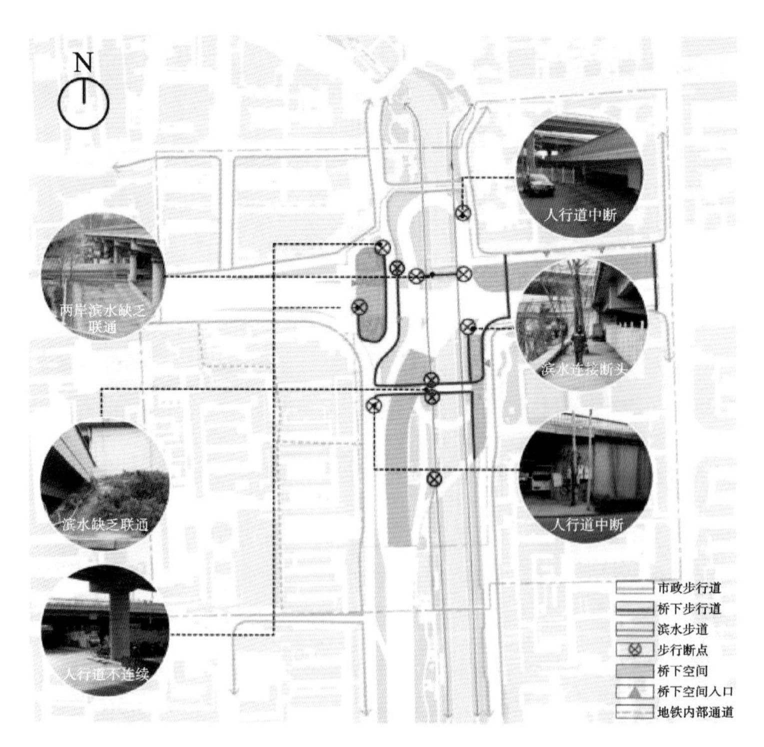

图 9–48　桥下空间与周边环境关系

（图片来源：https://mp.weixin.qq.com/s/jCJ3QTX6cXaOsGKtU2nLTw）

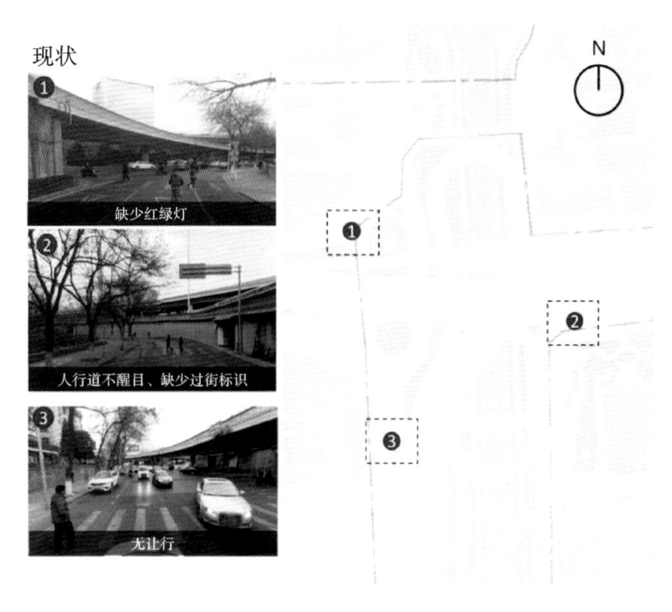

图 9-49　桥下空间交通情况

（图片来源：https://mp.weixin.qq.com/s/jCJ3QTX6cXaOsGKtU2nLTw）

利用智能监测传感器对桥下空间的微环境进行实时监测，得到噪声、异味、粉尘、温度、相对湿度随时间变化的数据，并以此结合桥下空间的尺度条件、周边用地、邻近需求、交通可达性、微环境等因素，对桥下空间进行适宜性评估，选择适宜性较高的区域进行利用（图 9-50）。

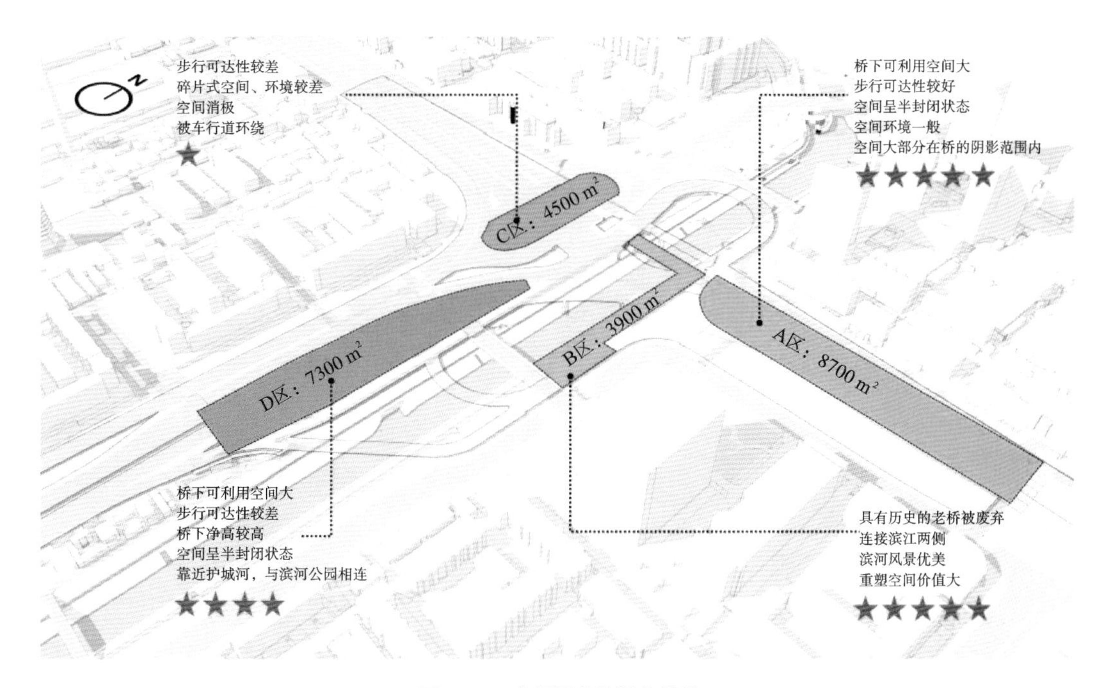

图 9-50　空间适宜性评估结果

（图片来源：https://mp.weixin.qq.com/s/jCJ3QTX6cXaOsGKtU2nLTw）

通过对周边 15 分钟生活圈内的 35 个社区居民开展问卷和走访调研，扎实利用历史文化挖掘、综合实地调研及大数据采集分析等多种手段汇总周边居民需求，优化方案布局。

调研了解到周边小区人群以中老年人为主，18 岁以下的青少年和 60 岁以上的老年人占比 43.4% 以上。周边居民对桥下空间的活动需求主要集中在交通、绿化景观、运动健身和文化休闲等方面（图 9–51）。

图 9–51　场地调研结果

（图片来源：https://mp.weixin.qq.com/s/jCJ3QTX6cXaOsGKtU2nLTw）

天宁寺桥下空间提升利用概念方案由规划、交通、建筑、策划、景观及大数据等多专业融合团队协作完成。北京市规划和自然资源委员会多次会同北京市交通委中会，西城区政府，相关街道、社区和属地责任规划师等对天宁寺桥桥下空间利用改造思路进行研讨，不断优化方案。在融合周边文化元素的基础上，按照“安全、通达、开放、经济”的设计原则，通过打通桥下空间与滨水绿道的交通断点、补充公共服务设施、增加桥区交通安全性，最大程度开放公共空间并提升空间品质，同时考虑控制成本，力争将分割城市生活的桥下灰色空间打造成公共活力空间。

规划新建通道打通步行断点，对周边一些重要文化节点（天宁寺、天宁一号创意园、学校及居住区）进行慢行连接，保证天宁寺桥周边居民能够安全高效地到达桥下空间，做到水、路、绿“三网融合”（图 9–52）。

根据桥下空间的现状特点及周边社区情况，规划形成运动活力区、滨水休闲区和文化创意区，构建各具特色的桥下空间。运动活力区为不受天气影响的多样综合运动区，滨水休闲区利用桥下空间建设滨水驿站，提供阅读和公共服务等空间，加强两岸滨水的慢行连接，打造护城河上的重要滨水文化休闲节点，文化创意区打造文化休闲空间，新建通道连接北部地块、滨河公园及天宁寺（图 9–53）。

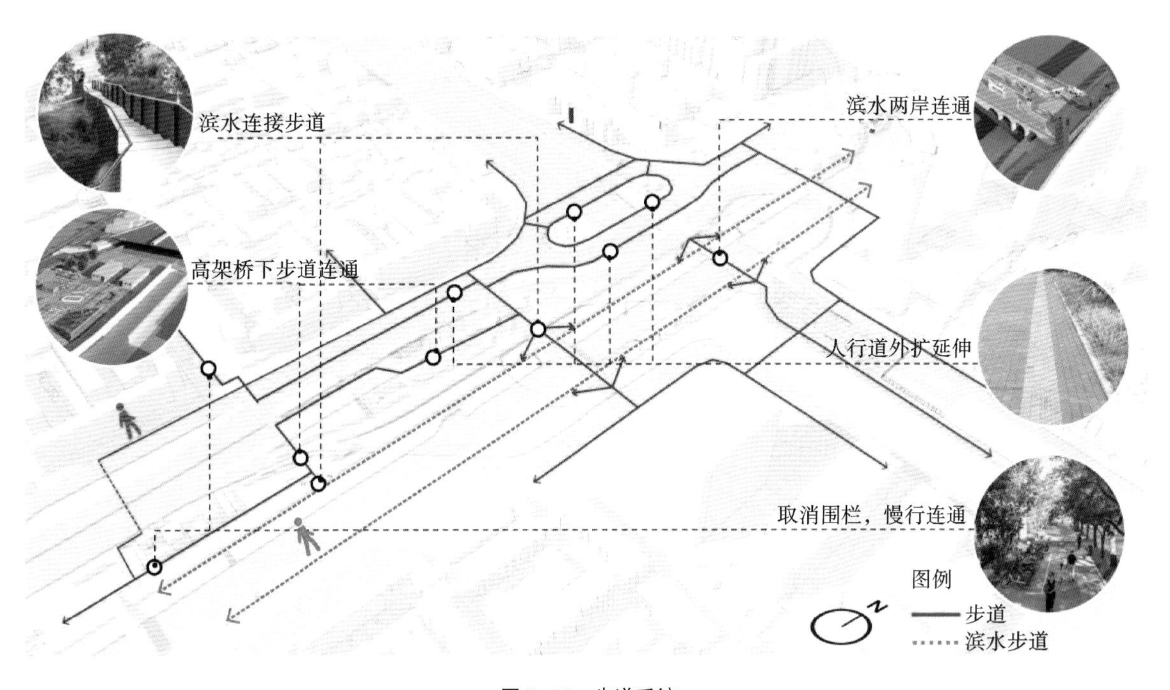

图 9-52　步道系统

（图片来源：https://mp.weixin.qq.com/s/jCJ3QTX6cXaOsGKtU2nLTw）

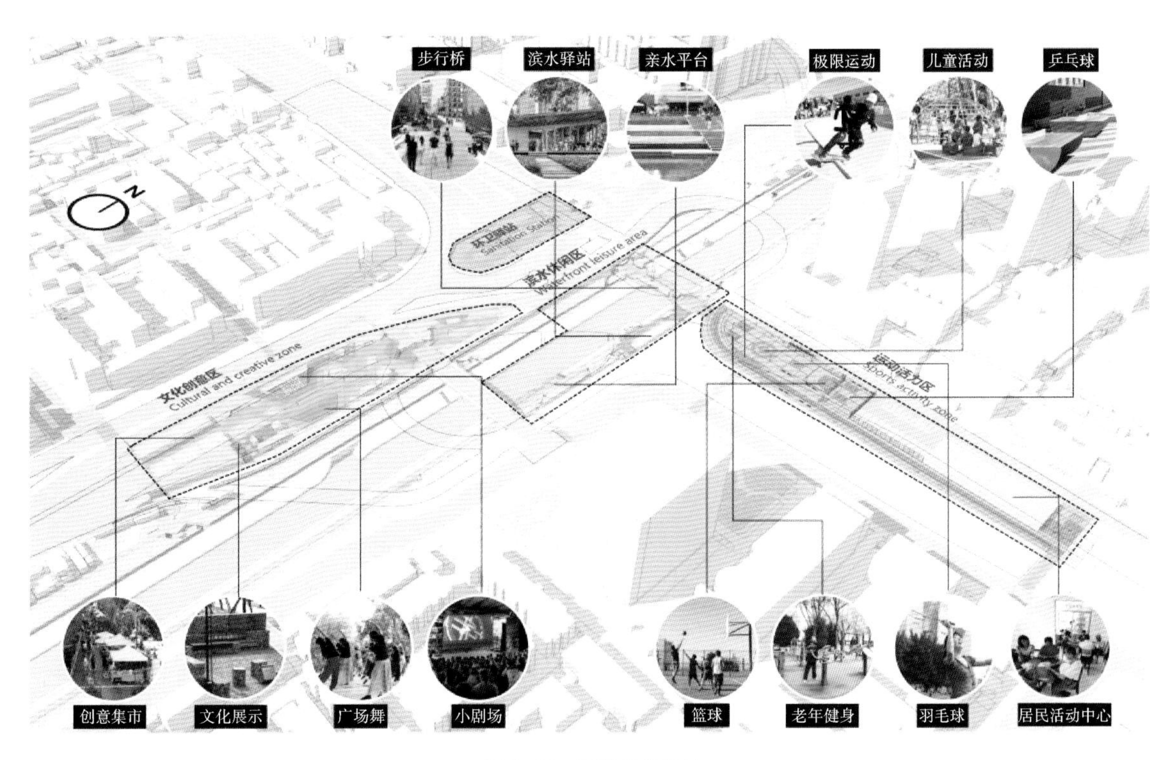

图 9-53　场地规划设计

（图片来源：https://mp.weixin.qq.com/s/jCJ3QTX6cXaOsGKtU2nLTw）

此设计充分保证桥下空间的开放性与可达性，缝合被桥区割裂的街区空间，植入多元功能，形成桥下空间的视线关注点，同时保证充足的灯光照明，设置噪声和污染监测点，合理安排活动时间，将原本封闭、昏暗的空间，激活为适宜各类人群的公共活力空间。

九、“照亮巴黎”概念设计

由于成百上千的难民陆续抵达法国巴黎，如何为这些突然涌入的人群寻求安然闲宜的住房，成为这座城市的攻坚战。在很多时候，许多难民只能睡在一些闲置的都市空间或者道路边，生活品质低下，缺乏必要的卫生环境、食物和水。

面临此状态，总部位于巴黎和圣地亚哥的1WEEK 1PTOJECT工作室与Sophie Picoty合作，公布了名为“Illuminate Paris！（照亮巴黎！）”的概念性公园设计方案（图9-54）。该方案在高架铁路桥下为那些涌入的难民搭建临时居住的场所。这种模块化的“体验区域”构架了一系列近似灯笼的装置，这些装置吊挂在高架桥下方，为那些只能在桥下或公园内搭帐篷留宿的难民供给亟须的栖身空间。

图9-54 “照亮巴黎！”概念设计

（图片来源：www.archdaily.com）

该项目不仅能为难民供给暂时的住宿点，同时还可作为游乐场、表演空间或公园。只需简单地拉动装置上的绳子，这些模块化的装配即可随意地组合。从临时商铺到工作空间，甚至到音乐节会场，该设计都可满足使用者的需求（图9-55、图9-56）。

图 9–55　模块装置可开展多种类型的活动

（图片来源：www.archdaily.com）

图 9–56　装置内部场景

（图片来源：www.archdaily.com）

1WEEK 1PTOJECT 工作室的设计师说："该项目提出了一个简单的处理方案，经由过程模块化、多功能且可拆卸的装置，以自由、详细的编排方式将巴黎人和难民聚集到高架铁道路的公共空间中。" 4 m 宽和 7 m 高的圆柱形灯笼将使用可降解的透明聚丙烯帆布，由竹质的弹簧构造作为骨架。该工作室还精心设计了一系列配套的都市互动活动，利用高架桥下闲置的都市空间来开展更多的文化交流和集体活动（图 9–57、图 9–58）。

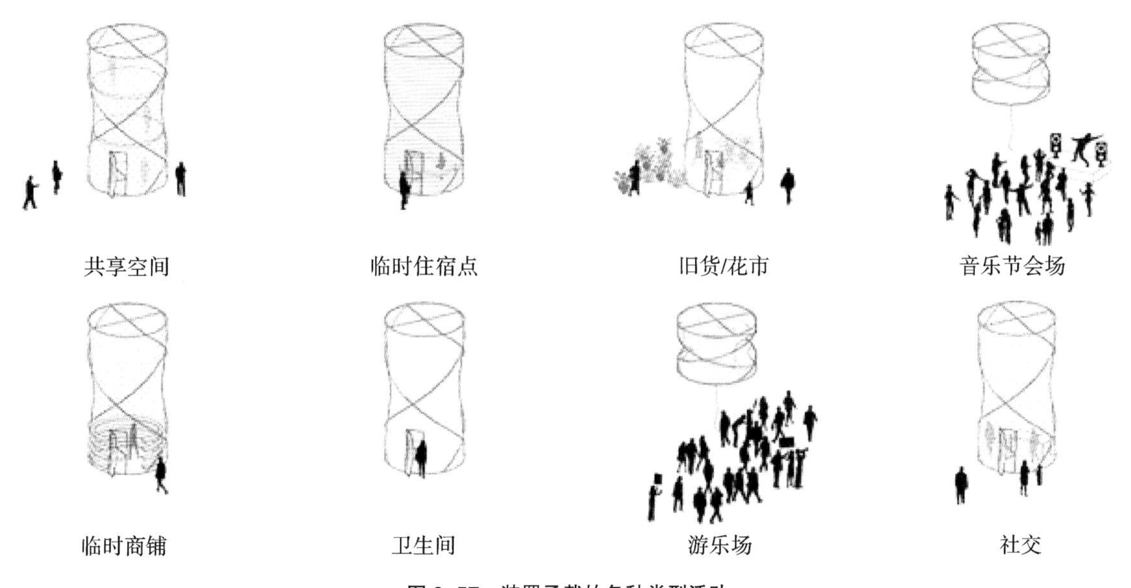

图 9–57　装置承载的各种类型活动

（图片来源：www.archdaily.com）

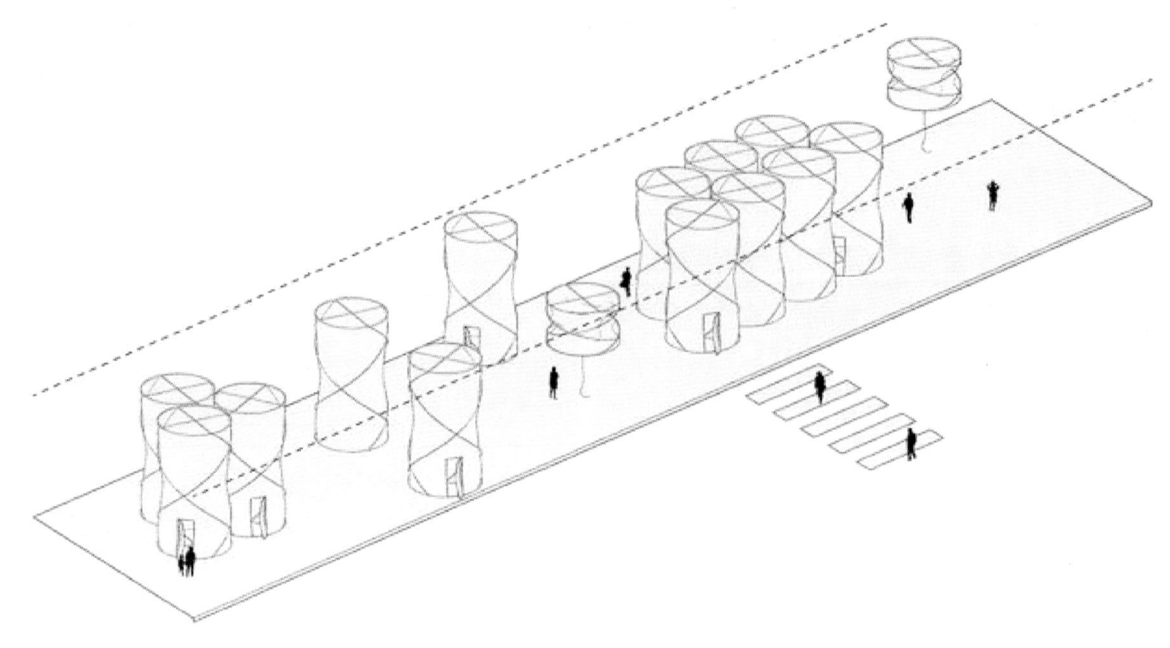

图 9-58　概念设计效果图

（图片来源：www.archdaily.com）

十、澳大利亚费什巷城镇广场

由开发商 Aria Property Group 设想、策划、建造和维护的费什巷城镇广场实际是一个公共无障碍空间的过渡景观，而非简单的公共开放空间（图 9-59）。

图 9-59　建成效果

（图片来源：https://mooool.com/fish-lane-town-square-by-rps-group.html）

开发商的愿景是在城市居民的日常通勤路线上设置休闲区，比如上班路上可以喝杯咖啡，吃个牛角面包，下班后到附近的酒吧喝一杯，或与朋友共进晚餐。广场连接着小巷和主街，给来往的人们增添了一份意外之喜，餐馆和酒吧为用户提供生活和观赏空间。该项目希望桥下空间能够与当地气候与场地环境结合，创造一个以蕨类及繁茂植物为主，以曲线砖砌结构为框架的迷人场所（图 9–60）。

图 9–60　桥下提供的商业服务

（图片来源：https://mooool.com/fish-lane-town-square-by-rps-group.html）

施工过程中，设计团队与施工方 Shape、承包商 Bland 2 Brilliant 和 Greenstock 苗圃密切合作，仔细选苗、定点植物，最终呈现了这样一种赋予环境生机的植物氛围。而且每个种植区域都与一个雨水池灌溉系统相连，每棵树蕨上还附有一个特别设计的喷雾系统。

现在的费什巷城镇广场成了市中心一个奇异、繁华的目的地，开发商同样自豪于这个曾经被遗忘和忽视的“间隙空间”，经过他们的重新想象成为一个公共空间，得到了充分利用，并深受当地人和游客的喜爱。费什巷城镇广场现在共有 3500 多种植物，它们反映了库里尔帕地区发现的前欧洲景观，包括本地的鸟巢蕨、澳大利亚扇棕榈、本地紫罗兰、蓝姜、夏枯草和 70 多种可高达 4.5 m 的澳大利亚树蕨（图 9–61）。

开发商设计的冈瓦纳式雨林景观，由 70 多棵成熟的树蕨作为主导景观，其余是本地蕨类植物混杂着耐寒的外来攀缘植物和低矮植物。攀爬着藤蔓的混凝土柱与拱形建筑和鹅卵石般的黏土路面相结合，创造出一种城市绿色口袋的感觉。蕨类植物在这个被铁路和建筑遮蔽的紧凑市中心开拓出了一种全新的空间，营造了一种让人忘记都市繁华的静谧景观。

图 9–61　丰富的植景营造

（图片来源：https://mooool.com/fish–lane–town–square–by–rps–group.html）

纵观国内外诸多优秀的桥下空间利用形式和案例，以及对未来新的利用途径的构想，相信我国大量城市高架桥下空间利用及景观将会得到城市各部门的重视。及早进行规划和设计，发现它们有效综合利用的途径，在提升城市景观品质的同时，还有利于丰富城市生态文明建设的新内涵。

参考文献

[1] CHANG C Y. The effect of flower color on respondentsphysical and psychological responses[C]//SHOEMAKER C，DIEHL E R M，CARMAN J，et al.Interaction by design: bringing people and plants together for health andwell-being: aninternational symposium.lowa Ames:lowa State Press，2002.

[2] FORMAN R T T.Corridors in a landscape:their ecological structure and function[J]. Ekol ó gia，1983(2):375–387.

[3] HANG J，LIN M，WONG D C，et al.On the influence of viaduct and ground heating on pollutant dispersion in 2D street canyons and toward single-sided ventilated buildings［J］.Atmospheric Pollution Research，2016，7(5):817–832.

[4] HANG J，LUO Z W，WANG X M，et al.The influence of street layouts and viaduct settings on daily carbon monoxide exposure and intake fraction in idealized urban canyons［J］.Environmental Pollution，2016(9):1–15.

[5] BARBARA M.Completing our streets：the transition to safe and inclusive transportation networks［M］.Washington DC：Island Press，2013.

[6] OKE T R.Street design and urban canopy layer climate［J］.Energy and Buildings，1988，11(1–3)：103–113.

[7] Anon.2016 ASLA GENERAL DESIGN AWARD OF EXCELLENCE：Underpass Park by PFS Studio with The Planning Partnership［EB/OL］.(2016-12-07).http://www.gooood.hk/2016-asla-underpass-park-by-pfs-studio-with-the-planning-partnership.htm.

[8] VERMET T，RACHDI M，RIZZOTTI P，et al. 意大利“垂直小镇”[J]. 代照，译 . 现代装饰，2011(7):78–81.

[9] 马库斯，弗朗西斯，俞孔坚 . 人性场所 : 城市开放空间设计导则 [M]. 北京：中国建筑工业出版社，2001.

[10] 特兰西克，朱子瑜 . 寻找失落空间——城市设计的理论 [M]. 北京：中国建筑工业出版社，2008.

[11] 土木学会 . 道路景观设计 [M]. 章俊华，陆伟，雷芸，译 . 北京 : 中国建筑工业出版社，2003.

[12] 安丽娟 . 武汉市城区高架桥下绿化植物光合特性研究［D］. 武汉：华中农业大学，2012.

[13] 贝尔，格林，费希尔，等 . 环境心理学 [M].5 版 . 朱建军，吴建平，等译 . 北京 : 中国人民大学出版社，2009.

[14] 曾春霞 . 城市高架桥桥下空间资源利用探索 [J]. 规划师，2010(s2):159-162.
[15] 曾逸思 . 城市立交桥下空间利用研究 [D]. 深圳：深圳大学，2020.
[16] 车丽彬，聂立力，何丹 . 长距离高架桥下部空间交通改善方法研究——以二环线武昌段为例［J］. 城市道桥与防洪，2014(2)：7，20-23.
[17] 陈帆，杨玥 . 城市“灰空间”——机动车高架桥下部空间改造利用研究 [J]. 建筑与文化，2014(12): 118-120.
[18] 陈建颖，张政，李和平 . 城市更新背景下特色街巷微更新研究——渝中区新华路为例 [C]// 中国城市规划学会，成都市人民政府 . 面向高质量发展的空间治理——2020 中国城市规划年会论文集 . 北京：中国建筑工业出版社，2021:1380-1391.
[19] 陈梦椰 . 重庆主城核心区滨江高架桥下部空间利用的调查与研究［D］. 重庆：重庆大学，2015.
[20] 陈敏，傅徽楠 . 高架桥阴地绿化的环境及对植物生长的影响［J］. 中国园林，2006，22(9):68-72.
[21] 陈庆泽，茅炜梃，李骏豪 . 结合城市立交体系的雨水生态收集利用系统设计——以合肥金寨路高架为例［J］. 安徽建筑，2016，23(3):217-219.
[22] 陈如一 . 城市高架桥附属空间景观设计研究 [D]. 北京：北京林业大学，2014.
[23] 陈水生，甫昕芮 . 人民城市的公共空间再造——以上海“一江一河”滨水空间更新为例 [J]. 广西师范大学学报 (哲学社会科学版)，2022，58(01):36-48.
[24] 陈翔 . 城市高架轨道交通下部空间整合利用策略研究 [D]. 郑州：郑州大学，2018.
[25] 陈新，方海兰 . 上海绿地土壤改良大有可为 [J]. 上海建设科技，2002(3):24-25.
[26] 陈艳浩，于绥怀，褚建杰，等 . 飞机座舱设计配色的模糊情感评价 [J]. 智能与学报模糊系统，2021，40（3）:3899-3917.
[27] 戴显荣，饶传坤，肖卫星 . 城市高架桥下空间利用研究——以杭州市主城区为例［J］. 浙江大学学报 (理学版)，2009，36(6):723-730.
[28] 但新球，周学武，但维宇，等 . 森林城市生态廊道建设理论与关键技术研究——以江西省会昌县百里湘江生态廊道设计为例 [J]. 中南林业调查规划，2021，40(3):1-6.
[29] 邓飞 . 城市高架桥主导下的开放空间设计初探［D］. 武汉：华中农业大学，2008.
[30] 邓清华 . 城市色彩探析［J］. 现代城市研究，2002，17(4):51-55.
[31] 丁少江，黎国健，雷江丽 . 立交桥垂直绿化中常绿、花色植物种类配置的研究［J］. 中国园林，2006，22(2):85-91.
[32] 冯荭 . 园林美学［M］. 北京 : 气象出版社，2007.
[33] 高飞 . 北方城市高架桥下部空间绿化设计探析——以济宁市内环高架绿化工程为例 [J]. 现代园艺，2022，45(17):121-124.
[34] 高钦燕 . 福建省城市植物景观彩化设计研究［D］. 福州：福建农林大学，2013.
[35] 高源，左为，陶睿 .1980 年代以来南京老城高层地标建筑更新研究 [J]. 建筑与文化，2010(10):106-107.
[36] 耿立民，耿兴全，王忠，等 . 谈造林地的环境条件［J］. 林业勘察设计，2012(3):6-7.

[37] 关乐禾 . 园林植物造景的趣味性 [C]// 中国风景园林学会 . 中国风景园林学会 2013 年会论文集（下册）. 北京：中国建筑工业出版社，2013:324–331.
[38] 关林博 . 色彩与城市景观设计理论分析 [J]. 牡丹，2020(18):76–77.
[39] 关学瑞，蔡平，王杰青，等 . 国内高架桥绿化及研究现状［J］. 黑龙江农业科学，2009(2):168–170.
[40] 郭冲 . 基于环境行为学的山地城市滨江高架桥下部空间优化研究 [C]// 中国城市规划学会，成都市人民政府 . 面向高质量发展的空间治理——2021 中国城市规划年会论文集 . 北京：中国建筑工业出版社，2021:769–779.
[41] 郭冬雪，周长江，薛小川 . 基于共享单车数据的城市慢行交通规划研究——以济南市高新片区为例 [C]// 中国城市规划学会，重庆市人民政府 . 活力城乡 美好人居——2019 中国城市规划年会论文集 . 北京：中国建筑工业出版社，2019:698–709.
[42] 郭磊 . 城市中心区高架下剩余空间利用研究——以上海市为例 [D]. 上海：同济大学，2008.
[43] 罗易德，伯拉德 . 开放空间设计 [M]. 罗娟，雷波，译 . 北京 : 中国电力出版社，2007.
[44] 洪宗辉 . 环境噪声控制工程［M］. 北京 : 高等教育出版社，2002.
[45] 黄建军 .CBD 开放空间人性化设计［D］. 重庆：西南大学，2007.
[46] 黄泰康，赵海保，刘道荣 . 天然药物地理学［M］.2 版 . 北京 : 中国医药科技出版社，1993:297–299.
[47] 黄竹 . 城市桥下空间的类型与开发利用方式研究 [J]. 上海城市规划，2019(01): 101–107.
[48] 贾丽玮 . 共享单车乱象待解 [N]. 中国产经新闻，2017–03–24(003).
[49] 贾雪晴 . 园林植物色彩的心理反应研究［D］. 杭州：浙江农林大学，2012.
[50] 雅各布斯 . 美国大城市的死与生［M］. 金衡山，译 . 南京 : 译林出版社，2005.
[51] 姜楠 . 城市道路的综合景观环境色彩研究［D］. 北京：中央美术学院，2009.
[52] 金家厚 . 城市文明的衡量维度与发展取向——以上海市为例 [J]. 城市问题，2010(10):23–28.
[53] 金云峰，邹可人，陈栋菲，等 . 城市社区生活圈视角下公共开放空间规划控制 [J]. 中国城市林业，2020，18(3):13–18.
[54] 鞠三 . 城市高架桥的几种结构形式与构造特点［J］. 铁道勘测与设计，2004(3):99–102.
[55] 林奇 . 城市意象［M］. 方益萍，何晓军，译 . 北京 : 华夏出版社，2001.
[56] 李道增 . 环境行为学概论［M］. 北京 : 清华大学出版社，1999:15.
[57] 李海生，赖永辉 . 广州市立交桥和人行天桥绿化情况调查研究［J］. 广东教育学院学报，2009，29(3):86–91.
[58] 李青，沈虹 . 绿色亚运 花城广州 广州“迎亚运”城市绿化升级改造工程［J］. 风景园林，2011(5):62–65.
[59] 李莎 . 长沙市立交桥绿化现状及植物配置模式分析［D］. 长沙：湖南农业大学，2009.
[60] 李文博 . 郑州市高架桥下环境场所的营造及景观再利用研究［D］. 西安：西安建筑科技大学，2015.

[61] 李晓晨，吴松涛，吕飞 . 国外城市畸零空间利用模式及启示——以高架桥下空间为例 [J]. 低温建筑技术，2020，42(6):12–16，21.
[62] 李晓颖，王浩 . 城市废弃基础设施的有机重生——波士顿“大开挖”(The Big Dig) 项目 [J]. 中国园林，2013，29(2):20–25.
[63] 李征 . 论色彩的心理效应［J］. 石家庄职业技术学院学报，2004，16(3)：45–48.
[64] 栗燕梅 . 运动休闲概念、分类及应用的研究 [J]. 广州体育学院学报，2008，28(06):57–59.
[65] 梁隐泉，王广友 . 园林美学 [M]. 中国建材工业出版社，2004.
[66] 梁振强，区伟耕 . 开放空间：城市广场•绿地•滨水景观 [M]. 乌鲁木齐：新疆科学卫生出版社，2003.
[67] 林崇德，姜璐，王德胜 . 中国成人教育百科全书文学 • 艺术 [M]. 海口：南海出版公司 .1993.
[68] 林玉莲，胡正凡 . 环境心理学 [M]. 北京：中国建筑工业出版社，2006.
[69] 蔺雪峰 . 城市高架桥对周边空间的影响及建议 [J]. 内蒙古科技与经济，2019(16):69–70
[70] 刘滨谊 . 现代景观规划设计 [M].2 版 . 南京：东南大学出版社，2005.
[71] 刘丹丹，项书平 . 从“失落空间”到“乐活空间”——高架桥下的社区公园设计营造 [J]. 艺术与设计 (理论)，2019，2(8):68–70.
[72] 刘弘，马杰，刘振威，等 . 不同植物群落的生态效应研究 [J]. 山西农业科学，2008，36(7):81–85.
[73] 刘佳 . 城市双修背景下高架桥街道景观评价与整治研究 [D]. 华中科技大学，2020.
[74] 刘骏，刘琛 . 城市立交桥下附属空间利用的景观营造原则初探 [J]. 重庆建筑大学学报，2007(6):7.
[75] 刘凌 . 论新型城镇化背景下城市文明建设的着力点 [J]. 法制与社会，2018(2):148–149.
[76] 刘颂，肖宇 . 城市高架桥的景观优化途径初探 [J]. 风景园林，2012(1):95–97.
[77] 刘轶佳 . 首尔清溪川以生态环境为主导的城市复兴工程 [J]. 山西建筑，2008，33（11）:41–42.
[78] 刘松 . 城市运动休闲项目分类及特征研究 [J]. 赤峰学院学报 (自然科学版) ，2014(9):86–87.
[79] 芦原义信 . 街道的美学 [M]. 尹培桐，译 . 天津：百花文艺出版社，2006.
[80] 芦原义信 . 外部空间设计 [M]. 尹培桐，译 . 北京：中国建筑工业出版社，1985.
[81] 卢锋，刘喜山，温晓媛 . 休闲体育活动的分类研究 [J]. 武汉体育学院学报，2006，40(12):59–61，72.
[82] 陆明珍，徐彼昌，奉树成，等 . 高架路下立柱垂直绿化植物的选择 [J]. 植物资源与环境，1997，6(2):63–64.
[83] 陆伟 . 我国环境 – 行为研究的发展及其动态 [J]. 建筑学报，2007（2）:6–7.
[84] 路妍桢，王浩源，王鹏 . 城市高架桥下剩余空间的优化利用 [J]. 安徽农业科学，2016，44(8):182–185.
[85] 罗俊杰，周婷婷，娄玉婷 . 共享单车需求预测与停放点布局策略研究——以广州市增城区

为例 [J]. 城乡规划，2022(5):105–116.
[86] 吕婉玥 . 基于 HUL 的历史城镇开放空间更新规划研究——以扬州历史城市为例 [C]// 中国城市规划学会，成都市人民政府 . 面向高质量发展的空间治理——2020 中国城市规划年会论文集 . 北京：中国建筑工业出版社，2021:593–606.
[87] 吕晓峰 . 环境心理学 : 内涵、理论范式与范畴述评 [J]. 福建师范大学学报 (哲学社会科学版)，2011(3):141–148.
[88] 吕正华，马青 . 街道环境景观设计［ M ］. 沈阳 : 辽宁科学技术出版社，2000.
[89] 马国泉，张品兴，高聚成 . 新时期新名词大辞典［ M ］. 北京 : 中国广播电视出版社 .1992.
[90] 马铁丁 . 环境心理学与心理环境学 [M]. 北京 : 国防工业出版社，1996.
[91] 索斯沃斯，本 – 约瑟夫 . 街道与城镇的形成［ M ］. 李凌虹，译 . 北京：中国建筑工业出版社，2008.
[92] 毛子强，贺广民，黄生贵 . 道路绿化景观设计［ M ］. 北京 : 中国建筑工业出版社，2010.
[93] 孟凡，刘东云 . 韧性与健康理念下城市绿色开放空间发展研究 [C]// 中国城市规划学会，成都市人民政府 . 面向高质量发展的空间治理——2021 中国城市规划年会论文集 . 北京：中国建筑工业出版社，2021.
[94] 孟佳 . 水生植物专类园景观色彩数据化分析——以上海辰山水生植物专类园为例 [D]. 南昌：南昌大学，2017.
[95] 莫伟丽，金建锋 . 城市高架桥下公共停车场建设与管理探讨［ J ］. 山西建筑，2017，43(36)：25–26.
[96] 倪庆梅，林莉 . 多元数据下的开放空间布局研究 [C]// 中国城市规划学会，成都市人民政府 . 面向高质量发展的空间治理——2020 中国城市规划年会论文集 . 北京：中国建筑工业出版社，2021:985–997.
[97] 牛帅，李青宁 . 城市高架桥特点及分类 [J]. 山西建筑，2008，28 (10) :3–4.
[98] 彭阿妮 . 城市高架桥桥下空间再利用设计研究——以重庆市为例［ D ］. 武汉：湖北工业大学，2017.
[99] 丘银英，周军 . 天津市 “4 个 2” 快速路系统的道路交通特性及其对商业网点布局的影响［ J ］. 城市，2006(3):39–42.
[100] 秋落 . 桥洞下的秘密——拱道工作室 [J]. 室内设计与装修，2012(12):68–72.
[101] 曲仲湘，吴玉树，王焕校，等 . 植物生态学［ M ］.2 版 . 北京 : 高等教育出版社，1983.
[102] 任兰滨 . 实现传统建筑的改造性再利用——广州上下九商业街区的保护对策［ J ］. 沈阳建筑大学学报 (社会科学版)，2005(1):22–24.
[103] 佚名 . 日本 / 社区的商业设施［ J ］. 设计，2016(24):16.
[104] 芮海田 . 城市交通发展的哲学思考 [D]. 西安：长安大学，2017.
[105] 申珊珊 . 步行商业街区活力营造研究 [D]. 天津：天津大学，2009.
[106] 沈建武，吴瑞麟 . 城市道路与交通［ M ］.2 版 . 武汉：武汉大学出版社，2006.
[107] 史源，吴恩融 . 香港城市高空绿化实践［ J ］. 中国园林，2015，31(3):86–90.
[108] 马歇尔 . 街道与形态［ M ］. 苑思楠，译 . 北京：中国建筑工业出版社，2011.

[109] 宋铁男 . 城市运动休闲空间建设研究——以沈阳市为例［D］. 上海：上海体育学院，2013:38-39.
[110] 苏伟忠 . 城市开放空间的理论分析与空间组织研究［D］. 开封：河南大学，2002.
[111] 孙全欣，冯旭杰，甘恬甜 . 城市立交桥下空间资源利用的方法研究［J］. 交通运输系统工程与信息，2011，11(s1)：49-54.
[112] 覃萌琳，农红萍，牛建农 . 立体绿化——创建节约型城市的重要途径 [J]. 中国城市林业，2007，5(5):12-15.
[113] 田帅，赵建彤 . 城市高架桥下空间居住利用可行性探讨 [J]. 居业，2023，180(1):110-112.
[114] 汪辉，刘晓伟，欧阳秋 . 南京市高架桥下部空间利用初探 [J]. 现代城市研究，2014(1):19-25.
[115] 汪晶 . 光导照明技术在城市道路隧道中的应用 [J]. 交通科技与管理，2020，(13):99-100.
[116] 王富，李红丽，董智，等 . 城市周边破坏山体的立地条件类型划分及其植被恢复措施——以山东淄博市为例 [J]. 中国水土保持科学，2009，7(1):92-96.
[117] 王健 . 交通美学 [M]. 北京：利学技术文献出版社，1992.
[118] 王可 . 桥阴立地环境及绿化策略研究 [D]. 武汉：华中科技大学，2017.
[119] 王莲霆 . 城市畸零空间的利用研究 [J]. 住宅与房地产，2017(23):270.
[120] 王玲玲，张蕴智 . 浅谈城市高架桥景观绿化 [J]. 中国花卉园艺，2012(02):48-49.
[121] 王孟霞，李志远 . 高架桥下的城市平面交叉口设计改善 [J]. 山西交通科技，2015(2): 41-43.
[122] 王苗苗 . 北京市高架轨道站点桥下空间利用研究 [D]. 北京：北京交通大学，2021.
[123] 王敏，叶丹晨，王红枫 . 环境心理学视角下中国跨境流动人口的国家感研究 [J]. 人文地理，2022，37(2):50-58.
[124] 王瑞 . 福州高架桥阴地生态环境及绿化研究［D］. 福州：福建农林大学，2014.
[125] 王丝申，刘馨怡，武宇斌，等 . 商业街区立交桥下空间利用研究 [J]. 山西建筑，2014，13(5):1-3.
[126] 王婷 . 城市道路绿地景观色彩设计研究［D］. 哈尔滨：东北农业大学，2013.
[127] 王孝哲 . 社会精神文明的结构 [J]. 求实，2000(12):21-22.
[128] 王雪莹，辛雅芬，宋坤，等 . 城市高架桥荫光照特性与绿化的合理布局 [J]. 生态学杂志，2006(8):938-943.
[129] 王永清 . 关于利用高架桥下空间发展公交和慢行交通的思考［C］// 中国城市规划学会 . 公交优先与缓堵对策——中国城市交通规划 2012 年年会暨第 26 次学术研讨会论文集 .2012：2121-2124.
[130] 王长宇 . 城市高架桥附属空间景观设计策略研究［D］. 哈尔滨：东北林业大学，2016.
[131] 王智珊，刘凌云 . 格拉斯哥开放空间战略及其对我国的启示 [C]// 中国城市规划学会，成都市人民政府 . 面向高质量发展的空间治理——2021 中国城市规划年会论文集 . 北京：中国建筑工业出版社，2021:632-639.

[132] 望晶晶 . 城市运动休闲空间环境景观构建分析 [J]. 大众艺术 .2016(4):96.
[133] 魏中龙 .LUCC 的景观生态效应与土地利用优化配置研究——以重庆市巴南区江南新城为例 [D]. 重庆：西南大学，2017.
[134] 吴华，宋长明，张浩然，等 . 成都市二环路高架桥下空间绿化研究［J］. 黑龙江农业科学，2015(7):96–102.
[135] 吴培阳，李翅 . 日本城市色彩景观规划控制及其对中国的启示 [C]// 中国城市规划学会，沈阳市人民政府 . 规划 60 年：成就与挑战——2016 中国城市规划年会论文集 . 北京：中国建筑工业出版社，2016:205–217.
[136] 武晓霞 . 城市高架桥下空间利用研究 [D]. 广州：华南理工大学，2023.
[137] 夏祖华，黄伟康 . 城市空间设计［M］.2 版 . 南京 : 东南大学出版社，1992.
[138] 筱原修 . 土木景观计划 [M]. 东京 : 技报堂，1982.
[139] 肖卫星 . 杭州市高架桥下空间利用规划研究 [D]. 杭州：浙江大学，2011.
[140] 谢旭斌 . 城市立交桥下空间的利用与设计 [J]. 城市问题，2009（12）:97–101.
[141] 熊广忠 . 城市道路美学——城市道路景观与环境设计 [M]. 北京 : 中国建筑工业出版社，1990.
[142] 徐红蕾，许沁玮 . 色彩在少数民族文化中的运用——以西安回民街为例 [J] 贵州民族研究，2015(9):100–103.
[143] 徐建国 . 杭新景高速高架桥下建起运动场 以前脏乱差现在人气爆棚［EB/OL］.(2016–12–19)[2023–08–25].http://zjnews.zjol.com.cn/zjnews/hznews/201612/t20161219_2205100.shtml.
[144] 徐晓帆，吴豪 . 深圳市立交桥垂直绿化植物选择与配置 [J]. 广东园林，2005，30(4):15–17.
[145] 许瑞，陈丰，蔡泞铃，等 . 武汉市高架桥下的“灰空间”利用研究［J］. 科技致富向导，2014(12):156–159.
[146] 许伟华 . 浅析园林景观绿化在城市高架桥中的应用 [J]. 现代园艺，2021，44(2):115–117.
[147] 盖尔 . 交往与空间［M］. 何人可，译 .4 版 . 北京 : 中国建筑工业出版社，2002.
[148] 杨赉丽 . 城市园林绿地规划［M］.2 版 . 北京 : 中国林业出版社，2006.
[149] 杨春宇， 张青文， 陈仲林 . 混合反射材料表面亮度、光泽度、反射系数实验研究 [J]. 照明工程学报， 2004， 15(4):6–10.
[150] 杨茜，城市高架桥下文创型商业空间及景观研究 [D]. 武汉：华中科技大学，2020.
[151] 杨鑫，杨茜，殷利华 . 桥阴空间文创商业利用及其景观改造策略研究——以成都市人南高架桥为例 [C/OL]// 中国风景园林学会 . 中国风景园林学会 2020 年会论文集（上册）. 2020: 523–528.
[152] 杨宇琼，郭明 . 营造“境心相遇”的屋顶花园——以北京市房山 CSD 第三办公区屋顶花园景观设计为例 [C]// 中国风景园林学会 . 中国风景园林学会 2013 年会论文集（下册）. 北京：中国建筑工业出版社，2013:180–184.

[153] 杨玥 . 城市“灰空间”——高架桥下部空间改造利用研究 [D]. 杭州：浙江大学，2015.
[154] 姚艾佳 . 城市高架桥附属空间景观设计与改造研究——以西安市为例［D］. 西安：西安建筑科技大学，2015.
[155] 殷利华，万敏 . 武汉城区高架桥桥阴绿地光环境特征及绿化建议 [J]. 中国园林，2014，30(9):79–83.
[156] 殷利华 . 基于光环境的城市高架桥下绿地景观研究［M］. 武汉 : 华中科技大学出版社，2016.
[157] 尹治军，吕麦霞，刘艳妮 . 高架桥下公交场站设计 [J]. 城市道桥与防洪，2014，186(10):6，23–27.
[158] 于爱芹 . 城市高架桥空间景观营造初探［D］. 南京：东南大学，2005.
[159] 于坤 . 济南城市立交桥绿化植物选择与配置模式研究［D］. 济南：山东建筑大学，2013.
[160] 俞孔坚 . 景观 : 文化、生态与感知［M］. 北京 : 科学出版社，1998.
[161] 张传福，曾建荣，文谋，等 . 高架桥对街道峡谷内大气颗粒物输运的影响 [J]. 环境科学研究，2012(2):159–164.
[162] 张辉，魏胜林，徐梦莹 . 苏州市主城区城市高架桥地面道路绿化探讨 [J]. 南方农业，2011，5(9):38–42.
[163] 张丽 . 基于反消极性的城市高架路桥下空间利用研究——以武汉市为例 [D]. 武汉 : 华中科技大学，2010.
[164] 张诗雨 . 重庆市高架桥附属空间体验式景观设计研究 [D]. 重庆 : 重庆交通大学，2022.
[165] 张文超 . 轨道交通高架区间沿线空间利用模式研究 [D]. 北京 : 北京交通大学，2012.
[166] 张小玲 . 论色彩的调和及方法 [J]. 文学界 (理论版)，2012(04):206–207.
[167] 张彦 . 基于土地集约利用的城市高架路桥下空间利用研究——以苏州为例 [D]. 苏州 : 苏州科技学院，2014.
[168] 张扬 . 空间・场所・时间——建筑场的基本构成要素 [J]. 河北建筑工程学院学报，2000，18(2):26–29.
[169] 张志轩 . 高架桥下热湿环境对桥下空间利用和景观的影响研究——以武汉 4 个典型的高架桥为例分析 [D]. 武汉 : 华中科技大学，2014.
[170] 张卓 . 长春市高架桥底部空间环境景观设计研究 [D]. 长春 : 吉林建筑大学，2015.
[171] 章健 . 在现代城市规划中城市道路绿化景观设计的认识 [J]. 智能城市，2018，4(16):76–77.
[172] 赵雪野 . 城市慢行网络在立交桥下的空间优化设计研究——以重庆的四个典型样本为例 [D]. 重庆 : 重庆大学，2017.
[173] 赵岩，谷康 . 城市道路绿地景观的文化底蕴［J］. 南京林业大学学报 (人文社会科学版)，2001，1(2):58–61.
[174] 郑向敏，宋伟 . 运动休闲的概念阐释与理解 [J]. 北京体育大学学报，2008(3):315–317.
[175] 郑园园 . 城市高架桥下的灰色空间利用——以乌鲁木齐为例 [J]. 美与时代，2017(10):15–16.

[176] 智研咨询 . 2016 年中国汽车保有量现状及报废量预测 [EB/OL].（2016–04–19）[2023–08–25].http://www.chyxx.com/industry/201604/407660.html.

[177] 中国土壤学会农业化学专业委员会 . 土壤农业化学常规分析方法［M］. 北京 : 科学出版社，1983.

[178] 钟琪 . 城市湿地公园景观色彩规划设计初探 [D]. 雅安：四川农业大学，2013.

[179] 钟远平，胡燕 . 论生态文明与社会发展的共生关系 [C]// 中国人学学会 . 生态文明与人的发展 . 北京：现代教育出版社，2013:156–162.

[180] 周晓峰，刘薇 .15 亿元基金助力缓解停车难 [N]. 青岛日报，2019–05–23(003).

[181] 周益赟，方艳，颜丽琴，等 . 基于居民活动需求的老旧住区交通空间微更新——以武汉紫崧花园小区为例 [C]// 中国城市规划学会，重庆市人民政府 . 活力城乡 美好人居——2019 中国城市规划年会论文集 . 北京：中国建筑工业出版社，2019:991–1007.

[182] 朱珊珊，李本智，庞欣欣 . 高质量发展背景下城市高架桥下空间利用规划——以宁波绕城高速（镇海段）为例 [C]// 中国城市规划学会，成都市人民政府 . 面向高质量发展的空间治理——2020 中国城市规划年会论文集 . 北京：中国建筑工业出版社，2021:1050–1058.